实例 2　预览网页

实例 7　使用"页面属性"对话框控制网页整体

实例 9　制作关于我们页面

实例 11　制作新闻列表

实例 12　制作卡通图像页面

实例 10　插入特殊字符和注释

实例 13　实现网页滚动文本

实例 14　插入 Flash 动画

实例 15　插入鼠标经过图像

实例 16　插入 FLV 视频

实例 17　插入 HTML5 Video

实例 18　插入 HTML5 Audio

实例 19　插入 Edge Animate 作品

实例 20　插入 HTML5 画布

实例 21　在网页中插入视频

实例 22　使用 <bgsound> 标签为网页添加背景音乐

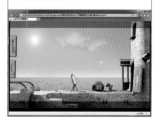

实例 23　创建文字和图像超链接

实例 24　创建空链接和下载链接

实例 25　创建 E-mail 链接

实例 26　创建热点链接和脚本链接

实例 27　创建标签 CSS 样式

实例 28　创建类 CSS 样式

实例 29　创建 ID CSS 样式

实例 30　创建复合 CSS 样式

实例 31　创建伪类 CSS 样式

实例 32　CSS 类选区

实例 33　设置布局样式

实例 34　设置文本样式

实例 35　设置边框样式

实例 36　设置背景样式

实例 37　设置其他样式

实例 38　网页盒模型

实例 39　表格排序

实例 40　导入表格数据

实例 41　制作 IFrame 框架页面

实例 42　链接 IFrame 框架页面

实例 43　制作网站登录页面

实例 44　制作网站投票页面

实例 45　制作用户注册页面

实例 46　制作网站搜索栏

实例 47 制作网站留言页面

实例 49 创建模板页面

实例 50 创建可编辑和可选区域

实例 51 创建基于模板的页面

实例 53 创建库项目

实例 54 应用库项目

实例 55 使用"交换图像"行为制作
翻转图像

实例 56 使用"改变属性"行为制作
图像交互特效

实例 57 设置容器文本

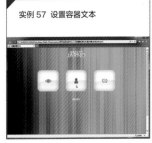

实例 58 设置状态栏文本

实例 60 添加"打开浏览器窗口"行为

实例 61 使用 Blind 行为实现动态显示隐藏网页元素

实例 62
使用 Highlight 行
为实现网页元素高
光过渡

实例 63 使用 Bounce 行为实现网页元素的抖动

## 第 2 篇　Flash 篇

实例 64 使用矩形工具
绘制卡通表情

实例 65 使用椭圆工具绘制彩虹

实例 66 使用线条工具绘制卡通
向日葵

实例 67 使用刷子工具绘制卡通
小鸟

实例 68 绘制卡通
小蜜蜂

实例 69 绘制可爱卡通猫

实例 70 导入图像序列制作光影动画

实例 71 制作倒计时动画

实例 72 制作太阳公公动画

实例 73 制作飘动的白云动画

实例 74 制作飞舞的蒲公英动画

实例 75 制作圣诞老人飞入动画

实例 76 制作卡通角色入场动画

实例 77 制作图像切换动画

实例 78 制作 3D 旋转动画

实例 79 制作 3D 平移动画

实例 80 多层次遮罩动画

实例 81 制作图像切换过渡动画

实例 82 制作汽车路径动画

实例 83 制作纸飞机飞行动画

**实例 84 添加背景音乐**

**实例 85 为按钮添加音效**

**实例 86 制作网站视频广告**

**实例 87 动画中嵌入视频**

**实例 88 制作广告文字动画**

**实例 89 制作发光文字动画**

**实例 90 制作闪烁文字动画——改变文字色调**

**实例 91 制作霓虹闪烁文字动画**

**实例 92 制作按钮菜单动画**

**实例 93 制作表情按钮**

**实例 94 制作游戏按钮动画**

 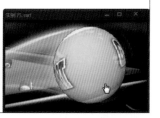

实例 95 制作网页常见按钮动画

实例 96 使用 ActionScript 3.0 控制元件缩放

实例 97 使用 ActionScript 3.0 调用外部文件

实例 98 使用 ActionScript 3.0 实现下雪动画效果

实例 99 使用 ActionScript 3.0 制作动感遮罩

实例 100 使用 ActionScript 3.0 制作鼠标跟随动画

实例 101 使用 ActionScript 3.0 制作幻灯片

实例 102 制作 Flash 登录框

实例 103 制作游戏按钮动画

实例 104 制作游戏网站导航动画

实例 105 制作跟随鼠标的蝴蝶效果

实例 106 制作艺术片头动画

实例 107 制作场景切换开场动画

## 第 3 篇　Photoshop 篇

实例 111 复制、粘贴网页内容

实例 112 修改图像大小

实例 113 制作网页背景图像

实例 114 重新定义图像的分辨率

实例 115 在 Photoshop 中查看网页图像

实例 116 使用"裁剪工具"裁剪图像

实例 117 校正倾斜图像

实例 118 制作图像的镜面投影效果

实例 119 内容识别去除图像不需要内容

实例 120 绘制网站欢迎页面

实例 121 网页图像的旋转和缩放操作

实例 122 制作淘宝促销广告

实例 123 输入广告文字

实例 124 制作变形广告文字

实例 125 制作路径文字

实例 126 使用 3D 命令制作立体文字

实例 127 图层样式制作网站文字

实例 128 调整网站广告的颜色

实例 129 调整网站广告的亮度

实例 130 调整网站广告的色调

实例 131 使用替换颜色替换图像颜色

实例 132 使用调整边缘抠图

实例 133 合成技术制作广告图片

实例 134 制作精美网站促销广告
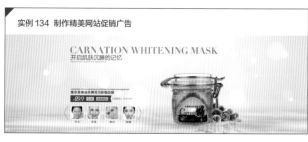

实例 135 制作网站广告图片

实例 136 制作网站 GIF 动画
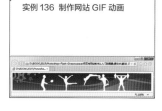

实例 137 创建切片并输出网页

实例 138 设计网站水晶质感按钮

实例 139 设计网站下载按钮

实例 140 设计网站精美图标

实例 141 设计网站实用图标

实例 142 设计食品网站 Logo

实例 143 设计旅行网站 Logo

实例 144 设计游戏网站导航

实例 145 设计网站快速导航

实例 146 设计网站产品广告图片

实例 147 设计化妆品网站广告

实例 148 设计网站后台管理登录页面

实例 149 设计服饰类网站页面

实例 150 设计房地产网站页面

实例 151 设计科技公司网站页面

# 第 4 篇　综合案例

实例 152 设计企业网站页面

实例 153 制作网站 Flash 动画

实例 154 制作企业网络页面

实例 155 设计酒店类网站页面

实例 156 制作网站 Flash 动画

实例 157 制作网站页面

实例 158 设计游戏类网站页面

实例 159 制作网站 Flash 动画

实例 160 制作游戏网站页面

Adobe

# Dreamweaver CC+
# Flash CC+Photoshop CC

网页制作与
网站建设实战 | 从入门到精通

新视角文化行 编著

人民邮电出版社
北京

图书在版编目（ＣＩＰ）数据

Dreamweaver CC+Flash CC+Photoshop CC网页制作与
网站建设实战从入门到精通 / 新视角文化行编著. -- 北
京 ： 人民邮电出版社，2016.9（2019.1重印）
　　ISBN 978-7-115-42920-9

　Ⅰ．①D… Ⅱ．①新… Ⅲ．①网页制作工具 Ⅳ.
①TP393.092.2

　中国版本图书馆CIP数据核字(2016)第187391号

## 内 容 提 要

　　本书针对 Dreamweaver CC、Flash CC 及 Photoshop CC 进行网页设计与网站建设的应用方向，从软件
基础开始，深入挖掘软件的核心工具、命令与功能，帮助读者在短时间内掌握软件，并将其运用到实际操
作中。

　　全书紧紧围绕使用 Dreamweaver CC、Flash CC 及 Photoshop CC 进行网页设计与网站建设的特点，精
心设计了 160 个实例，循序渐进地讲解了网页设计的步骤，以及所涉及软件的操作方法和应用技巧，可帮
助读者学以致用。本书分为 4 篇，即 Dreamweaver 篇、Flash 篇、Photoshop 篇和综合案例篇，共 22 章，以
由易到难的顺序依次讲解实际工作过程中各软件的基本功能，以及网页设计与网站建设的方法和技巧。

　　随书附带 1 张 DVD 光盘，包含了书中 160 个实例的时长约 600 分钟的同步多媒体语音教学视频、源文
件及最终文件，便于读者边学边做，迅速达到实战水平。

　　本书采用"完全案例"的编写形式，兼具技术手册和应用技巧参考手册的特点，技术实用，讲解清晰，
不仅可以作为初、中级网页设计人员及网页设计专业的大、中专学生的学习用书，也可以作为相关培训机
构的教材。

◆ 编　　著　新视角文化行
　　责任编辑　杨　璐
　　责任印制　陈　犇

◆ 人民邮电出版社出版发行　　北京市丰台区成寿寺路 11 号
　　邮编　100164　电子邮件　315@ptpress.com.cn
　　网址　http://www.ptpress.com.cn
　　固安县铭成印刷有限公司印刷

◆ 开本：787×1092　1/16
　　印张：25.5　　　　　　　　　彩插：4
　　字数：670 千字　　　　　　　2016 年 9 月第 1 版
　　印数：3 801－4 300 册　　　　2019 年 1 月河北第 4 次印刷

定价：49.80 元（附光盘）

读者服务热线：(010)81055410　印装质量热线：(010)81055316
反盗版热线：(010)81055315

广告经营许可证：京东工商广登字 20170147 号

# 前 言
## PREFACE

本书针对Dreamweaver CC、Flash CC及Photoshop CC进行网页设计与网站建设的应用方向，从软件基础开始，深入挖掘软件的核心工具、命令与功能，帮助读者在短时间内掌握软件，并将其运用到实际操作中。本书由具有多年网页设计经验的资深设计人员编写，全面、系统、精练地介绍使用Dreamweaver CC、Flash CC、Photoshop CC制作相应作品的方法。通过实战训练，激发创作灵感，使读者精通多种软件的操作。

### 内容特点

**• 完善的学习模式**

"实例分析+知识点链接+操作步骤+Q&A" 4大环节保障了可学习性。明确每个软件不同阶段的学习目的，做到有的放矢。详细讲解操作步骤，力求让读者即学即会。160个实际案例，涵盖了大部分常见应用。

**• 进阶式讲解模式**

全书共22章，每一章都是一个技术专题，从基础入手，逐步进阶到灵活应用。与实战紧密结合，技巧全面丰富，不但能学习到专业的制作方法与技巧，还能提高实际应用的能力。

### 配套资源

**• 专业的教学视频**

160个约600分钟的全程同步多媒体语音教学视频，由一线讲师亲授，详细记录每个案例的具体操作过程，边学边做，同步提升操作技能。

**• 超值的配套素材**

提供书中所有网页制作与网站建设实例的源文件，便于读者直接实现书中案例，掌握学习内容的精髓。还提供了所有案例的最终文件，供读者对比学习，提升学习效果。

### 内容安排

本书分为4篇，即Photoshop篇、Flash篇、Dreamweaver篇、综合案例篇，共22章，循序渐进地向读者介绍了网页设计制作软件的相关知识点和操作方法。

Dreamweaver篇（第1~8章）：介绍了Dreamweaver CC软件的操作方法和各个知识点，包括网页制作基础，插入基础网页元素，创建网页链接，定义CSS样式美化网页，使用表格与IFrame框架元素，制作网页表单，运用模板和库，以及使用AP Div和行为为网页添加特效等内容。

Flash篇（第9~14章）：介绍了Flash CC的基本操作方法，包括Flash绘图技法，网页基本动画制作，网页高级动画制作，网页广告文字与按钮动画，ActionScript脚本应用，以及制作网站Flash动画元素，等等。

Photoshop篇（第15~19章）：介绍了Photoshop CC的工作界面和文件的基本操作方法，包括Photoshop图像处理基础，以及使用Photoshop处理网页文本、网站图片、制作网站主要元素及设计网站页面，等等。

综合案例篇（第20~22章）：通过3个不同类型的网站实例，全面分析和介绍了网页设计制作的方法和技巧，包括制作企业类网站、制作酒店类网站及制作游戏类网站等内容。

**本书读者对象**

本书主要面向初、中级读者，不仅可以作为初、中级网页设计人员及网页设计专业的大、中专学生的学习用书，也可以作为相关培训机构的教材。希望读者通过对本书的学习，自如踏上新的台阶。

本书在写作过程中力求严谨，但由于时间有限，难免有错误和疏漏之处，恳请广大读者批评、指正。

编 者

# 目录
## CONTENTS

第 **01** 章

# 网页制作基础

Dreamweaver是一款"所见即所得"的网页编辑软件，也是第一款针对专业网页设计师的视觉化网页制作软件，利用它可以轻而易举地制作出跨平台限制和跨浏览器限制且充满动感的网页。

# 实例 001 创建与打开网页

网页文件操作是制作网页的最基本操作，它包括网页文件的打开、保存、关闭等。本实例将介绍如何在Dreamweaver CC中创建新页面和在Dreamweaver CC中打开HTML页面。

- ● 源 文 件┃无
- ● 视 频┃光盘/视频/第1章/实例1.swf
- ● 知 识 点┃创建HTML页面、打开网页
- ● 学习时间┃5分钟

## ┃实例分析┃

在开始制作网站页面之前，首先需要在Dreamweaver中创建一个空白页面，或者是在Dreamweaver中打开一个网页进行编辑。界面显示如图1-1所示。

图1-1 网页界面

## ┃知识点链接┃

在Dreamweaver中可以创建多种类型的文档，各种类型的文档都可以通过"新建文档"对话框来创建。

在Dreamweaver中打开网页的方式有多种：可以执行"文件>打开"命令；也可以通过"文件"面板；还可以直接将需要打开的文件拖入到Dreamweaver软件窗口中。

## ┃操作步骤┃

**01** 启动Dreamweaver CC，执行"文件>新建"命令，弹出"新建文档"对话框，如图1-2所示。

**02** 在"新建文档"对话框的左侧单击选择"空白页"选项；在"页面类型"选项中选择一种需要的类型，这里选择"HTML"选项；在"布局"选项中选择一种布局样式，一般默认情况下为"无"。单击"创建"按钮，即可创建一个空白的HTML文档，如图1-3所示。

图1-2 "新建文档"对话框

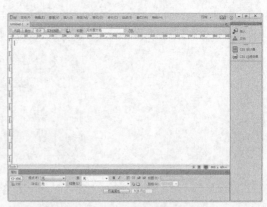

图1-3 新建空白文件

**03** 在Dreamweaver CC中执行"文件>打开"命令，弹出"打开"对话框，如图1-4所示。"打开"对话框和其他的Windows应用程序类似，包括"查找范围"列表框、导航、视图按钮、文件名输入框以及文件类型列表框等。

**04** 选择需要打开的网页文件，单击"打开"按钮，即可在Dreamweaver CC中打开该网页文件，如图1-5所示。

图1-4　"打开"对话框　　　　　　　　　　图1-5　在Dreamweaver中打开网页

**Q** 在"新建文档"对话框中可以创建多种类型的文档，它们分别有什么含义？

**A** "新建文档"对话框中可以创建的多种类型的文档，其含义分别如下。

● **空白页**：在"空白页"选项卡中可以新建基本的静态网页和动态网页，其中最常用的就是HTML选项。

● **流体网格布局**：单击"流体网格布局"选项卡，可以切换到"流体网格布局"选项中，可以新建基于"移动设备""平板电脑"和"桌面电脑"3种设备的流体网格布局。

● **启动器模板**：单击"启动器模板"选项卡，可以切换到"启动器模板"选项中，在该选项中提供了"Mobile起始页"示例页面，在Dreamweaver CC中共提供了3种Mobile起始示例页面，选中其中一个示例，即可创建jQuery Mobile页面。

● **网站模板**：单击"网站模板"选项卡，可以切换到"网站模板"选项中，可以创建基于各站点中的模板的相关页面，在"站点"列表中可以选择需要创建基于模板页面的站点，在"站点的模板"列表中列出了所选中站点中的所有模板页面，选中任意一个模板，单击"创建"按钮，即可创建基于该模板的页面。

**Q** 在Dreamweaver中可以打开哪些格式的文件？

**A** 在Dreamweaver中可以打开多种格式的文件，它们的扩展名分别为.htm、.html、.shtml、.asp、.php、.jsp、.js、.xml、.as、.css等。

---

## 实例 002　预览网页

● **源　文　件** | 无

● **视　　　频** | 光盘/视频/第1章/实例2.swf

● **知　识　点** | 实时视图、预览

● **学习时间** | 2分钟

---

**｜操作步骤｜**

**01** 单击Dreamweaver文档工具栏上的"实时视图"按钮，如图1-6所示。

**02** 可在Dreamweaver的实时视图中预览该网页文件在浏览器中的显示效果，如图1-7所示。

图1-6　单击"实时视图"按钮　　　　　　　图1-7　显示效果

03 单击工具栏上的"在浏览器中预览"按钮，在弹出的菜单中选择一种浏览器，如图1-8所示。

04 使用所选择的浏览器预览该网页，如图1-9所示。

图1-8 选择浏览器

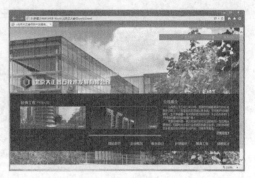

图1-9 浏览效果

**Q** "实时视图"与"传统的Dreamweaver"有什么不同之处？

**A** "实时视图"与传统的Dreamweaver"设计视图"的不同之处在于，它提供了页面在某一浏览器中的不可编辑、更逼真的外观。在"设计视图"中操作时可以随时切换到"实时视图"查看，进入"实时视图"后，"设计视图"变为不可编辑。

**Q** 如何在Dreamweaver中添加多浏览器预览选项？

**A** 在操作系统中安装了多个不同类型的浏览器；在Dreamweaver中执行"编辑>首选项"命令，弹出"首选项"对话框；在左侧的"分类"列表中选择"在浏览器中预览"选项；在该选项的设置界面中可以为Dreamweaver添加多浏览器预览选项，如图1-10所示。

图1-10 添加浏览器预览选项

---

**实例 003　创建企业站点并设置远程服务器**

无论是一个网页制作的新手，还是一个专业的网页设计师，都要从构建站点开始，理清网站结构的脉络。Dreamweaver CC改进了以前版本中创建本地站点的方法，使得创建本地站点更加简便、快捷。

● **源 文 件** | 无
● **视　　频** | 光盘/视频/第1章/实例3.swf
● **知 识 点** | 创建站点、设置远程服务器信息
● **学习时间** | 8分钟

**│ 实例分析 │**

在Dreamweaver中创建站点时，可以设置站点相关的远程服务器信息，这样便于在Dreamweaver中制作完网站页面后，直接使用Dreamweaver将网页上传到远程服务器。如图1-11所示。

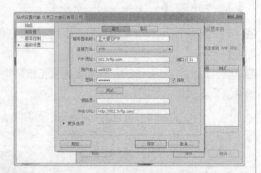

图1-11 设置站点远程服务器信息

## 知识点链接

在创建站点的过程中定义远程服务器是为了方便本地站点能够随时与远程服务器相关联，上传或下载相关的文件。如果用户希望在本地站点中将网站制作完成后再上传到远程服务器，则可以选不定义远程服务器，待需要上传时再定义。

## 操作步骤

**01** 执行"站点>新建站点"命令，弹出"站点设置对象"对话框，在"站点名称"对话框中输入站点的名称，单击"本地站点文件夹"后的"浏览"按钮 📁，弹出"选择根文件夹"对话框，浏览到站点的根目录文件夹，如图1-12所示。单击"选择"按钮，选定站点根目录文件夹，如图1-13所示。

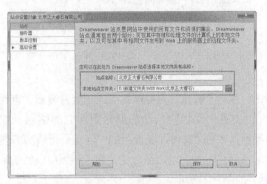

图1-12 "选择根文件夹"对话框　　　　　图1-13 "站点设置对象"对话框

**02** 单击"站点设置对象"对话框左侧的"服务器"选项，切换到"服务器"选项设置界面，如图1-14所示。单击"添加新服务器"按钮 ➕，弹出"添加新服务器"对话框，对远程服务器的相关信息进行设置，如图1-15所示。

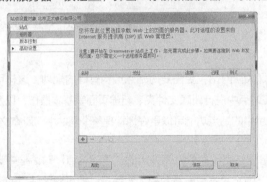

图1-14 "服务器"选项设置界面　　　　　图1-15 设置远程服务器信息

**03** 单击"测试"按钮，弹出"文件活动"对话框，显示正在与设置的远程服务器连接，如图1-16所示。连接成功后，弹出提示对话框，提示"Dreamweaver已成功连接到您的Web服务器"，如图1-17所示。

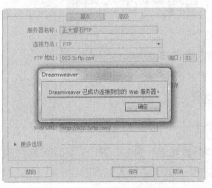

图1-16 "文件活动"对话框　　　　　图1-17 成功连接远程服务器

**04** 单击"添加新服务器"对话框上的"高级"选项卡，切换到"高级"选项卡的设置中，在"测试服务器"下拉列表中选择"PHP MySQL"选项，如图1-18所示。单击"保存"按钮，完成"添加新服务器"对话框的设置，如图1-19所示。

图1-18　设置"高级"选项

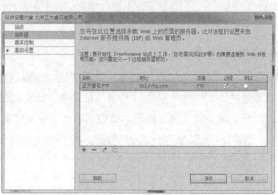

图1-19　"服务器"选项

**05** 单击"保存"按钮，完成该站点的创建并设置了远程服务器，"文件"面板将自动切换为刚建立的站点，如图1-20所示。单击"文件"面板上的"连接到远程服务器"按钮，即可在Dreamweaver中直接连接到所设置的远程服务器，如图1-21所示。

图1-20　"文件"面板

图1-21　连接到远程服务器

**Q** 为什么要创建站点？

**A** 在创建站点之前，需要对站点的结构进行规划，特别是大型网站，更需要对站点结构有好的规划，这样可以使网站的结构目录更加清晰。完成站点的创建后，可以在站点中进行新建文件夹、新建页面等基本操作，以及在站点中复制文件和调整文件的位置等。通过Dreamweaver中的站点功能可以更好地管理整个网站中的所有文件。

**Q** 如何对站点的设置进行编辑？

**A** 如果需要对站点的设置进行编辑，可以执行"站点>管理站点"命令，在弹出的"管理站点"对话框中选择需要编辑的站点，单击"编辑当前选择的站点"按钮，弹出"站点设置对象"对话框，即可对该站点的设置进行编辑修改。

---

## 实例 004　创建本地静态站点

- ● **源　文　件** | 无
- ● **视　　　频** | 光盘/视频/第1章/实例4.swf
- ● **知　识　点** | "站点设置对象"对话框
- ● **学习时间** | 3分钟

---

**┃ 操作步骤 ┃**

**01** 执行"站点>新建站点"命令，弹出"站点设置对象"对话框，如图1-22所示。

**02** 在"站点名称"文本框中输入站点的名称，并且设置"本地站点文件夹"选项，浏览到本地站点的位置，如图1-23所示。

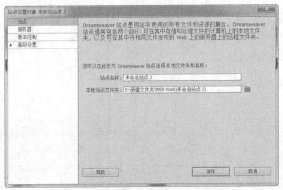

图1-22 "站点设置对象"对话框

图1-23 选择文件夹

**03** 单击"选择"按钮,确定本地站点根目录的位置,如图1-24所示。

**04** 单击"保存"按钮,即可完成本地站点的创建,打开"文件"面板,在"文件"面板中显示刚刚创建的本地站点,如图1-25所示。

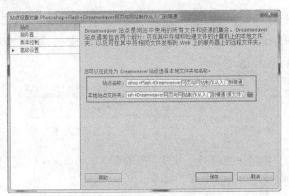

图1-24 确定本地站点根目录位置

图1-25 "文件"面板

**Q** 在Dreamweaver中如何快速切换多个站点?

**A** 在使用Dreamweaver CC编辑网页或进行网站管理时,每次只能操作一个站点。在"文件"面板左侧的下拉列表中选择已经创建的站点,就可以快速切换到对这个站点进行操作的状态。另外,在"管理站点"对话框中选中需要切换到的站点,单击"完成"按钮,同样可以切换到所选择的站点。

**Q** 什么是Business Catalyst站点?

**A** Business Catalyst是从Dreamweaver CS6开始新增的一项功能,在Dreamweaver CC中同样集成了该功能。Business Catalyst可以提供一个专业的在线远程服务器站点,使设计者能够获得专业的在线平台。在Dreamweaver CC中可以更加方便地创建Business Catalyst站点,就像是创建本地静态站点一样。

## 实例 005 在设计视图中创建HTML页面

设计视图是用Dreamweaver制作网页时最常用也是最重要的视图之一,它是"所见即所得"的视图窗口,在该窗口中可以直接看到制作的HTML页面的显示效果。

● **源 文 件** | 光盘/最终文件/第1章/实例5.html

● **视 频** | 光盘/视频/第1章/实例5.swf

● **知 识 点** | 设计视图

● **学习时间** | 5分钟

## 实例分析

通过Dreamweaver CC中的设计视图，可以轻松地制作复杂的HTML页面。接下来，本书将通过一个小实例，让读者学会如何使用Dreamweaver的设计视图制作HTML页面。如图1-26所示。

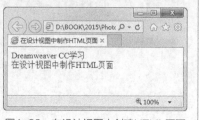

图1-26 在设计视图中创建HTML页面

## 知识点链接

Dreamweaver的设计视图窗口不仅可以显示当前所制作页面的效果，同时它也是可视化操作的窗口，可以使用各种工具，在该窗口中输入文字、插入图像等，是"所见即所得"的视图窗口。

## 操作步骤

**01** 新建HTML文档，单击"文档"工具栏上的"设计"按钮 设计 ，即可进入设计视图的编辑窗口，如图1-27所示。在"文档"工具栏上的"标题"文本框中输入页面标题，并按键盘上的Enter键确认，如图1-28所示。

图1-27 进入Dreamweaver的设计视图

图1-28 设置页面标题

**02** 在空白的文档窗口中输入页面的正文内容，如图1-29所示。完成页面的制作，将页面保存为"光盘/源文件/第12章/实例91.html"，在浏览器中预览页面可以看到页面的效果，如图1-30所示。

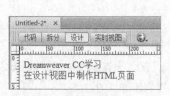

图1-29 输入页面正文内容

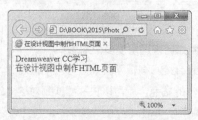

图1-30 在浏览器中预览页面效果

**Q** 在Dreamweaver中新建的HTML页面默认遵守什么规范？

**A** 目前，在Dreamweaver CC中新建的HTML页面默认为遵循HTML5规范，如果需要新建其他规范的HTML页面，例如XHTML的页面，需要在"新建文档"对话框中的"文档类型"下拉列表中进行选择。

**Q** 在Dreamweaver的设计视图中如何为文字换行？

**A** 在Dreamweaver的设计视图中，如果需要为文字换行，可以按Ctrl+Enter组合键，即可在光盘所在位置插入一个换行符<br >标签。

## 实例 006 在代码视图中创建HTML页面

● **源 文 件** | 光盘/最终文件/ 第1章/实例6.html

● **视 频** | 光盘/视频/第1章/实例6.swf

● **知 识 点** | 代码视图

● **学习时间** | 3分钟

**操作步骤**

**01** 创建一个HTML页面，单击"文档"工具栏上的"代码"按钮 ，转换到代码视图，可以看到页面的代码，如图1-31所示。

**02** 在页面HTML代码中的\<title\>与\</title\>标签之间输入页面标题，如图1-32所示。

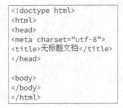

图1-31 页面代码

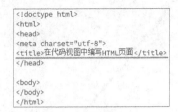

图1-32 页面标题代码

**03** 在\<body\>与\</body\>标签之间输入页面的主体内容如图1-33所示。

**04** 保存页面，在浏览器中预览页面，如图1-34所示。

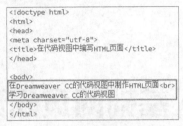

图1-33 立体内容代码

图1-34 预览页面

**Q** 如何使用代码视图？

**A** Dreamweaver的代码视图窗口会显示当前所编辑页面的相应代码，在代码视图窗口左侧是相应的代码工具，通过使用这些工具，可以在代码视图中进行插入注释、简化代码等操作。

**Q** HTML页面的基本代码结构是什么？

**A** 编写HTML文件的时候，必须遵循HTML的语法规则。一个完整的HTML文件由标题、段落、列表、表格、单词和嵌入的各种对象所组成。这些逻辑上统一的对象被统称为元素，HTML使用标签来分割并描述这些元素。实际上整个HTML文件就是由元素与标签组成的。

HTML文件基本结构如下：

| | |
|---|---|
| \<html\> | \<!—HTML文件开始—\> |
| \<head\> | \<!—HTML文件的头部开始—\> |
| \</head\> | \<!—HTML文件的头部结束—\> |
| \<body\> | \<!—HTML文件的主体开始—\> |
| \</body\> | \<!—HTML文件的主体结束—\> |
| \</html\> | \<!—HTML文件结束—\> |

可以看到，代码分为以下3部分。

\<html\>……\</html\>：告诉浏览器HTML文件开始和结束，其中包含\<head\>和\<body\>标记；HTML文档中所有的内容都应该在两个标记之间，一个HTML文档总是以\<html\>开始，以\</html\>结束的。

\<head\>……\</head\>：HTML文件的头部标记。

\<body\>……\</body\>：HTML文件的主体标记，绝大多数内容都放置在这个区域中；通常它在\</head\>标记之后，\</html\>标记之前。

第 **02** 章

# 插入基础网页元素

一个完整网页的构成要素有很多，其中包括文本、图像以及Flash动画、声音、视频等多媒体元素。多种元素综合运用才能够生动、形象地表达出网页的主体信息，才能够给浏览者带来无穷的趣味性，增强网页的新鲜感和亲和力，从而吸引更多浏览者的访问。本章向读者介绍如何使用Dreamweaver为网页添加文本、图像以及其他一些多媒体内容。

## 实例 007 使用"页面属性"对话框控制网页整体

许多网站的页面会有固定的色彩或者图像背景，这些特征可以通过网站页面属性来控制。在开始设计网站页面时即可设置好页面的各种属性，网页属性可以控制网页的背景颜色和文本颜色等，主要对网页外观进行总体上的控制。

- ● 源 文 件 | 光盘/最终文件/第2章/实例7.html
- ● 视　　　频 | 光盘/视频/第2章/实例7.swf
- ● 知 识 点 | "页面属性"对话框
- ● 学习时间 | 10分钟

### ▌实例分析▐

本实例通过Dreamweaver中的"页面属性"对话框对网页的整体属性进行设置，包括网页中的字体、字体大小、字体颜色、背景颜色、背景图像、文字链接、标题等内容，效果如图2-1所示。

图2-1　网页效果

### ▌知识点链接▐

将设计视图切换到代码视图，会看到一对<body></body>标签，网页的主体部分就位于这两个标签之间。<body>标签作为一个对象，会有许多相关的属性，这些属性都可以通过可视的"页面属性"对话框来直接进行设置。

### ▌操作步骤▐

**01** 执行"文件>打开"命令，打开页面"光盘/源文件/第2章/实例7.html"，如图2-2所示。在浏览器中预览该页面，页面效果如图2-3所示。

图2-2　打开页面

图2-3　页面效果

**02** 返回Dreamweaver中，切换到代码视图，为相应文字添加<h1></h1>标签，如图2-4所示。返回到设计视图，页面效果如图2-5所示。

图2-4 代码视图

图2-5 页面效果

**03** 返回Dreamweaver中，切换到代码视图，为相应文字添加<h2></h2>标签，如图2-6所示。返回到设计视图，页面效果如图2-7所示。

图2-6 代码视图

图2-7 页面效果

**04** 单击"属性"面板上的"页面属性"按钮，弹出"页面属性"对话框，对相关选项进行设置，如图2-8所示。单击"页面属性"对话框左侧"分类"列表中的"链接（CSS）"选项，切换到"链接（CSS）"选项设置界面，对相关选项进行设置，如图2-9所示。

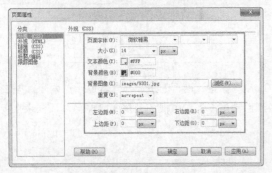

图2-8 "页面属性"对话框

图2-9 设置"链接（CSS）"相关选项

**05** 单击"页面属性"对话框左侧"分类"列表中的"标题（CSS）"选项，切换到"标题（CSS）"选项设置界面，对相关选项进行设置，如图2-10所示。单击"页面属性"对话框左侧"分类"列表中的"标题/编码"选项，切换到"标题/编码"选项设置界面，对相关选项进行设置，如图2-11所示。

图2-10 设置"标题（CSS）"相关选项

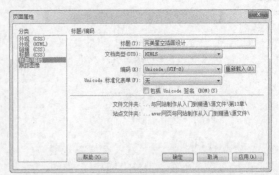

图2-11 设置"标题/编码"相关选项

**06** 设置完成后，单击"确定"按钮，页面效果如图2-12所示。执行"文件>保存"命令，保存该页面，按F12键即可在浏览器中预览该页面，效果如图2-13所示。

图2-12 页面效果

图2-13 在浏览器中预览页面效果

**Q** 在"页面属性"对话框中可以对页面的哪些属性进行控制？

**A** 在"页面属性"对话框中，Dreamweaver将页面属性分为6个类别，分别介绍如下。

● "外观（CSS）"是用来设置页面的一些基本属性，包括页面字体、颜色和背景等。

● "外观（HTML）"的相关设置选项与"外观（CSS）"的相关设置选项基本相同，唯一的区别在于，"外观（HTML）"选项中设置的页面属性，将会自动在页面主体标签<body>中添加相应的属性设置代码，而不会自动生成CSS样式。

● "链接（CSS）"的相关选项用于设置页面中的链接文本的效果。

● "标题（CSS）"选项可以对标题文字的相关属性进行设置，在HTML页面中可以通过<h1>至<h6>标签，定义页面中的文字为标题文字，分别对应"标题1"至"标题6"，在该部分选项区中可以分别为不同标题文字的大小以及文本颜色进行设置。

● "标题/编码"选项可以对网页的标题、文字编码等属性进行设置。

● "跟踪图像"选项可以设置跟踪图像的属性，跟踪图像是指将网页的设计草图设置成跟踪图像，铺在编辑的网页下面作为背景，用来引导网页的设计。

**Q** 为什么需要为网页设置标题？

**A** 标题经常被网页初学者忽略，因为它对网页的内容不产生任何的影响。在浏览网页时，会在浏览器的标题栏中看到网页的标题，在进行多个窗口切换时，它可以很明白地提示当前网页信息。而且，当收藏一个网页时，也会把网页的标题列在收藏夹内。

## 实例 008 设置网页头信息

● **源 文 件** | 光盘/最终文件/第2章/实例8.html

● **视 频** | 光盘/视频/第2章/实例8.swf

● **知 识 点** | 网页头信息、关键字、说明

● **学习时间** | 2分钟

**┃ 操作步骤 ┃**

**01** 在Dreamweaver中打开页面"光盘/源文件/第2章/实例8.html"，如图2-14所示。

**02** 单击"插入"面板中的"Head"按钮，在下拉列表中选择"关键字"选项，弹出"关键字"对话框，为页面设置图2-15所示的页面关键字。

图2-14  打开页面　　　　　　　　　　　　　　图2-15  设置关键字

**03** 单击"插入"面板中的"Head"按钮，在下拉列表中选择"说明"选项，弹出"说明"对话框，为页面设置页面说明，单击"确定"按钮，如图2-16所示。

**04** 完成页面头信息的设置，保存页面，在浏览器中预览页面，效果如图2-17所示。

图2-16  设置页面说明　　　　　　　　　　　图2-17  预览效果

**Q** 网页头信息主要起到什么作用？

**A** 网页头信息的设置属于页面总体设置的范围，包括网页的说明、关键字、过期时间等内容。虽然它们中的大多数不能够直接在网页上看到效果，但从功能上来说，很多都是必不可少的。头信息是网页中必须添加的信息，它能够为网页添加许多辅助的信息内容。

**Q** 网页META信息指的是哪些？

**A** 网页META信息也属于网页头信息的一部分，META标记用来记录当前网页的相关信息，如编码、作者、版权等，也可以用来给服务器提供信息，例如网页终止时间、刷新的间隔等。单击图2-18所示的"插入"面板中的"Head"按钮，在下拉列表中选择"META"选项，弹出"META"对话框，在该对话框中输入图2-19所示的信息，单击"确定"按钮，即可在文件的头部添加相应的数据。

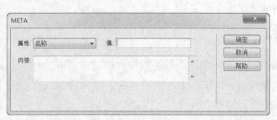

图2-18  "插入"面板　　　　　　　　　　图2-19  "META"对话框

## 实例 009　制作关于我们页面

在设计制作网页时，文本是网页的重要元素之一。使用Dreamweaver CC可以对网页中的文字和字符进行格式化处理，使其在网页中不但可以起到表达页面信息的效果，还可以美化网页界面，从而吸引更多的浏览者访问。

- ● 源 文 件┃光盘/最终文件/第2章/实例9.html
- ● 视　　频┃光盘/视频/第2章/实例9.swf
- ● 知 识 点┃输入文字、插入水平线、插入日期
- ● 学习时间┃10分钟

### 实例分析

本实例将打开一个半成品的网站页面，在该页面中相应的部分输入文字内容，并且在合适的位置插入水平线和日期，使网页更加美观，效果如图2-20所示。

图2-20　网页效果

### 知识点链接

当需要在网页中输入大量的文本内容时，可以通过两种方式输入文本：一种是在网页编辑窗口中直接使用键盘输入，这是最基本的输入方式，和一些文本编辑软件的使用方法相同，例如Microsoft Word；另一种是使用复制粘贴的方法。接下来本节将通过一个小实例，介绍如何在网页中添加文本。

### 操作步骤

**01** 执行"文件>打开"命令，打开页面"光盘/源文件/第2章/实例9.html"，如图2-21所示。将光标移至页面中名为news的Div中，将多余文字删除，输入相应的文字，如图2-22所示。

图2-21　打开页面

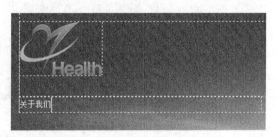

图2-22　输入文字

**02** 将光标移至刚输入的文字后，按Enter键插入段落，继续输入相应的文字内容，如图2-23所示。拖动鼠标选中"关于我们"文字，单击"属性"面板上的"粗体"按钮 **B**，将文字加粗显示，如图2-24所示。

图2-23 输入文字　　　　　　　　　图2-24 加粗显示文字

**03** 将光标移至"关于我们"文字之后，单击"插入"面板中的"水平线"按钮，如图2-25所示。即可在页面中插入水平线，页面效果如图2-26所示。

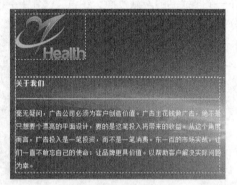

图2-25 单击"水平线"按钮　　　　　图2-26 插入水平线

**04** 单击选中刚插入的水平线，即可在"属性"面板中对其相关属性进行设置，"属性"面板如图2-27所示。

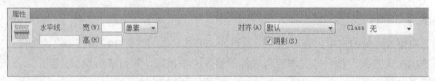

图2-27 水平线的"属性"面板

**05** 将光标移至所有文字后，按Shift+Enter组合键，插入换行符，单击"插入"面板中的"日期"按钮，如图2-28所示，弹出"插入日期"对话框并设置，如图2-29所示。

图2-28 单击"日期"按钮　　　图2-29 "插入日期"对话框

**06** 设置完成后，单击"确定"按钮，即可在页面中插入日期，如图2-30所示。执行"文件>保存"命令，保存页面，在浏览器中预览页面，效果如图2-31所示。

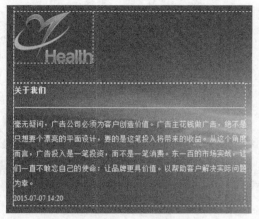

图2-30 插入日期

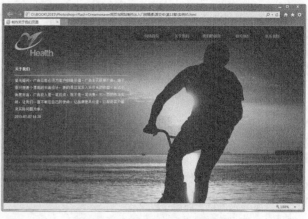

图2-31 在浏览器中预览页面效果

**Q** 如何对网页文本进行分行和分段，分行和分段的区别是什么？

**A** 有两种方法可以将文本放到下一行。一种是按Enter键进行换行，在"代码"视图中显示为<P>标签，这种方式是将文本彻底划分到下一段落中，两个段落之间将会留出一条空白行。

还可以按Shift+Enter组合键，在代码视图中显示为<br>标签，可以将文本放到下一行，但是被分行的文本仍然在同一段落中，中间也不会留出空白行。

**Q** 如何控制网页中文本的样式？

**A** 对文本属性进行适当的设置，可以美化网页界面，使浏览者可以更加方便地阅读文本信息。在Dreamweaver CC中，可以通过"属性"面板对网页中文本的颜色、大小和对齐方式等属性进行设置。将光标移至文本中，在"属性"面板中便会出现相应的文本属性选项，如图2-32所示。

图2-32 "属性"面板

最佳的控制方法，当然还是使用CSS样式对网页中的文字样式进行控制。关于CSS样式，本书将在下一章中进行详细讲解。

## 实例 010 插入特殊字符和注释

● **源 文 件** | 光盘/最终文件/第2章/实例10.html

● **视　　频** | 光盘/视频/第2章/实例10.swf

● **知 识 点** | 插入特殊字符、插入注释

● **学习时间** | 5分钟

**│操作步骤│**

**01** 打开页面"光盘/源文件/第2章/实例10.html"，效果如图2-33所示。

**02** 将光标移至图像后，单击"插入"面板"常用"选项卡中"其他字符"按钮旁的三角符号，在弹出的菜单中选择"注册商标"选项，插入注册商标符号，如图2-34所示。

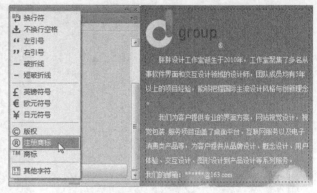

图2-33　打开页面　　　　　　　　　　图2-34　插入注册商标符号

**03** 将光标移至需要插入注释的位置，转换到代码视图中，单击代码工具栏中的"注释"按钮，在弹出菜单中选择"应用HTML注释"选项，如图2-35所示。

**04** 在光标位置添加HTML注释符号，在注释符号中输入注释内容，如图2-36所示。

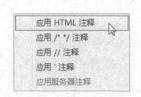

图2-35　选择"应用　　　　图2-36　输入注释内容
HTML注释"

**Q** 在网页中插入注释的作用是什么？

**A** 在Dreamweaver CC中，为页面插入相关的说明、注释语句，可以方便源代码编写者对页面的代码进行检查、整理和维护；但是在浏览器中浏览该页面时，这些注释语句将不会出现。

**Q** 在网页中可以插入哪些特殊字符？它们在HTML代码中是如何表示的？

**A** 特殊字符包括注册商标、版权符号以及商标符号等字符的实体名称，其在HTML代码中是以名称或数字的形式来表示的。单击"插入"面板"常用"选项卡中"其他字符"按钮旁的三角符号，在弹出的菜单中选择需要插入的特殊字符，单击"其他字符"按钮，即可弹出"插入其他字符"对话框，在该对话框中可以选择更多的特殊字符。

## 实例 011 制作新闻列表

在Dreamweaver中制作一些信息类网页时，为了更有效地排列网页中的文字，通常会采用为文字创建列表的方式来取得更加清晰、整齐的显示效果。

● **源 文 件** | 光盘/最终文件/第2章/实例11.html

● **视　　频** | 光盘/视频/第2章/实例11.swf

● **知 识 点** | 项目列表、编号列表

● **学习时间** | 15分钟

## 实例分析

本实例制作的是新闻列表，效果如图2-37所示。新闻列表是网页中常见的一种内容表现形式，大多数都是使用项目列表或者编号列表来制作的，在Dreamweaver中可以很方便地制作出项目列表和编号列表。

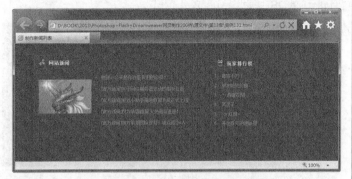

图2-37　网页效果

## 知识点链接

列表分为项目列表和编号列表两种，项目列表可以使用某个符号或者图像来对一组没有顺序的文本进行排列，通常使用一个项目符号作为每条列表项的前缀，并且各个项目之间没有顺序级别之分。

## 操作步骤

**01** 执行"文件>打开"命令，打开页面"光盘/源文件/第2章/实例11.html"，如图2-38所示。将光标移至页面中名为list的Div中，将多余文字删除，单击"插入"面板上的"结构"选项卡中的"ul 项目列表"按钮，如图2-39所示。

图2-38　打开页面　　　　　　　　　　图2-39　单击"ul 项目列表"按钮

**02** 转换到代码视图中，可以看到在该Div中所插入的项目列表的相关标签，如图2-40所示。返回网页设计视图中，在项目列表中输入第1个列表项的内容，如图2-41所示。

图2-40　项目列表的标签

图2-41　输入列表项文字

**03** 光标移至第1个列表项文字之后，按Enter键，即可插入第2个列表项，转换到代码视图中，可以看到自动添加的列表项代码，如图2-42所示。

返回设计视图中，输入第2个列表项文字，如图2-43所示。

图2-42　自动添加列表项标签

图2-43　输入列表项文字

**04** 使用相同的制作方法，可以完成其他列表项内容的制作，效果如图2-44所示。转换到外部样式表文件中，创建名为#list li的CSS样式，如图2-45所示。

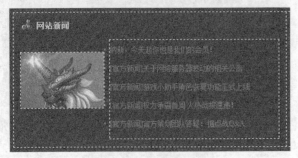

图2-44　项目列表效果

```
#list li {
    list-style-type: circle;
    list-style-position: inside;
}
```

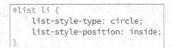

图2-45　CSS样式代码

**05** 返回页面设计视图中，可以看到项目列表的效果，如图2-46所示。将光标移至页面中名为top的Div中，将多余文字删除，单击“插入”面板上的“结构”选项卡中的“ol 编号列表”按钮，如图2-47所示。

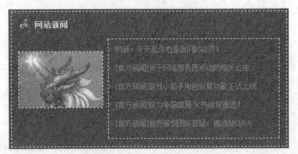

图2-46　项目列表效果

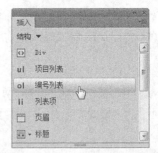

图2-47　单击“ol 编号列表”按钮

**06** 转换到代码视图中，可以看到在该Div中所插入的编号列表的相关标签，如图2-48所示。返回网页设计视图中，根据项目列表的制作方法，可以制作出编号列表项内容，如图2-49所示。

**07** 切换到外部CSS样式表文件中，创建名为#top li的CSS样式，如图2-50所示。返回页面设计视图中，可以看到编号列表的效果，如图2-51所示。

```
<div id="top">
  <ol>
    <li></li>
  </ol>
</div>
```

图2-48　编号列表的标签

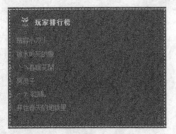

图2-49　编号列表效果

```
#top li {
    list-style-position: inside;
}
```

图2-50　CSS样式代码

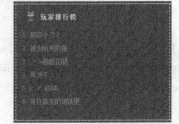

图2-51　编号列表效果

**08** 执行“文件>保存”命令，保存页面，在浏览器中预览页面，效果如图2-52所示。

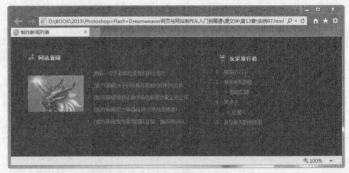

图2-52　在浏览器中预览页面效果

**Q** 项目列表与编号列表的区别是什么？

**A** 项目列表也称为无序列表，在每个项目前显示小圆点、方块或自定义的图形，各项目之间无级别之分。

编号列表是指以数字编号来对一组没有顺序的文本进行排列，通常使用一个数字符号作为每条列表项的前缀，并且各个项目之间存在顺序、级别之分，这种方式能够让浏览者清楚地阅读文本内容，减少发生阅读时错行的现象。

**Q** 如何对项目列表或编号列表的样式进行控制？

**A** 在设计视图中选中已有列表的其中一项，执行"格式>列表>属性"命令，弹出"列表属性"对话框，在该对话框中可以对列表进行更深入的设置，如图2-53所示。除了可以使用"列表属性"对话框进行设置外，建议使用CSS样式对列表进行控制，CSS样式可以更全面、更便捷地对列表进行设置。

图2-53　"列表属性"对话框

---

## 实例 012　制作卡通图像页面

- ● **源 文 件**｜光盘/最终文件/ 第2章/实例12.html
- ● **视　　频**｜光盘/视频/第2章/实例12.swf
- ● **知 识 点**｜插入图像
- ● **学习时间**｜5分钟

---

**┃ 操作步骤 ┃**

**01** 执行"文件>打开"命令，打开页面"光盘/源文件/第2章/实例12.html"，如图2-54所示。

图2-54　打开页面

**02** 将光标移至名为left-pic的Div中，将多余文字删除，插入图像"光盘/源文件/第2章/images/9802.gif"，如图2-55所示。

图2-55　插入图像

**03** 将光标移至名为right-pic的Div中，将多余文字删除，插入多张图像。创建名为.pic01的类CSS样式，并为刚插入的图像分别应用该类CSS样式，如图2-56所示。

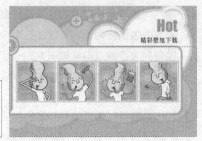

```
.pic01 {
    border: solid 1px #FF6600;
    padding: 2px;
    margin-right: 3px;
}
```

图2-56　应用类CSS样式

**04** 完成网页中图像的插入，保存页面，在浏览器中预览页面，效果如图2-57所示。

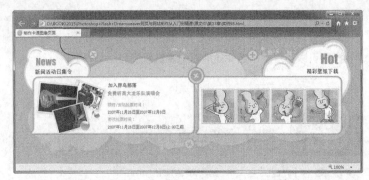

图2-57　预览页面

**Q** 网页中所支持的图像格式有哪些？

**A** 目前，由于浏览器支持的网页图像格式有限，因此，用Dreamweave制作网页时，常用的图像格式有3种，分别为GIF、JPEG和PNG。其中，使用最为广泛的是GIF格式和JPEG格式。现在，用户所使用的浏览器版本在逐步提高，PNG格式的图像也在网页中得到了广泛的应用。

**Q** 如何对网页中的图像属性进行设置？

**A** 如果需要对图像进行属性设置，首先需要在Dreamweaver设计视图中选中需要设置属性的图像，可以看到该图像的属性出现在"属性"面板上，如图2-58所示。

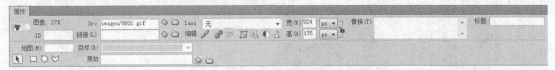

图2-58　"属性"面板

实 例<br>**013** **实现网页滚动文本**

　　在网站页面中，实现文本滚动效果，不仅可以使整个页面更具流动性，而且可以突出表现主题内容，对受众的视线具有一定的引导作用，可以达到更好的视觉传达效果。

- **源 文 件**┃光盘/最终文件/第2章/实例13.html
- **视　　频**┃光盘/视频/第2章/实例13.swf
- **知 识 点**┃<marquee>标签
- **学习时间**┃15分钟

**┃实例分析┃**

　　在Dreamweaver中可以实现如字幕一般的滚动效果，它既可以应用在文字上，也可以应用在图像上。在页面中添加适当的滚动文字或图像，可以使页面变得更加生动，效果如图2-59所示。

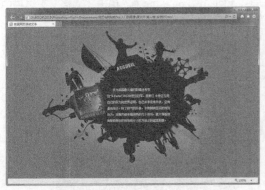

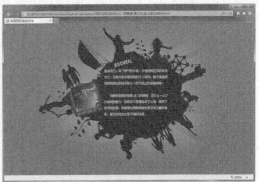

图2-59　网页滚动效果

## 知识点链接

在网页中实现滚动文本的方法有多种，最简便的方法是使用HTML中的<marquee>标签，通过该标签即可使网页中的内容实现滚动的效果。通过对该标签中相关属性的设置，可以控制滚动的方法、速度等。

## 操作步骤

**01** 执行“文件>打开”命令，打开页面“光盘/源文件/第2章/实例13.html”，如图2-60所示。将光标移至名为box的Div中，将多余文字删除，输入相应的文字，如图2-61所示。

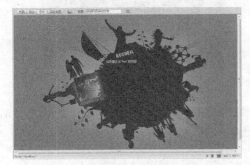

图2-60　打开页面

图2-61　输入文字

**02** 将光标移至需要添加滚动文本代码的位置，如图2-62所示。将视图切换到“代码”视图中，确定光标位置，如图2-63所示。

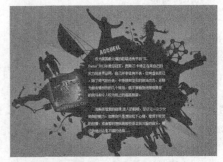

图2-62　定位光标位置

```
<body>
<div id="box">    作为英国最火爆的歌唱选秀节目
“X-Factor”2012年度总冠军，奥斯汀·卡特正在用自己的实力
向世界证明，自己并非徒有外表、空有虚名而已。除了帅气
的外表，卡特拥有坚实的现场功力，近期为新专辑预热的几
个现场，就不难看到他那极稳定的现场和令人叹为观止的超高假音。
<br>
  <br>
    流畅而惬意的旋律，迷人的靓嗓，足以让一众少女倾倒的
魅力，如果你只是想放松下心情，享受下听觉的按摩，或者
暂时想脱离那些艰涩而沉重的音乐，那这张绝对会是不错的
选择......</div>
</body>
```

图2-63　转换到代码视图

**03** 在“代码”视图中输入滚动文本的代码，如图2-64所示。返回“设计”页面中，单击“文档”工具栏中的“实时视图”按钮 实时视图 ，在页面中可以看到该文字已经实现了左右滚动的效果，如图2-65所示。

```
<body>
<div id="box"><marquee>    作为英国最火爆的歌唱选秀节
目“X-Factor”2012年度总冠军，奥斯汀.卡特正在用自己的实
力向世界证明，自己并非徒有外表、空有虚名而已。除了帅
气的外表，卡特拥有坚实的现场功力，近期为新专辑预热的
几个现场，就不难看到他那极稳定的现场和令人叹为观止的
超高假音。<br>
  <br>
    流畅而惬意的旋律，迷人的靓嗓，足以让一众少女倾倒的
魅力，如果你只是想放松下心情，享受下听觉的按摩，或者
暂时想脱离那些艰涩而沉重的音乐，那这张绝对会是不错的
选择......</marquee></div>
</body>
```

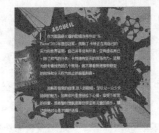

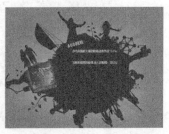

图2-64　添加滚动文本标签

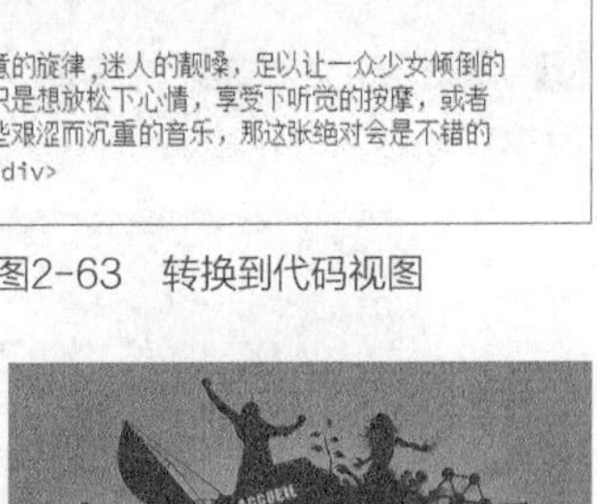

图2-65　预览滚动文本效果

**04** 转换到"代码"视图中，继续编辑代码，如图2-66所示。返回"设计"页面中，单击"文档"工具栏中的"实时视图"按钮 实时视图 ，在页面中可以看到文字已经实现了上下滚动的效果，如图2-67所示。

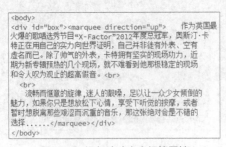

图2-66　添加滚动文本标签属性　　　　　　　　图2-67　预览滚动文本效果

**05** 在预览中可以发现文字滚动已经超出了边框的范围，并且文字滚动的速度也比较快，转换到"代码"视图中，继续编辑代码，如图2-68所示。返回"设计"页面中，单击"文档"工具栏中的"实时视图"按钮 实时视图 ，在页面中可以看到文字滚动的效果，如图2-69所示。

图2-68　添加滚动文本标签属性　　　　　　　　图2-69　预览滚动文本效果

**06** 为了使浏览者能够清楚地看到滚动的文字，还需要实现当鼠标指向滚动字幕后，字幕滚动停止，当鼠标离开字幕后，字幕继续滚动的效果，转换到"代码"视图中，如图2-70所示。

图2-70　添加滚动文本标签属性

**07** 完成滚动文本效果的实现，执行"文件>保存"命令，保存页面，在浏览器中预览页面，可以看到文字滚动的效果，如图2-71所示。

图2-71　在浏览器中预览页面效果

**Q** 在<marquee>标签中各种属性的作用是什么？

**A** 在实现滚动文本的<marquee>标签属性中，direction属性是指滚动的方向，direction="up"表示向上滚动，="down"表示向下滚动，="left"表示向左滚动，="right"表示向右滚动；scrollamount属性是指滚动的速度，数值越小滚动越慢；scrolldelay属性是指滚动速度延时，数值越大速度越慢；height属性是指滚动文本区域的高度；width是指滚动文本区域的宽度；onMouseOver属性是指当鼠标移动到区域上时所执行的操作；onMouseOut属性是指当鼠标移开区域上时所执行的操作。

**Q** 在网页中可以使用特殊字体吗？

**A** 可以，在Dreamweaver CC中可以使用Web字体功能，通过Web字体功能可以加载特殊的字体，从而在网页中实现特殊的文字效果。目前，对于Web字体的应用与很多浏览器的支持方式并不完全相同，例如，IE11就不支持Web字体，所以，目前，在网页中还是要尽量少用Web字体，而且如果在网页中使用的Web字体过多，会导致网页下载时间过长。

---

## 实例 014　插入Flash动画

- **源 文 件**｜光盘/最终文件/ 第2章/实例14.html
- **视　　频**｜光盘/视频/第2章/实例14.swf
- **知 识 点**｜插入Flash动画
- **学习时间**｜5分钟

**┃ 操作步骤 ┃**

**01** 执行"文件>打开"命令，打开页面"光盘/源文件/第2章/实例14.html"，如图2-72所示。

**02** 将光标移至名为flash的Div中，将多余文字删除，单击"插入"面板上"媒体"选项卡中的Flash SWF按钮，如图2-73所示。在弹出的对话框中选择需要插入的Flash动画文件。

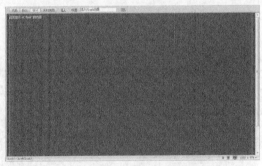

图2-72　打开页面　　　　　　　　　图2-73　"插入"面板

**03** 单击"确定"按钮，弹出"对象标签辅助功能属性"对话框，单击"取消"按钮，插入Flash动画，如图2-74所示。

**04** 保存页面，在浏览器中预插入Flash动画，可以看到Flash动画的效果，如图2-75所示。

图2-74　插入Flash动画　　　　　　　图2-75　插入Flash动画

**Q** 在网页中如何实现Flash动画的背景颜色透明?

**A** 选中网页中插入的Flash动画,在"属性"面板的"Wmode"属性下拉列表中包括了3个选项,分别为"窗口""透明"和"不透明"。为了能够使页面的背景在Flash动画下显示出来,可以设置Flash动画的"Wmode"属性为"透明",这样在任何背景下,Flash动画都能实现显示背景颜色透明的效果。

**Q** 在插入Flash动画时弹出的"对象标签辅助功能属性"对话框起到什么作用?

**A** 图2-76所示的"对象标签辅助功能属性"对话框,用于设置媒体对象辅助功能选项,屏幕阅读器会朗读该对象的标题。"标题"文本框中输入媒体对象的标题。在"访问键"文本框中输入等效的键盘键(一个字母),用以在浏览器中选择该对象。例如输入 B 作为快捷键,则使用 Ctrl+B组合键在浏览器中选择该对象。在"Tab 键索引"文本框中输入一个数字以指定该对象的 Tab 键顺序。当页面上有其他链接和对象,并且需要用户用 Tab 键以特定顺序通过这些对象时,设置 Tab 键顺序就会非常有用。如果为一个对象设置 Tab 键顺序,则一定要为所有对象设置 Tab 键顺序。

图2-76 "对象标签辅助功能属性"对话框

## 实例 015 插入鼠标经过图像

在网页制作的过程中,如果某些图像还没有制作好,可以先插入图像占位符来占用图像的位置,图像制作完后再插入图像。还可以在网页中插入鼠标经过图像,增强网页的交互效果。

- **源 文 件** | 光盘/最终文件/第2章/实例15.html
- **视 频** | 光盘/视频/第2章/实例15.swf
- **知 识 点** | 图像占位符、鼠标经过图像
- **学习时间** | 15分钟

### ┃ 实例分析 ┃

本实例是在网页中插入鼠标经过图像,效果如图2-77所示。通过实例的操作使读者掌握在网页中插入鼠标经过图像的操作方法,并能够理解鼠标经过图像的作用。

图2-77 图像效果

### ┃ 知识点链接 ┃

鼠标经过图像是一种在浏览器中查看并使用鼠标指针经过它时发生变化的图像。鼠标经过图像实际上由主图像(首次载入页面时显示的图像)和次图像(当鼠标指针经过主图像时显示的图像)组成。

**┃ 操作步骤 ┃**

**01** 执行"文件>打开"命令，打开页面"光盘/源文件/第2章/实例15.html"，如图2-78所示。将光标移至名为pic的Div中，将多余文字删除，单击"插入"面板中"图像"按钮旁的向下箭头按钮，在弹出的菜单中选择"鼠标经过图像"选项，如图2-79所示。

图2-78　打开页面　　　　　　　　　　　　图2-79　选择"鼠标经过图像"选项

**02** 弹出"插入鼠标经过图像"对话框，如图2-80所示。在该对话框中对相关选项进行设置，如图2-81所示。

图2-80　"插入鼠标经过图像"对话框　　　　图2-81　设置"插入鼠标经过图像"对话框

**03** 单击"确定"按钮，即可在光标所在位置插入鼠标经过图像，如图2-82所示。将光标移至刚插入的鼠标经过图像后，使用相同的制作方法，可以在页面中插入其他的鼠标经过图像，页面效果如图2-83所示。

图2-82　插入鼠标经过图像　　　　　　　　图2-83　插入其他鼠标经过图像

**04** 执行"文件>保存"命令，保存该页面，按F12即可在浏览器中预览该页面的效果，如图2-84所示。

图2-84　在浏览器中预览页面效果

**Q** "插入鼠标经过图像"对话框中各选项的作用是什么?

**A** "图像名称"选项,在该文本框中默认会分配一个名称,也可以自己定义图像名称;"原始图像"选项,在该文本框中可以填入页面被打开时显示的图像路径地址,或者单击该文本框后的"浏览"按钮,选择一个图像文件作为原始图像;"鼠标经过图像"选项,在该文本框中可以填入鼠标经过时显示的图像路径地址,或者单击该文本框后的"浏览"按钮,选择一个图像文件作为鼠标经过图像;"替换文本"选项,在该文本框中可以输入鼠标经过图像的替换说明文字内容,同图像的"替换"功能相同;"按下时,前往的URL"选项,在该文本框中可以设置单击该鼠标经过图像时跳转到的链接地址。

**Q** 如果鼠标经过图像的两个图像尺寸大小不一致该如何处理?

**A** 鼠标经过图像中的两个图像尺寸应该是相等的。如果两个图像尺寸不同,Dreamweaver会自动调整第2幅图像,使之与第1幅图像匹配。鼠标经过图像通常被应用在链接的按钮上,根据按钮形状的变化,使页面看起来更生动,并且提示浏览者单击该按钮可以链接到另一个网页。

## 实例 016 插入FLV视频

- **源 文 件** | 光盘/最终文件/ 第2章/实例16.html
- **视 频** | 光盘/视频/第2章/实例16.swf
- **知 识 点** | 插入Flash Video、"插入FLV"对话框
- **学习时间** | 5分钟

### ▌操作步骤 ▌

**01** 执行"文件>打开"命令,打开页面"光盘/源文件/第2章/实例16.html",效果如图2-85所示。

**02** 光标移至名为box的Div中,将多余文字删除,单击"插入"面板"媒体"选项卡中的Flash Video按钮,弹出"插入FLV"对话框,对相关选项进行设置,如图2-86所示。

图2-85 打开页面

图2-86 "插入FLV"对话框

**03** 单击"确定"按钮,即可在光标所在位置插入FLV视频,如图2-87所示。

**04** 保存页面,在浏览器中预览页面,可以看到所插入的FLV视频的播放效果,如图2-88所示。

图2-87 插入FLV视频

图2-88 播放效果

**Q** 什么是FLV视频？

**A** FLV视频是随着Flash系列产品推出的一种流媒体格式，使用Dreamweaver CC和FLV文件可以快速将视频内容放置在Web上，将FLV文件拖动到Dreamweaver CC中可以将视频快速地融入网站的应用程序。

**Q** 在"插入FLV"对话框中的"视频类型"选项用于设置什么？

**A** 在"视频类型"选项下拉列表中可以选择插入到网页中的Flash Video视频的类型，包括两个选项，分别是"累进式下载视频"和"流视频"。在默认情况下，选择"累进式下载视频"选项。

累进式下载视频：将Flash Video视频文件下载到访问者的硬盘上，然后进行播放。但是与传统的"下载并播放"视频传送方法不同，累进式下载允许边下载边播放视频。

流视频：对视频内容进行流式处理，并在一段可以确保流畅播放的很短的缓冲时间后在网页上播放该内容。

## 实 例 017　插入HTML5 Video

视频标签的出现无疑是HTML5的一大亮点，但是旧的浏览器不支持HTML5 Video，并且，涉及视频文件的格式问题。Firefox、Safari和Chrome的支持方式并不相同，所以，在现阶段要想使用HTML5的视频功能，浏览器兼容性是一个不得不考虑的问题。

- **源 文 件** | 光盘/最终文件/第2章/实例17.html
- **视　　频** | 光盘/视频/第2章/实例17.swf
- **知 识 点** | 插入HTML5 Video、设置HTML5 Video属性
- **学习时间** | 8分钟

### 实例分析

本实例向读者介绍如何在网页中插入HTML5 Video，并通过对HTML5 Video属性的设置，从而实现不需要任何插件就可以在网页中播放视频，效果如图2-89所示。

图2-89　网页效果

### 知识点链接

以前在网页中插入视频都是通过插件的方式或者是插入Flash Video，Flash Video视频需要浏览器安装Flash播放插件才可以正常播放。在HTML5中新增了<video>标签，通过使用<video>标签，可以直接在网页中嵌入视频文件不需要任何的插件。

### 操作步骤

**01** 执行"文件>打开"命令，打开页面"光盘/源文件/第2章/实例17.html"，如图2-90所示。将光标移至名为box的Div中，将多余文字删除，单击"插入"面板"媒体"选项卡中的HTML5 Video按钮，如图2-91所示。

图2-90 打开页面      图2-91 单击HTML5 Video按钮

**02** 在该Div中插入HTML5 Video，则显示为HTML5 Video图标，如图2-92所示。选中视图中的HTML5 Video图标，在"属性"面板上设置相关属性，如图2-93所示。

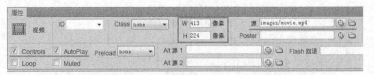

图2-92 插入HTML5 Video      图2-93 设置HTML5 Video属性

**03** 转换到HTML代码中，可以看到HTML5 Video的相关代码，如图2-94所示。保存页面，在浏览器中预览页面，可以看到使用HTML5 Video所实现的视频播放效果，如图2-95所示。

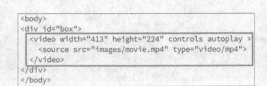

```
<body>
<div id="box">
  <video width="413" height="224" controls autoplay >
    <source src="images/movie.mp4" type="video/mp4">
  </video>
</div>
</body>
```

图2-94 HTML5 Video代码      图2-95 在浏览器中预览视频播放效果

**Q** HTML5 Video所支持的视频文件格式有哪些？

**A** 目前，HTML5新增的HTML Video元素所支持的视频格式主要是MPEG4、WebM和Ogg，在各种主要浏览器中的支持情况如表2-1所示。

表2-1 HTML5视频在浏览器中的支持情况

| | IE11 | Firefox 28.0 | Opera 20.0 | Chrome 34.0 | Safari 5.34 |
|---|---|---|---|---|---|
| MPEG4 | √ | √ | × | √ | √ |
| WebM | × | √ | √ | √ | × |
| Ogg | × | √ | √ | √ | × |

**Q** HTML5 Video的属性分别有哪些？

**A** 单击选中在网页中插入的HTML5 Video图标，在"属性"面板中可以对HTML5 Video的相关属性进行设置，如图2-96所示。

图2-96 "属性"面板

- ID：该选项用于设置HTML5 Video元素的id名称。
- Class：在该选项的下拉列表中可以选择相应的类CSS样式为其应用。
- W和H：W属性用于设置HTML5 Video的宽度。H属性用于设置HTML5 Video的高度。
- 源：该选项用于设置HTML5 Video元素的源视频文件，可以单击该选项文本框后的"浏览"按钮，在弹出的对话框中选择所需要的视频文件。
- Poster：该选项用于设置在视频开始播放之前需要显示的图像，可以单击该选项文本框之后的"浏览"按钮，选择相应的图像设置为视频播放之前所显示的图像。
- Title：该选项用于设置HTML5 Video在浏览器中当鼠标移至该对象上时所显示的提示文字。
- 回退文本：该选项用于设置当浏览器不支持HTML5 Video元素时所显示的文字内容。
- Controls：选中该复选项，可以在网页中显示视频播放控件。
- Loop：选中该复选框，可以设置视频循环播放。
- AutoPlay：选中该复选框，可以在打开网页的同时自动播放该视频。
- Muted：选中该复选框，可以设置视频在默认情况下静音。
- Preload：该属性用于设置是否在打开网页时自动加载视频，如果选中Autoplay复选框，则忽略该选项设置。在该选项的下拉列表中包含3个选项，分别是none、auto和metadata。
- Alt源1：该选项用于设置第2个HTML5 Video元素的源视频文件。
- Alt源2：该选项用于设置第3个HTML5 Video元素的源视频文件。
- Flash回退：该选项用于设置当HTML5 Video无法播放时替代的Flash动画。

## 实例 018 插入HTML5 Audio

- **源　文　件** | 光盘/最终文件/第2章/实例18.html
- **视　　　频** | 光盘/视频/第2章/实例18.swf
- **知　识　点** | 插入Flash Audio、设置Flash Audio属性
- **学习时间** | 5分钟

**| 操作步骤 |**

**01** 执行"文件>打开"命令，打开页面"光盘/源文件/第2章/实例18.html"，如图2-97所示。

**02** 光标移至名为music的Div中，将多余文字删除，单击"插入"面板"媒体"选项卡中的HTML5 Audio按钮，在光标所在位置插入HTML5 Audio，显示HTML5 Audio图标，如图2-98所示。

**03** 选中刚插入的HTML5 Audio图标，在"属性"面板中对相关选项进行设置，如图2-99所示。

**04** 保存页面，在浏览器中预览页面，可以看到在网页中嵌入HTML5 Audio并进行播放的效果，如图2-100所示。

图2-97 打开页面

图2-98 HTML5 Audio图标

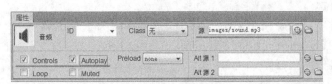

图2-99 "属性"面板

图2-100 播放效果

**Q** HTML5所支持的音频格式文件有哪些?

**A** 目前,HTML5新增的HTML Audio元素所支持的音频格式主要是MP3、Wav和Ogg,在各种主要浏览器中的支持情况如表2-2所示。

表2-2 HTML5音频在浏览器中的支持情况

|  | IE11 | Firefox 28.0 | Opera 20.0 | Chrome 34.0 | Safari 5.34 |
|---|---|---|---|---|---|
| Wav | × | √ | √ | √ | √ |
| MP3 | √ | √ | × | √ | √ |
| Ogg | × | √ | √ | √ | × |

**Q** HTML5 Audio的属性分别有哪些?

**A** 单击选中在网页中插入的HTML5 Audio图标,在"属性"面板中可以对HTML5 Audio的相关属性进行设置,HTML5 Audio的各属性选项与HTML5 Video的属性选项基本相同,如图2-101所示。

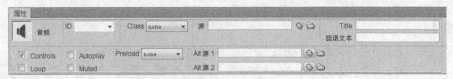

图2-101 "属性"面板

## 实例 019 插入Edge Animate作品

随着HTML5的发展和推广,HTML5在网页中的应用越来越多,在网页中通过使用HTML5可以实现许多特效。Adobe公司顺应网页发展的趋势,推出了HTML5动画可视化开发软件Adobe Edge Animate,通过使用该软件,可以不需要编写烦琐的代码即可开发出基于HTML5的动画。

- **源 文 件**┃光盘/最终文件/第2章/实例19.html
- **视　　频**┃光盘/视频/第2章/实例19.swf
- **知 识 点**┃插入Edge Animate作品
- **学习时间**┃5分钟

**┃实例分析┃**

　　本实例向读者介绍如何在网页中插入Edge Animate作品，Edge Animate作品本身就是基于HTML5所开发的应用于网页中的交互动画效果，如图2-102所示。

图2-102　网页交互动画效果

**┃知识点链接┃**

　　Edge Animate作品是基本HTML5开发的一种网页交互动画效果，在Dreamweaver CC中通过单击"插入"面板"媒体"选项卡中的"Edge Animate作品"按钮，可以很方便的将制作好的Animate动画插入到网页中。

**┃操作步骤┃**

**01** 执行"文件>打开"命令，打开页面"光盘/源文件/第2章/实例19.html"，如图2-103所示。将光标移至名为banner的Div中，将多余文字删除，单击"插入"面板"媒体"选项卡中的"Edge Animate 作品"按钮，如图2-104所示。

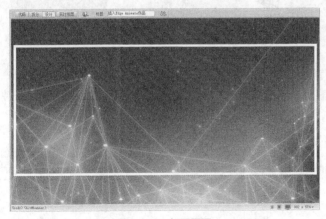

图2-103　打开页面

图2-104　单击"Edge
Animate作品"按钮

**02** 在弹出来的对话框中选择需要插入的Edge Animate作品文件"光盘\源文件\第2章\images\banner.oam"，如图2-105所示。单击"确定"按钮，即可在该Div中插入Edge Animate作品，如图2-106所示。

图2-105 选择Edge Animate作品文件　　　　　　　　图2-106 页面效果

**03** 单击选中刚插入的Edge Animate作品，在"属性"面板中可以设置其"宽"和"高"等属性，如图2-107所示。转换到代码视图中，可以看到相应的HTML代码，如图2-108所示。

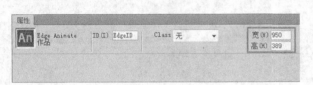

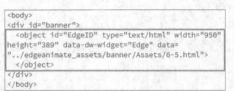

图2-107 设置属性　　　　　　　　　　　图12-108 自动生成相应的HTML代码

**04** 执行"文件>保存"命令，保存页面，在浏览器中预览该页面，可以看到在网页中插入的Edge Animate作品的效果，如图2-109所示。

图2-109 在浏览器中预览Animate作品效果

**Q** HTML5 Video所支持的视频文件格式有哪些?

**A** 目前，HTML5新增的HTML Video元素所支持的视频格式主要是MPEG4、WebM和Ogg，在各种主要浏览器中的支持情况如表2-3所示。

表2-3 HTML5视频在浏览器中的支持情况

|  | IE11 | Firefox 28.0 | Opera 20.0 | Chrome 34.0 | Safari 5.34 |
|---|---|---|---|---|---|
| MPEG4 | √ | √ | × | √ | √ |
| WebM | × | √ | √ | √ | × |
| Ogg | × | √ | √ | √ | × |

**Q** Edge Animate作品的扩展名是什么?

**A** 在网页中所插入的Edge Animate作品的文件扩展名必须是.oam，该文件是Edge Animate软件发布的Edge Animate作品包。

**Q** 在网页中插入Edge Animate作品后会在站点中自动生成什么？

**A** 在网页中插入Edge Animate作品后，在站点的根目录中将自动创建名为edgeanimate_assets的文件夹，并将所插入的Edge Animate作品中的相关文件放置在该文件夹中，如图2-110所示。

图2-110 edgeanimate_assets文件夹

## 实例 020 插入HTML5 画布

- **源 文 件** | 光盘/最终文件/第2章/实例20.html
- **视 频** | 光盘/视频/第2章/实例20.swf
- **知 识 点** | 插入HTML5画布
- **学习时间** | 10分钟

### 操作步骤

**01** 新建HTML页面，将该页面保存为"光盘/源文件/第13章/实例108.html"。单击"插入"面板"常用"选项卡中的"画布"按钮，在页面中插入画布，显示HTML5 画布图标，如图2-111所示。

**02** 选中刚插入的画布图标，在"属性"面板中对相关选项进行设置，如图2-112所示。

图2-111 插入画布

图2-112 "属性"面板

**03** 转换到代码视图中，添加相应的JavaScript脚本代码，如图2-113所示。

**04** 保存页面，在浏览器中预览页面，可以看到使用画布与JavaScript脚本相结合在网页中绘制的圆形，如图2-114所示。

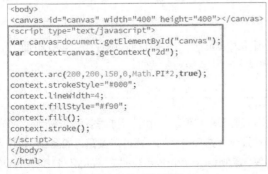

```
<body>
<canvas id="canvas" width="400" height="400"></canvas>
<script type="text/javascript">
var canvas=document.getElementById("canvas");
var context=canvas.getContext("2d");

context.arc(200,200,150,0,Math.PI*2,true);
context.strokeStyle="#000";
context.lineWidth=4;
context.fillStyle="#f90";
context.fill();
context.stroke();
</script>
</body>
</html>
```

图2-113 脚本代码

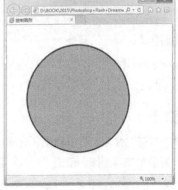

图2-114 预览页面

**Q** HTML5画布功能是如何实现绘图的?

**A** 在网页中插入画布,像插入其他网页对象一样简单,然后利用JavaScript脚本调用绘图API(接口函数),在网页中绘制出各种图形效果。画布具有多种绘制路径、矩形、圆形、字符和添加图像的方法,还能实现动画。HTML5中的画布功能本身并不能绘制图形,必须与JavaScript脚本相结合使用,才能够在网页中绘制出图形。

**Q** 在所添加的JavaScript脚本代码中相应的函数功能是什么?

**A** 在JavaScript脚本中,getContext是内置的HTML5对象,拥有多种绘制路径、矩形、圆形、字符以及添加图像的方法,fillStyle方法是控制绘制图形的填充颜色,strokeStyle是控制绘制图形边的颜色。

## 实例 021 在网页中插入视频

随着网络技术的发展和人们对动态视觉效果的追求,视频在网页中的应用越来越广泛。在网页中可以应用的视频主要是FLV视频和普通格式的视频。

- **源 文 件** | 光盘/最终文件/第2章/实例21.html
- **视 频** | 光盘/视频/第2章/实例21.swf
- **知 识 点** | 插件、插入视频
- **学习时间** | 10分钟

### 实例分析

在网页中不仅可以添加背景音乐,还可以插入视频文件。前面已经介绍了在网页中插入FLV格式的视频文件,本实例将介绍如何在网页中插入普通格式的视频文件,效果如图2-115所示。

图2-115 页面效果

### 知识点链接

在Dreamweaver中制作网页时可以直接将视频插入到页面中,并且插入的视频可以在页面上显示播放器外观,包括播放、暂停、停止、音量及声音文件的开始点和结束点等控制按钮。

### 操作步骤

**01** 执行"文件>打开"命令,打开页面"光盘/源文件/第2章/实例21.html",如图2-116所示。将光标移至名为box的Div中,将多余文字删除,单击"插入"面板"媒体"选项卡中的"插件"按钮,如图2-117所示。

**02** 弹出"选择文件"对话框,选择"光盘/源文件/第2章/images/movie.avi",如图2-118所示。单击"确定"按钮,插入后的插件并不会在设计视图中显示内容,而是显示插件的图标,如图2-119所示。

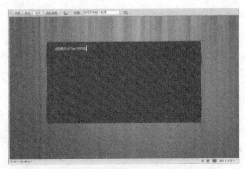

图2-116 打开页面 图2-117 单击"插件"按钮

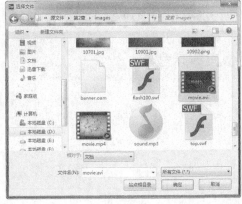

图2-118 选择需要插入的视频文件 图2-119 显示插件的图标

**03** 选中刚插入的插件图标，在"属性"面板中设置其"宽"为573像素，"高"为300像素，效果如图2-120所示。单击"属性"面板上的"参数"按钮，弹出"参数"对话框，添加相应的参数设置，如图2-121所示。

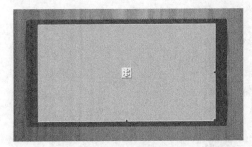

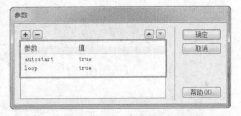

图2-120 页面效果 图2-121 设置"参数"对话框

**04** 单击"确定"按钮，完成"参数"对话框的设置。执行"文件>保存"命令，保存页面，在浏览器中预览页面，可以看到视频播放的效果，如图2-122所示。

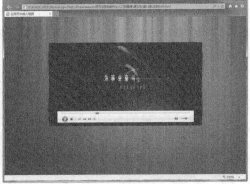

图2-122 在网页中预览视频效果

**Q** 网页中支持的视频格式有哪些?

**A** 网页中支持的视频格式主要包括以下几种。

● MPEG或MPG:中文译为"运动图像专家组",是一种压缩比率较大的活动图像和声音的视频压缩标准,它也是VCD光盘所使用的标准。

● AVI:Microsoft Windows操作系统使用的一种多媒体文件格式。

● WMV:Windows操作系统自带的一种媒体播放器 Windows Media Player所使用的多媒体文件格式。

● RM:Real公司推广的一种多媒体文件格式,具有非常好的压缩比率,是网络传播中应用最广泛的格式之一。

● MOV:Apple公司推广的一种多媒体文件格式。

**Q** 在"参数"对话框中添加的参数起什么作用?

**A** 在该实例中为插件添加了两个参数设置,autostart参数值设置为true,表示当打开网页时,该视频将自动播放;loop参数值设置为true,表示在浏览网页中该视频播放结束后将会循环播放。

## 实例 022 使用\<bgsound>标签为网页添加背景音乐

● **源 文 件** | 光盘/最终文件/ 第2章/实例22.html

● **视 频** | 光盘/视频/第2章/实例22.swf

● **知 识 点** | \<bgsound>标签

● **学习时间** | 3分钟

---

**┃操作步骤┃**

**01** 执行"文件>打开"命令,打开页面"光盘/源文件/第2章/实例22.html",如图2-123所示。

**02** 转换到"代码"视图中,将光标定位在\<body>与\</body>标签之间,添加\<bgsound>标签,并设置背景音乐文件路径,如图2-124所示。

图2-123 打开页面　　　　　　　　　图2-124 "代码"视图

**03** 如果希望循环播放页面中的背景音乐,可以在\<bgsound>标签中添加loop="true"设置,如图2-125所示。

**04** 保存页面,在浏览器中预览页面,可以听到页面的背景音乐,效果如图2-126所示。

图2-125 添加loop="true"设置　　　　　图2-126 预览页面

**Q** 网页中支持哪些格式的音频文件？

**A** 网页中支持的音频文件格式主要包括以下几种。

● **MIDI或MID**：Musical Instrument Digital Interface的简写，是一种乐器的声音格式，它能够被大多数浏览器支持，并且不需要插件。

● **WAV**：Waveform Extension的简写，这种格式的文件具有较高的声音质量，能够被大多数浏览器支持，不需要插件。

● **AIF**：Audio InterchangeFile Format的简写，译为"音频交换文件格式"，这种格式也具有较高的声音质量，和WAV相似。

● **MP3**：Motion Picture Experts Group Audio或MPEG-Audio Layer-3的简写，译为"运动图像专家组音频"，这是一种压缩格式的声音，可以令声音文件相对于WAV格式有明显缩小，其声音品质非常好。

● **RM或RAM、RPM和Real Audio**：这种格式具有非常高的压缩程度，文件大小要小于MP3。

**Q** 网页中的背景音乐文件可以使用绝对地址的音乐文件吗？

**A** 可以，链接的背景音乐文件可以是相对地址的文件也可以是绝对地址的文件，用户可以根据需要决定背景音乐文件的路径地址，但是通常都是使用同一站点下的相对地址路径，这样可以防止页面上传到网络上时出现错误。

# 第 03 章

## 创建网页链接

一个网站是由多个页面组成的，页面之间就是依靠超链接来确定相互的导航关系的。超链接是网页页面中最重要的元素之一，是一个网站的灵魂与核心。网页中的超链接分为文本超链接、电子邮件超链接、图像超链接和热点超链接等。本章向读者介绍如何在Dreamweaver中创建各种类型的超链接。

## 实例 023　创建文字和图像超链接

　　Dreamweaver CC中的超级链接，根据建立链接的对象有所不同，可以分为文本链接和图像链接两种。网页中为文字和图像提供了多种创建链接的方法，而且可以通过对属性的控制，达到很好的视觉效果。

- **源 文 件** | 光盘/最终文件/第3章/实例23.html
- **视　　频** | 光盘/视频/第3章/实例23.swf
- **知 识 点** | 图像链接、文字链接
- **学习时间** | 10分钟

### 实例分析

　　本实例介绍如何在Dreamweaver中为网页创建文字和图像超链接，效果如图3-1所示。文字超链接和图像超链接都是网页中最常见的超链接类型。

图3-1　网页效果

### 知识点链接

　　在网页中为文字或图像创建超链接的方法有很多种，可以选中需要创建超链接的文字或图像，在"属性"面板上的"链接"文本框中进行设置，也可以通过"超级链接"对话框进行设置。除了这两种常用的方法外，还可以用鼠标拖动"链接"文本框后面的"指向文件"按钮◎，至"文件"面板中需要链接到的html页面，释放鼠标，地址即可插入到文本框中。

### 操作步骤

**01** 执行"文件>打开"命令，打开页面"光盘/源文件/第3章/实例23.html"，如图3-2所示。在网页中单击选中页面左侧的广告图片，在"属性"面板中可以看到一个"链接"文本框，如图3-3所示。

图3-2　打开页面

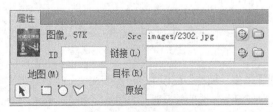

图3-3　"属性"面板

**02** 在"链接"文本框中输入链接地址,在"目标"下拉列表中可以设置链接的打开方式,如图3-4所示,完成该图片链接的设置。在页面中选中第1条新闻标题文字,单击"插入"面板上的Hyperlink按钮,如图3-5所示。

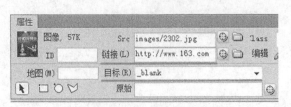

图3-4 设置"链接"和"目标"选项　　　　　　　图3-5 单击Hyperlink按钮

**03** 弹出Hyperlink对话框,如图3-6所示。在该对话框中单击"链接"文本框后的"浏览文件"按钮,在弹出的"选择文件"对话框中选择需要链接到的html页面,如图3-7所示。

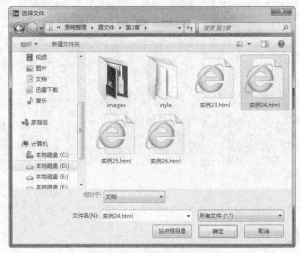

图3-6 Hyperlink对话框　　　　　　　　　　图3-7 "选择文件"对话框

**04** 单击"确定"按钮,"链接"文本框中就会显示刚选择页面的路径和名称,在"目标"下拉列表中选择链接的打开方式为_blank,如图3-8所示。单击"确定"按钮,完成"Hyperlink"对话框的设置,即可为选中的文字设置链接,在"属性"面板中可以看到为文字所设置的链接,如图3-9所示。

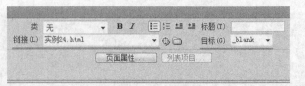

图3-8 Hyperlink对话框　　　　　　　　　　图3-9 "属性"面板

**05** 单击"属性"面板中的"页面属性"按钮,弹出"页面属性"对话框,在其左侧的"分类"列表中选择"链接(CSS)"选项并设置,如图3-10所示。单击"确定"按钮,完成"页面属性"对话框的设置,页面中文字超链接的效果如图3-11所示。

图3-10　"页面属性"对话框　　　　　　　　　　　　　图3-11　文字超链接效果

**06** 完成页面中文字与图像链接的设置，执行"文件>保存"命令，保存页面，在浏览器中预览页面，页面效果如图3-12所示，单击页面中设置了超链接的文字或图像，即可看到链接的效果。

图3-12　在浏览器中预览页面效果

**Q** 超链接的打开方式有哪些？

**A** "目标"选项用来设置超链接的打开方式，在该选项后的下拉列表中包含5个选项。

● _blank：将链接的文件载入一个未命名的新浏览器窗口中。

● new：将链接的文件载入一个新的浏览器窗口中，如果页面中其他链接的打开方式同样为new，则页面中其他链接将在第一个弹出的新窗口中打开而不会再弹出新窗口。

● _parent：将链接的文件载入含有该链接框架的父框架集或父窗口中，如果包含的链接框架不是嵌套的，链接文件则会加载到整个浏览器窗口中。

● _self：将链接的文件载入该链接所在的同一框架或窗口中，该目标是默认的，所以通常不需要指定它。

● _top：将所链接的文件载入整个浏览器窗口中，会删除所有的框架。

**Q** 链接路径有哪几种形式？

**A** 链接路径主要可以分为相对路径、绝对路径和根路径3种。

● 相对路径

相对路径最适合网站的内部链接。只要是属于同一网站，即使不在同一个目录中，相对路径也非常的适合。

如果链接到同一目录中，则只需输入要链接文档的名称；如果要链接到下一级目录中的文件，只需先输入目录名，然后加"/"，再输入文件名；如果要链接到上一级目录中的文件，则先输入"../"，再输入目录名、文件名，如图3-13所示。

● 绝对路径

绝对路径为文件提供完整的路径，包括使用的协议（如http、ftp、rtsp等）。一般常见的绝对路径如http://www.sina.com.cn、ftp://202.113.234.1/等，如图3-14所示。

尽管本地链接也可以使用绝对路径，但不建议采用这种方式，因为一旦将该站点移动到其他服务器，则所有本地绝对路径链接都将断开。采用绝对路径的好处是，它同链接的源端点无关。只要网站的地址不变，无论文件在站点中如何移动，都可以正常实现跳转。另外，如果希望链接其他站点上的内容，就必须使用绝对路径。

● 根路径

根路径同样适用于创建内部链接，但在大多数情况下，不建议使用此种路径形式。通常它只在以下两种情况下使用，一种是当站点的规模非常大，放置于几个服务器上时；另一种情况是当一个服务器上同时放置几个站点时。

根路径以 "\" 开始，然后是根目录下的目录名，如图3-15所示。

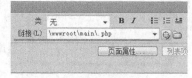

图3-13 相对路径　　　　图3-14 绝对路径　　　　图3-15 根路径

## 实例 024 创建空链接和下载链接

● 源 文 件 | 光盘/最终文件/第3章/实例24.html

● 视　　频 | 光盘/视频/第3章/实例24.swf

● 知 识 点 | 空链接、下载链接

● 学习时间 | 5分钟

### 操作步骤

**01** 执行 "文件>打开" 命令，打开页面 "光盘/源文件/第3章/实例24.html"，如图3-16所示。

**02** 选中页面中 "开始游戏" 图片，在 "属性" 面板上的 "链接" 文本框中输入#，即可创建空链接，如图3-17所示。

图3-16 打开页面

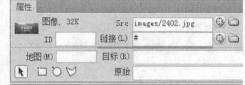

图3-17 "属性" 面板

**03** 选中页面中 "游戏下载" 图片，单击 "属性" 面板上 "链接" 文本后的 "浏览文件" 按钮 ，在弹出的 "浏览文件" 对话框中选择需要下载的内容，单击 "确定" 按钮，即可设置下载链接，如图3-18所示。

**04** 保存页面，在浏览器中预览页面，可以测试空链接和下载链接的效果，如图3-19所示。

图3-18 "浏览文件" 对话框　　　　图3-19 预览页面

**Q** 什么是空链接？空链接的作用是什么？

**A** 所谓空链接，就是没有目标端点的链接，当访问者单击网页中空链接时，将不会打开任何文件。利用空链接，可以激活文档链接对应的对象和文本，一旦对象或文本被激活，就可以为之添加一个行为，以实现当光标移动到链接上时进行切换图像或显示分层等动作。

**Q** 下载链接的用途是什么？

**A** 链接到下载文件的方法和链接到网页的方法完全一样。当被链接的文件是exe文件或zip文件等浏览器不支持的类型时，这些文件会被下载，这就是网上下载的方法。例如，要给页面中的文字或图像添加下载链接，希望用户单击文字或图像后下载相关的文件，这时，只需要将文字或图像选中，直接链接到相关的压缩文件就可以了。

## 实例 025　创建E-mail链接

　　E-mail链接是一种特殊的链接，单击这种链接，不是跳转到相应的网页上，也不是下载相应的文件，而是会启动计算机中相应的E-mail程序，允许书写电子邮件，然后发往指定的地址。

● 源 文 件 | 光盘/最终文件/第3章/实例25.html

● 视　　频 | 光盘/视频/第3章/实例25.swf

● 知 识 点 | E-mail链接

● 学习时间 | 10分钟

### ┃ 实例分析 ┃

　　本实例将为网页中的图像创建E-mail链接，读者将从中学习到E-mail链接的创建方法，以及如何在E-mail链接中设置邮件主题。E-mail链接在网页中的应用非常常见，是网页中一种特殊形式的链接，如图3-20所示。

图3-20　网页效果

### ┃ 知识点链接 ┃

　　当使用E-mail地址作为超链接的链接目标时，与其他链接目标不同，当用户在浏览器中单击指向电子邮件地址的超链接时，将会打开默认邮件管理器的新邮件窗口，其中会提示用户输入消息并将其传送到指定的地址。

### ┃ 操作步骤 ┃

**01** 执行"文件>打开"命令，打开页面"光盘/源文件/第3章/实例25.html"，如图3-21所示。单击选中页面右上角的图标，如图3-22所示。

**02** 在"属性"面板上的"链接"文本框中输入语句mailto: ****@qq.com，如图3-23所示。执行"文件>保存"命令，保存页面，在浏览器中预览页面，效果如图3-24所示。

**03** 单击刚设置了E-mail链接的图像，弹出系统默认的邮件收发软件，如图3-25所示。返回设计视图中，选中刚设置E-mail链接的图像，在其所设置的E-mail链接后面输入"?subject=客服帮助"，如图3-26所示。

图3-21 打开页面

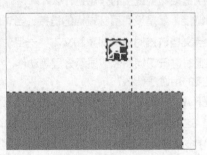

图3-22 选中图像

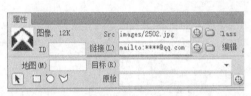

图3-23 设置E-mail链接

图3-24 在浏览器中预览页面

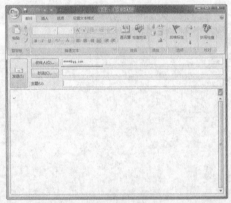

图3-25 邮件撰写窗口

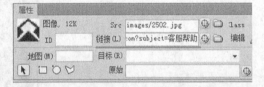

图3-26 添加邮件主题

**04** 保存页面，在浏览器中预览页面，单击页面中图像，弹出系统默认的邮件收发软件并自动填写邮件主题，如图3-27所示。返回Dreamweaver设计视图中，选中页面中E-mail地址文字，如图3-28所示。

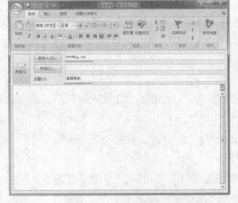

图3-27 邮件撰写窗口

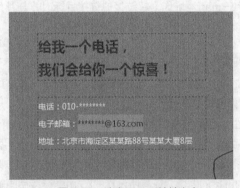

图3-28 选中E-mail地址文字

**05** 单击"插入"面板"常用"选项卡中的"电子邮件链接"按钮,如图3-29所示。弹出"电子邮件链接"对话框,在"电子邮件"文本框中输入E-mail链接的地址,如图3-30所示。

图3-29 单击"电子邮件链接"按钮　　　　　图3-30 "电子邮件链接"对话框

**06** 单击"确定"按钮,即可为所选中的文字设置E-mail链接,保存页面,在浏览器中预览页面,单击设置E-mail链接的文字,如图3-31所示。弹出系统默认的邮件收发软件并自动填写邮件主题,如图3-32所示。

图3-31 单击设置E-mail链接的文字

图3-32 邮件撰写窗口

**Q** 如何为E-mail链接设置邮件主题?

**A** 用户在设置时还可以替浏览者加入邮件的主题。方法是在输入电子邮件地址后面加入"?subject=要输入的主题"的语句,例如主题可以写"帮助",完整的语句为"****@qq.com?subject=帮助"。

**Q** "电子邮件链接"按钮的用法是什么?

**A** 拖动光标选中页面中需要设置E-mail链接的文字,单击"插入"面板上的"常用"选项卡中的"电子邮件链接"按钮,弹出"电子邮件链接"对话框,在"文本"文本框中输入链接的文字,在E-mail文本框中输入需要链接的E-mail地址,单击"确定"按钮,即可设置E-mail链接。

---

**实例 026 创建热点链接和脚本链接**

- **源 文 件**｜光盘/最终文件/第3章/实例26.html
- **视 频**｜光盘/视频/第3章/实例26.swf
- **知 识 点**｜图像热点链接、脚本链接
- **学习时间**｜8分钟

**▎操作步骤▎**

**01** 执行"文件>打开"命令,打开页面"光盘/源文件/第3章/实例26.html",选中页面中需要创建图像热点链接的图像,如图3-33所示。

**02** 单击"属性"面板上的"椭圆热点工具"按钮○,在图像中相应的位置绘制热点区域,并分别分为热点区域设置不同的链接,如图3-34所示。

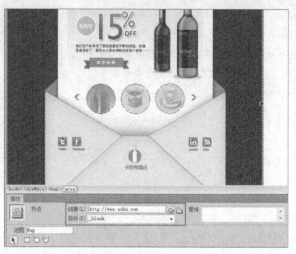

图3-33 打开页面　　　　　　　　　　　　图3-34 设置不同的链接

**03** 选中页面中close图片，在"属性"面板上的"链接"文本框中输入JavaScript脚本链接代码JavaScript: window.close()，如图3-35所示。

**04** 保存页面，在浏览器中预览页面，单击设置了脚本链接的图像，浏览器将会弹出图3-36所示的提示对话框，单击"是"按钮，即可关闭窗口。

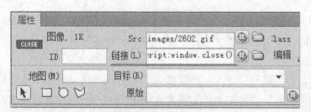

图3-35 输入JavaScript脚本链接代码　　　　　　图3-36 提示对话框

**Q** 什么是脚本链接？

**A** 脚本链接是另一种特殊类型的链接，通过单击带有脚本链接的文本或对象，可以运行相应的脚本及函数（JavaScript和VBScript等），从而为浏览者提供许多附加的信息，例如关闭浏览器窗口、验证表单等。在脚本链接中，由于JavaScript代码出现在一对双引号中，因此代码中原先的双引号应该相应地改为单引号。

**Q** 什么是图像热点链接？它的优点是什么？

**A** 不仅可以将整张图像作为链接的载体，还可以将图像的某一部分设为链接，这要通过设置图像映射来实现。热点链接的原理就是利用HTML语言在图片上定义一定形状的区域，然后给这些区域加上链接，这些区域被称为热点。图像映射就是一张图片上多个不同的区域拥有不同的链接地址。

# 第 04 章

第 章

## 定义CSS样式美化网页

在设计制作网页的过程中，常常需要对页面中元素的位置、大小、背景、风格、间距等进行设置，这些都可以通过CSS样式来实现。在Div+CSS布局中，最重要的依然是使用CSS样式控制网页的外观表现，所以，CSS样式是网页设计制作中非常重要的技术。本章向读者介绍如何使用CSS样式对网页进行美化。

## 实例 027 创建标签CSS样式

新建了一个页面后，首先就需要定义<body>标签的CSS样式，从而对整个页面的外观进行设置，标签CSS样式是网页中最为常用的一种CSS样式。

- **源 文 件** | 光盘/最终文件/第4章/实例27.html
- **视　频** | 光盘/视频/第4章/实例27.swf
- **知 识 点** | "CSS 设计器"面板、标签CSS样式
- **学习时间** | 10分钟

### 实例分析

在本实例中创建了<body>标签的CSS样式，通过对<body>标签样式的设置，从而控制页面的字体、字体颜色、行高、背景图像、背景颜色等属性，从而达到美化网页的目的，页面效果如图4-1所示。

图4-1　页面效果

### 知识点链接

CSS语言由选择器和属性构成，样式表的基本语法如下。

CSS选择器{属性1: 属性值1; 属性2: 属性值2; 属性3: 属性值3; ……}

### 操作步骤

**01** 执行"文件>打开"命令，打开页面"光盘/源文件/第4章/实例27.html"，如图4-2所示。打开"CSS 设计器"面板，可以看到定义的CSS样式，如图4-3所示。

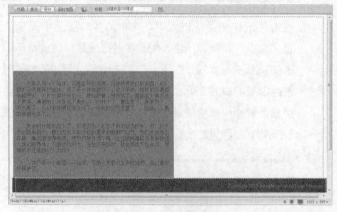

图4-2　打开页面

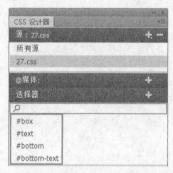

图4-3　"CSS 设计器"面板

**02** 在浏览器中预览该页面，效果如图4-4所示。选择在"CSS 设计器"面板上的"选择器"选项区右侧的"添加选择器"按钮➕，即可新建一个选择器，如图4-5所示。

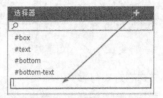

图4-4　预览页面效果　　　　　　　　　　　图4-5　新建选择器

**03** 直接输入需要创建的选择器的名称，这里需要创建body标签的选择器，直接输入标签名称即可，如图4-6所示。选中刚创建的body标签选择器，在"属性"选项区中单击"布局"按钮▦，对相应的属性进行设置，如图4-7所示。

**04** 在"属性"选项区中单击"文本"按钮▦，对相应的属性进行设置，如图4-8所示。在"属性"选项区中单击"背景"按钮▦，对相应的属性进行设置，如图4-9所示。

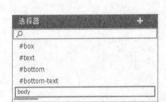

图4-6　输入选择器名称　　　图4-7　设置"布局"　　　图4-8　设置"文本"　　　图4-9　设置"背景"
　　　　　　　　　　　　　　　　相关属性　　　　　　　相关属性　　　　　　　相关属性

**05** 完成body标签CSS样式属性的设置，在"属性"选项区中选中"显示集"复选框，在"属性"选项区中只显示该CSS样式所设置的相关属性，如图4-10所示。转换到所链接的外部CSS样式文件中，可以看到所定义的body标签的CSS样式代码，如图4-11所示。

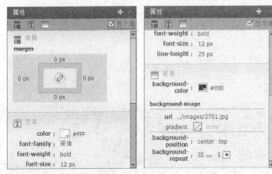

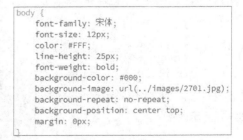

```
body {
    font-family: 宋体;
    font-size: 12px;
    color: #FFF;
    line-height: 25px;
    font-weight: bold;
    background-color: #000;
    background-image: url(../images/2701.jpg);
    background-repeat: no-repeat;
    background-position: center top;
    margin: 0px;
}
```

图4-10　只显示当前CSS样式所设置属性　　　　　　图4-11　CSS样式代码

**06** 在Dreamweaver设计视图中，可以看到页面的效果，如图4-12所示。保存页面，在浏览器中预览页面，可以看到页面的效果，如图4-13所示。

图4-12　页面效果

图4-13　在浏览器中预览页面效果

**Q** 创建CSS样式的方式有哪些?

**A** 要想在网页中应用CSS样式,首先必须创建相应的CSS样式,在Dreamweaver中创建CSS样式的方法有两种,一种是通过"CSS 设计器"面板可视化创建CSS样式,另一种是手动编写CSS样式代码。

通过"CSS 设计器"面板创建CSS样式,方便、易懂,适合初学者理解,但有部分特殊的CSS样式属性在设置对话框中并没有提供。手动编写CSS样式代码,更便于理解和记忆CSS样式的各种属性及其设置方法。

**Q** 使用CSS样式的目的和优势是什么?

**A** CSS样式首要目的是为网页上的元素精确定位;其次,它把网页上的内容结构和格式控制相分离。浏览者想要看的是网页上的内容结构,而为了让浏览者更好地看到这些信息,就要通过使用格式来控制。内容结构和格式控制相分离,使得网页可以仅由内容构成,而将网页的格式通过CSS样式表文件来控制。

CSS样式表的功能一般可以归纳为以下几点。

- 可以更加灵活地控制网页中文字的字体、颜色、大小、间距、风格及位置。
- 可以灵活地设置一段文本的行高、缩进,并可以为其加入三维效果的边框。
- 可以方便地为网页中的任何元素设置不同的背景颜色和背景图像。
- 可以精确地控制网页中各元素的位置。
- 可以为网页中的元素设置各种滤镜,从而产生如阴影、模糊、透明等效果。
- 可以与脚本语言相结合,从而产生各种动态效果。
- 由于是HTML格式的代码,因此网页打开的速度非常快。

## 实例 028　创建类CSS样式

- **源 文 件** | 光盘/最终文件/第4章/实例28.html
- **视　　频** | 光盘/视频/第4章/实例28.swf
- **知 识 点** | 创建类CSS样式、应用类CSS样式
- **学习时间** | 8分钟

**┃ 操作步骤 ┃**

**01** 执行"文件>打开"命令,打开页面"光盘/源文件/第4章/实例28.html",效果如图4-14所示。

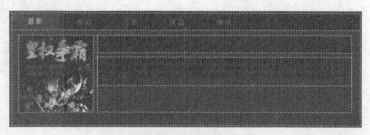
图4-14　打开页面

**02** 打开"CSS 设计器"面板，在"选择器"选项区中新建名称为.font01的类CSS样式，在"属性"选项区中单击"文本"按钮🔲，对相关属性进行设置。接着再创建名称为.font02的类CSS样式，对相关属性进行设置，如图4-15所示。

图4-15　设置相关属性

**03** 完成两个类CSS样式的创建，在网页中选中相应的文字，在"属性"面板上的"类"下拉列表中选择刚创建的类CSS样式应用，如图4-16所示。

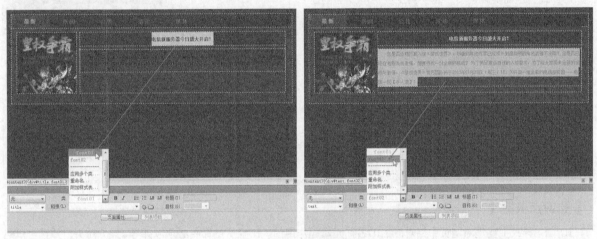

图4-16　应用类CSS样式

**04** 完成类CSS样式的创建和应用，保存页面，在浏览器中预览页面，可以看到文字使用类CSS样式后的效果，如图4-17所示。

图4-17　预览页面

**Q** 类CSS样式的命名规则是什么？

**A** 在新建类CSS样式时，需要在类CSS样式名称前有一个"."。这个"."说明了此CSS样式是一个类CSS样式（class），根据CSS规则，类CSS样式（class）可以在HTML页面中被多次调用。

**Q** 如何应用类CSS样式？

**A** 选中页面中需要应用类CSS样式的元素，在"属性"面板上的"类"下拉列表中选择需要应用的类CSS样式。

**实例 029** 创建ID CSS样式

ID CSS样式主要用于定义设置了特定ID名称的元素。通常在一个页面中，ID名称是不能重复的，所以，所定义的ID CSS样式也是特定指向页面中唯一的元素。

● 源 文 件 | 光盘/最终文件/第4章/实例29.html

● 视 频 | 光盘/视频/第4章/实例29.swf

● 知 识 点 | 创建ID CSS样式

● 学习时间 | 10分钟

**实例分析**

在Div+CSS布局中，通常每个Div都有一个唯一的ID名称，通过CSS样式可以对唯一的ID定义相应的CSS样式，从而美化网页，本实例主要讲解如何创建ID CSS样式，效果如图4-18所示。

图4-18 网页效果

**知识点链接**

ID CSS样式主要是对网页中相对应的ID名称元素起作用的。ID样式的命名必须以井号（#）开头，并且可以包含任何字母和数字组合。

**操作步骤**

**01** 执行"文件>打开"命令，打开页面"光盘/源文件/第4章/实例29.html"，如图4-19所示。在状态栏上的标签选择器中单击<div#banner>标签，如图4-20所示。

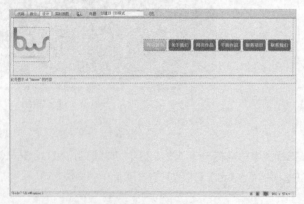

图4-19 打开页面

图4-20 单击
<div#banner>标签

**02** 选中ID名为banner的Div，如图4-21所示。打开"CSS 设计器"面板，单击"选择器"选项区右侧的"添加选择器"按钮 ，输入#加上ID名称，创建一个ID选择器，如图4-22所示。

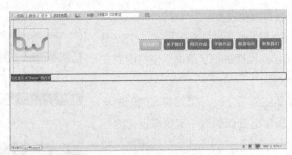

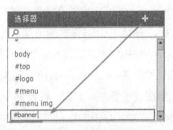

图4-21　选中ID名为banner的Div　　　　　　　图4-22　新建ID选择器

**03** 选中刚创建的名称为#banner的选择器，在"属性"选项区中单击"布局"按钮，对相关属性进行设置，如图4-23所示。在"属性"选项区中单击"文本"按钮，对相关属性进行设置，如图4-24所示。

**04** "属性"选项区中单击"背景"按钮，对相关属性进行设置，如图4-25所示。完成该CSS样式属性的设置，转换到所链接的外部CSS样式文件中，可以看到所定义的名#banner的ID样式代码，如图4-26所示。

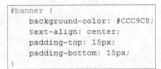

```
#banner {
    background-color: #CCC9C8;
    text-align: center;
    padding-top: 15px;
    padding-bottom: 15px;
}
```

图4-23　设置"布局"　　　图4-24　设置"文本"　　　图4-25　设置"背景"　　　图4-26　CSS样式代码
　相关属性　　　　　　　　相关属性　　　　　　　　相关属性

**05** 返回页面"设计"视图，可以看到页面中ID名为banner的Div的效果，如图4-27所示。将光标移至该Div中，将多余文字删除，插入图像"光盘/源文件/第4章/images/11714.png"，如图4-28所示。

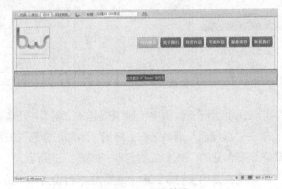

图4-27　页面效果　　　　　　　　　　　　　　图4-28　插入图像

**06** 执行"文件>保存"命令，保存页面，在浏览器中预览该页面，效果如图4-29所示。

图4-29　在浏览器中预览页面效果

**Q** Dreamweaver CC中的"CSS 设计器"面板有哪些改变?

**A** 在Dreamweaver CC中全面支持最新的CSS3属性设计,重新规划了"CSS设计器"面板,并且对CSS样式的创建方法和创建流程进行了改进,使得用户在Dreamweaver中创建CSS样式更加方便和快捷。

"CSS设计器"是Dreamweaver中非常重要的面板之一,CSS样式的创建与管理全部集成在全新的"CSS 设计器"面板中。在该面板中支持可视化的创建与管理网页中的CSS样式,在该面板中包括"源""@媒体""选择器"和"属性"4个部分,每个部分针对CSS样式不同的管理与设置操作,如图4-30所示。

图4-30 "CSS设计器"面板

**Q** "CSS 设计器"面板中各选项区的功能是什么?

**A** 在"CSS 设计器"面板中各选项区的功能如下。

● **"源"选项区**:"CSS 设计器"面板上的"源"选项区用于确定网页使用CSS样式的方式,是使用外部CSS样式表文件还是使用内部CSS样式。单击"源"选项区右上角的"添加源"按钮，在弹出菜单中提供了3种定义CSS样式的方式,如图4-31所示。

● **"@媒体"选项区**:在"CSS 设计器"面板中的"源"选项区中选中一个CSS源,单击"@媒体"选项区右上角的"添加媒体查询"按钮，弹出"定义媒体查询"对话框,在该对话框中可以定义媒体查询的条件,如图4-32所示。

图4-31 "源"选项区

图4-32 "@媒体"选项区

● **"选择器"选项区**:"CSS 设计器"面板中的"选择器"选项区用于在网页中创建CSS样式。网页中所创建的所有类型的CSS样式都会显示在该选项区的列表中,单击"选择器"选项区右上角的"添加选择器"按钮，即可在"选择器"选项区中出现一个文本框,用于输入所要创建的CSS样式的名称,如图4-33所示。

● **"属性"选项区**:"CSS 设计器"面板中的"属性"选项区主要用于对CSS样式的属性进行设置和编辑,在该选项区中将CSS样式属性分为5种类型,分别是"布局""文本""边框""背景"和"其他",单击不同的按钮,可以快速切换到该类别属性的设置,如图4-34所示。

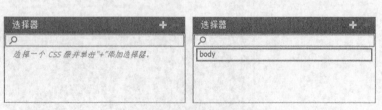

图4-33 "选择器"选项区

图4-34 "属性"选项区

**实例 030** 创建复合CSS样式

- **源 文 件** | 光盘/最终文件/第4章/实例30.html
- **视　　频** | 光盘/视频/第4章/实例30.swf
- **知 识 点** | 创建复合CSS样式
- **学习时间** | 5分钟

**操作步骤**

**01** 执行"文件>打开"命令，打开页面"光盘/源文件/第4章/实例30.html"，如图4-35所示。

图4-35　打开页面

**02** 将光标移至名为box的Div中，将多余文字删除，在该Div中依次插入相应的素材图像，如图4-36所示。

图4-36　插入素材图像

**03** 在"CSS 设计器"面板上的"选择器"选项区中新建名为#box img的复合CSS选择器，选中该选择器，在"属性"选项区中单击"布局"按钮 ▦ ，对相关属性进行设置，如图4-37所示。

**04** 完成复合CSS样式的设置，保存页面，在浏览器中预览页面，可以看到名为box的Div中图像的效果，如图4-38所示。

图4-37　设置相关属性

图4-38　预览页面

**Q** 复合CSS样式的作用是什么？

**A** 使用复合CSS样式定义可以同时影响两个或多个标签、类或 ID 的复合样式。例如，如果输入 div img，则 <div> 标签内的所有<img>元素都将受此规则影响。在本实例中定义的复合CSS样式名为#box img，则表示该CSS样式对ID名为box的Div中的所有<img>标签起作用，但不会对页面中其他部分的<img>标签起作用。

**Q** 怎么编辑CSS样式？

**A** 在"CSS 设计器"面板中的"选择器"选项区中，选中需要重新编辑的CSS样式，展开"属性"选项区，在该选项区中可以对所选中的CSS样式进行重新设置和修改。

如果希望删除CSS样式，可以打开"CSS 设计器"面板，在"选择器"选项区中选中需要删除的CSS样式，单击"删除选择器"按钮 ▬ ，即可将选中的CSS样式删除。

## 实 例 031 创建伪类CSS样式

使用HTML中的超链接标签<a>创建的超链接非常普通，除了颜色发生变化和带有下画线，其他的和普通文本没有太大的区别，这种传统的超链接样式显然无法满足网页设计制作的需求，这时就可以通过CSS样式对网页中的超链接样式进行控制。

- **源 文 件** | 光盘/最终文件/第4章/实例31.html
- **视 频** | 光盘/视频/第4章/实例31.swf
- **知 识 点** | 超链接伪类、创建伪类CSS样式
- **学习时间** | 4分钟

### 实例分析

在网页中很多文字都有链接，通过创建伪类CSS样式，可以为页面中不同的链接文字实现不同的效果，如图4-39所示。伪类是一种特殊的选择符，能被浏览器自动识别，其最大的用处是在不同状态下可以对超链接定义不同的样式效果，是CSS本身定义的一种类。

图4-39 网页效果

### 知识点链接

对于超链接伪类的介绍如下。

- **a:link**：定义超链接对象在没有访问前的样式。
- **a:hover**：定义当鼠标移至超链接对象上时的样式。
- **a:active**：定义当鼠标单击超链接对象时的样式。
- **a:visited**：定义超链接对象已经被访问过后的样式。

CSS样式就是通过上面所介绍的4个超链接伪类来设置超链接样式的。

### 操作步骤

**01** 执行"文件>打开"命令，打开页面"光盘/源文件/第4章/实例31html"，如图4-40所示。选中页面中的新闻标题文字，分别为各新闻标题文字设置空链接，效果如图4-41所示。

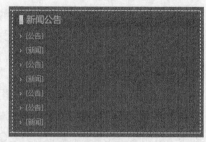

图4-40 打开页面              图4-41 设置空链接

**02** 转换到"代码"视图中，可以看到所设置的超链接代码，如图4-42所示。在浏览器中预览页面，可以看到默认的超链接文字效果，如图4-43所示。

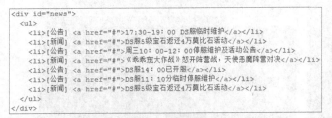

```
<div id="news">
  <ul>
    <li>[公告] <a href="#">17:30-19：00 DS服临时维护</a></li>
    <li>[新闻] <a href="#">DS服5级宝石返还4万莫比石活动</a></li>
    <li>[公告] <a href="#">周三10：00-12：00停服维护及活动公告</a></li>
    <li>[新闻] <a href="#">《乖乖宠大作战》怒开阵营战，天使恶魔阵营对决</a></li>
    <li>[公告] <a href="#">DS服14：00已开服</a></li>
    <li>[公告] <a href="#">DS服11：10分临时停服维护</a></li>
    <li>[新闻] <a href="#">DS服5级宝石返还4万莫比石活动</a></li>
  </ul>
</div>
```

图4-42　超链接代码

图4-43　预览超链接效果

**03** 在"CSS 设计器"面板中的"选择器"选项区中创建选择器，创建link01类CSS样式的link伪类CSS样式，在文本框中输入名称.link01:link，如图4-44所示。选中该选择器，在"属性"选项区中单击"文本"按钮，对相关属性进行设置，如图4-45所示。

**04** 在"CSS 设计器"面板中的"选择器"选项区中创建选择器，创建link01类CSS样式的hover伪类CSS样式，在文本框中输入名称.link01:hover，如图4-46所示。选中该选择器，在"属性"选项区中单击"文本"按钮，对相关属性进行设置，如图4-47所示。

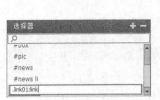

图4-44　创建选择器

图4-45　设置"文本"相关属性

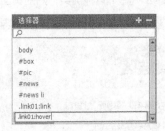

图4-46　创建选择器

图4-47　设置"文本"相关属性

**05** 使用相同的制作方法，还可以创建出link01类CSS样式的active和visited伪类CSS样式，如图4-48所示。转换到所链接的外部CSS样式表文件中，可以看到所创建名为.link01的类CSS样式的4种伪类样式，如图4-49所示。

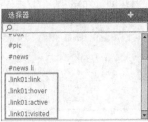

图4-48　"选择器"选项区

```
.link01:link {
    color: #B099BE;
    text-decoration: none;
}
.link01:hover {
    color: #FFF;
    text-decoration: underline;
}
.link01:active {
    color: #F60;
    text-decoration: underline;
}
.link01:visited {
    color: #B099BE;
    text-decoration: underline;
}
```

图4-49　CSS样式代码

**06** 返回设计页面中，分别选中新闻标题文字，在"类"下拉列表中选择刚定义的CSS样式link1应用，如图4-50所示。转换到代码视图中，可以看到名为link01的类CSS样式是直接应用在<a>标签中的，如图4-51所示。

图4-50　应用CSS样式效果

```
<div id="news">
  <ul>
    <li>[公告] <a href="#" class="link01">17:30-19：00 DS服临时维护</a></li>
    <li>[新闻] <a href="#" class="link01">DS服5级宝石返还4万莫比石活动</a></li>
    <li>[公告] <a href="#" class="link01">周三10：00-12：00停服维护及活动公告</a></li>
    <li>[新闻] <a href="#" class="link01">《乖乖宠大作战》怒开阵营战，天使恶魔阵营对决</a></li>
    <li>[公告] <a href="#" class="link01">DS服14：00已开服</a></li>
    <li>[公告] <a href="#" class="link01">DS服11：10分临时停服维护</a></li>
    <li>[新闻] <a href="#" class="link01">DS服5级宝石返还4万莫比石活动</a></li>
  </ul>
</div>
```

图4-51　代码效果

**07** 执行"文件>保存"命令，保存页面，在浏览器中预览该页面，可以看到页面中超链接文字的效果，如图4-52所示。

图4-52　在浏览器中预览页面效果

**Q** 设置"页面属性"对话框中的"链接中（CSS）"选项也是超链接伪类吗？

**A** 是的，在"页面属性"对话框的"链接（CSS）"选项中进行设置，可以创建<a>标签的4种伪类CSS样式，它对页面中所有的超链接文字起作用。

**Q** 定义类CSS样式的4种伪类与定义<a>标签的4种伪类有什么区别？

**A** 在本实例中，定义了类CSS样式的4种伪类，再将该类CSS样式应用于<a>标签，同样可以实现超链接文本样式的设置。如果直接定义<a>标签的4种伪类，则对页面中的所有<a>标签起作用，这样页面中的所有链接文本的样式效果都是一样的；通过定义类CSS样式的4种伪类，就可以在页面中实现多种不同的文本超链接效果。

## 实例 032　CSS类选区

- **源 文 件**｜光盘/最终文件/ 第4章/实例32.html
- **视　　频**｜光盘/视频/第4章/实例32.swf
- **知 识 点**｜CSS类选区
- **学习时间**｜8分钟

**┃操作步骤┃**

**01** 执行"文件>打开"命令，打开页面"光盘/源文件/第4章/实例32.html"，如图4-53所示。

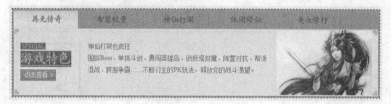

图4-53　打开页面

**02** 新建名为.font01的类CSS样式，对文本相关属性进行设置。新建名为.border01的类CSS样式，对边框相关属性进行设置，如图4-54所示。

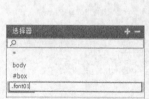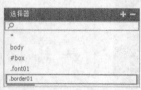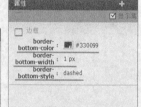

图4-54　设置相关属性

**03** 选中页面中相应的文字，在"类"下拉列表中选择"应用多个类"选项，弹出"多类选区"对话框，选中需要同时应用的多个类CSS样式，单击"确定"按钮。转换到"代码"视图中，可以看到为文字同时应用多个类CSS的方法，如图4-55所示。

图4-55　应用多个类CSS

**04** 保存页面，在浏览器中预览页面效果，如图4-56所示。

图4-56　预览页面

**Q** 什么是CSS类选区？

**A** 通过CSS类选区可以为网页中同一个元素同时应用多个类CSS样式。

**Q** 在"多类选区"对话框中显示的是页面中所有的CSS样式吗？

**A** 不是，在"多类选区"对话框中将显示当前页面的CSS样式中所有的类CSS样式，而ID样式、标签样式、复合样式等其他的CSS样式并不会显示在该对话框的列表中，从列表中选择需要为选中元素应用的多个类CSS样式即可。

实　例<br>033 ## 设置布局样式

布局样式主要用来定义页面中各元素的位置和属性，如元素的大小和定位方式等，通过padding(填充)和margin(边界)属性还可以设置各元素（如图像）水平和垂直方向上的空白区域。

● **源 文 件** | 光盘/最终文件/第4章/实例33.html

● **视　　频** | 光盘/视频/第4章/实例33.swf

● **知 识 点** | 布局样式属性

● **学习时间** | 10分钟

## 实例分析

在本实例中在Div中插入相应的图像，并通过CSS样式对该Div进行布局设置，使其显示在需要的位置，并且定义多个类CSS样式，分别在每个类CSS样式中设置CSS 3新增的opacity属性，为网页中的图像应用类CSS样式，实现网页中图像的半透明效果，如图4-57所示。

图4-57　网页效果

## 知识点链接

网页元素的定位是通过position属性来设置的，通过该属性设置元素的定位方式，再通过相关的属性设置，从而控制元素的大小和显示位置。

## 操作步骤

**01** 执行"文件>打开"命令，打开页面"光盘/源文件/第4章/实例33.html"，如图4-58所示。将光标移至名为top的Div中，将多余文字删除，插入图像"光盘/源文件/第4章/images/12101.jpg"，如图4-59所示。

图4-58　打开页面

图4-59　插入素材图像

**02** 打开"CSS 设计器"面板，在"选择器"选项区中创建名为#top的ID CSS选择器，如图4-60所示。选中刚创建的#top选择器，在"属性"选项区中单击"布局"按钮，对相关属性进行设置，如图4-61所示。

图4-60　创建ID CSS选择器

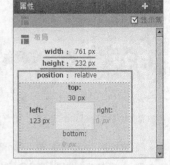

图4-61　设置"布局"相关属性

**03** 完成该CSS样式相关属性的设置，页面中名为top的Div的显示效果如图4-62所示。保存页面，在浏览器中预览页面，效果如图4-63所示。

图4-62　页面效果　　　　　　　　　　　　　　图4-63　在浏览器中预览页面效果

**04** 打开"CSS 设计器"面板，在"选择器"选项区中创建名为.pic01的类CSS选择器，如图4-64所示。选中刚创建的.pic01选择器，在"属性"选项区中单击"布局"按钮，对相关属性进行设置，如图4-65所示。

**05** 在"选择器"选项区中创建名为.pic01的类CSS选择器，如图4-66所示。选中刚创建的.pic02选择器，在"属性"选项区中单击"布局"按钮，对相关属性进行设置，如图4-67所示。

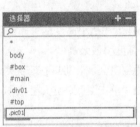

图4-64　创建类CSS选择器　　图4-65　设置"布局"　　图4-66　创建类CSS选择器　　图4-67　设置"布局"
　　　　　　　　　　　　　　　相关属性　　　　　　　　　　　　　　　　　　　　　相关属性

**06** 使用相同的方法，可以创建出.pic03和.pic04类CSS样式，如图4-68所示。转换到该页面所链接的外部CSS样式表文件中，可以看到所创建的类CSS样式的代码，如图4-69所示。

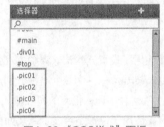

图4-68　"CSS样式"面板　　　图4-69　CSS
　　　　　　　　　　　　　　　　　样式代码

**07** 分别为页面中相应的图像应用刚所创建的类CSS样式，如图4-70所示。保存页面，在浏览器中预览页面，效果如图4-71所示。

图4-70　为图像应用类CSS样式　　　　　　　　图4-71　在浏览器中预览页面效果

**Q 布局样式主要用于设置哪些属性?**

**A** 在"CSS 设计器"面板中的"属性"选项区中单击"布局"按钮,在"属性"选项区中可以对布局相关CSS属性进行设置,如图4-72所示。

图4-72 设置相关CSS属性

● width:该属性用于设置元素的宽度,默认为auto。

● height:该属性用于设置元素的高度,默认为auto。

● min-width 和min-height:这两个属性是CSS 3新增属性,分别用于设置元素的最小宽度和最小高度。

● max-width和max-height:这两个属性是CSS 3新增属性,分别用于设置元素的最大宽度和最大高度。

● margin:该属性用于设置元素的边界,如果对象设置了边框,margin是边框外侧的空白区域。可以在下面对应的top、right、bottom和left各选项中设置具体的数值和单位。如果单击该属性下方的"单击更改特定属性"按钮,可以分别对top、right、bottom和left选项设置不同的值。

● padding:该属性用于设置元素的填充,如果对象设置了边框,则padding指的是边框和其中内容之间的空白区域。用法与margin属性的用法相同。

● position:该属性用于设置元素的定位方式。

● float:该属性用于设置元素的浮动定位,float实际上是指文字等对象的环绕效果,有left、right和none3个选项。

● clear:该属性用于设置元素清除浮动,在该选项后有left、right、both和none4个选项。

● overflow-x和overflow-y:这两个属性分别用于设置元素内容溢出在水平方向和在垂直方向上的处理方式,可以在选项后的属性值列表中选择相应的属性值。

● display:该属性用于设置是否显示以及如何显示元素。

● visibility:该属性用于设置元素的可见性,在属性值列表中包括inherit(继承)、visible(可见)和hidden(隐藏)3个选项。如果不指定可见性属性,则在默认情况下将继承父级元素的属性设置。

● z-index:用该属性用于设置元素的先后顺序和覆盖关系。

● opacity:该属性是CSS 3新增属性,用于设置元素的不透明度。

**Q 元素的定位方式有哪些?**

**A** position属性用于设置元素的定位方式,包括static(静态)、absolute(绝对)、fixed(固定)和relative(相对)4个选项,如图4-73所示。

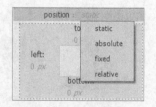

图4-73 position属性

● static:元素定位的默认方式,无特殊定位。

● absolute:元素绝对定位,此时父元素的左上角的顶点为元素定位时的原点。在position选项下的top、right、bottom和left选项中进行设置,可以控制元素相对于原点的位置。

● fixed:元素固定定位,当用户滚动页面时,该元素将在所设置的位置保持不变。

● relative：元素相对定位，在position选项下的top、right、bottom和left选项中进行设置，都是相对于元素原来在网页中的位置进行的设置。

## 实例 034　设置文本样式

- **源 文 件** | 光盘/最终文件/ 第4章/实例34.html
- **视　　频** | 光盘/视频/第4章/实例34.swf
- **知 识 点** | 文本样式属性
- **学习时间** | 5分钟

### ▌操作步骤▐

**01** 执行"文件>打开"命令，打开页面"光盘/源文件/第4章/实例34.html"，如图4-74所示。

图4-74　打开页面

**02** 在"CSS 设计器"面板中创建名为.font01的类CSS样式，对文本相关属性进行设置，在页面中为相应的文字应用名为该类CSS样式，如图4-75所示。

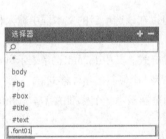  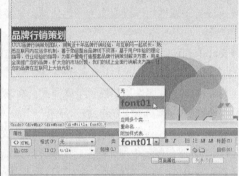

图4-75　应用类CSS样式

**03** 在"CSS 设计器"面板中创建名为.font02的类CSS样式，对文本相关属性进行设置，在页面中为相应的文字应用名为该类CSS样式，如图4-76所示。

  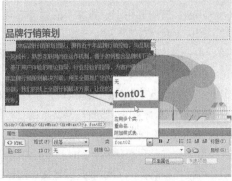

图4-76　应用类CSS样式

**04** 保存页面，在浏览器中预览页面效果，如图4-77所示。

图4-77 预览页面

**Q** 如何在"CSS 设计器"的"属性"选项区中显示文本相关的设置属性？

**A** 文本是网页中最基本的重要元素之一，文本的CSS样式设置是经常使用的，也是在网页制作过程中使用频率最高的。在"CSS 设计器"面板中的"属性"选项区中单击"文本"按钮，在"属性"选项区中将显示文本相关的CSS属性，如图4-78所示。

**Q** 文本样式主要用于设置哪些属性？

**A** 在"CSS 设计器"面板上的"属性"选项区中切换到文本属性设置，各属性介绍如下。

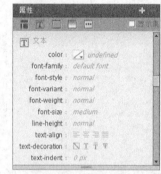

图4-78 文本相关的CSS属性

● color：该属性用于设置文字颜色，单击"设置颜色"按钮可以为字体设置颜色，也可以直接在文本框中输入颜色值。

● font-family：该属性用户设置字体，可以选择默认预设的字体组合，也可以在该选项后的文本框中输入相应的字体名称。

● font-style：该属性用于设置字体样式，在该下拉列表框中可以选择文字的样式。其中normal正常表示浏览器显示一个标准的字体样式，italic表示显示一个斜体的字体样式，oblique表示显示一个倾斜的字体样式。

● font-variant：该下拉列表中主要是针对英文字体的设置。normal表示浏览器显示一个标准的字体，small-caps表示浏览器会显示小型大写字母的字体。

● font-weight：在该下拉列表中可以设置字体的粗细，也可以设置具体的数值。

● font-size：在该处单击可以首先选择字体的单位，随后输入字体的大小值。

● line-height：该属性用于设置文本行的高度。在设置行高时，需要注意，所设置行高的单位应该和设置字体大小的单位相一致。

● text-align：该属性用于设置文本的对齐方式，有left（左对齐）、center（居中对齐）、right（右对齐）和justify（两端对齐）4个选项。

● text-decoration：该属性用于设置文字修饰。单击none（无）按钮，则文字不发生任何修饰。单击underline（下画线）按钮，可以为文字添加下画线。单击overline（上画线）按钮，可以为文字添加上画线。单击line-through（删除线）按钮，可以为文字添加删除线。

● text-indent：该属性用于设置段落文本的首行缩进。

● text-shadow：该属性是CSS 3中的新增属性，用于设置文本阴影效果。h-shadow主要是设置文本阴影在水平方向的位置，允许使用负值；v-shadow主要是设置文本阴影在垂直方向的位置，允许使用负值；blur主要是设置文本阴影的模糊距离；color主要是设置文本阴影的颜色。

● text-transform：该属性用于设置英文字体大小写，提供了4种样式可供选择，none是默认样式定义标准样式，capitalize■按钮是将文本中的每个单词都以大写字母开头，uppercase■按钮是将文本中字母全部大写，lowercase■按钮是将文本中的字母全部小写。

- letter-spacing：该选项可以设置英文字母之间的距离。
- word-spacing：该选项可以设置英文单词之间的距离。
- white-space：该选项可以对源代码文字空格进行控制。
- vertical-align：该选项列表用于设置对象的垂直对齐方式，包括baseline（基线）、sub（下标）、super（上标）、top（顶部）、text-top（文本顶对齐）、middle（中线对齐）、bottom（底部）、text-bottom（文本底对齐）以及自定义的数值和单位相结合的形式。

## 实例 035 设置边框样式

通过为网页元素设置边框CSS样式，可以对网页元素的边框颜色、粗细和样式进行设置，边框效果在网页设计制作过程中非常常见。

- **源 文 件** ┃ 光盘/最终文件/第4章/实例35.html
- **视 频** ┃ 光盘/视频/第4章/实例35.swf
- **知 识 点** ┃ 边框样式属性
- **学习时间** ┃ 10分钟

### ▎实例分析▎

在本实例中，创建类CSS样式，在所创建的类CSS样式中设置边框相关的CSS样式属性，为网页中的图像应用所创建的类CSS样式，从而实现网页中图像的边框效果，如图4-79所示。

图4-79 页面效果

### ▎知识点链接▎

在边框CSS属性的设置过程中，可以将元素4边的颜色、宽度和样式设置为相同的效果，也可以分别设置各边为不同的效果，从而使得元素边框效果更加丰富。

### ▎操作步骤▎

**01** 执行"文件>打开"命令，打开页面"光盘/源文件/第4章/实例35.html"，如图4-80所示。单击"CSS 设计器"面板"选择器"选项区右上角的"添加选择器"按钮■■，创建名称为.border01的类CSS样式，如图4-81所示。

图4-80 打开页面

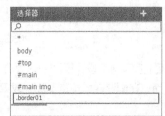

图4-81 创建类CSS样式

**02** 单击"CSS 设计器"面板中的"属性"选项区中的"边框"按钮，对边框样式属性进行设置，如图4-82所示。转换到该网页所链接的外部CSS样式表文件中，可以看到名称为.border01的类CSS样式的代码，如图4-83所示。

图4-82 设置"边框"相关属性　　　　　　　　　　图4-83 CSS样式代码

**03** 选中相应的图像，在"属性"面板上的Class下拉列表中选择刚定义类CSS样式.border01应用，如图4-84所示。单击"CSS 设计器"面板"选择器"选项区右上角的"添加选择器"按钮，创建名称为.border02的类CSS样式，如图4-85所示。

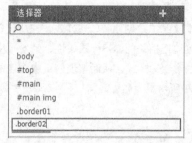

图4-84 为图像应用类CSS样式　　　　　　　　　图4-85 创建类CSS样式

**04** 单击"CSS 设计器"面板中的"属性"选项区中的"边框"按钮，对边框样式属性进行设置，如图4-86所示。转换到该网页所链接的外部CSS样式表文件中，可以看到名称为.border02的类CSS样式的代码，如图4-87所示。

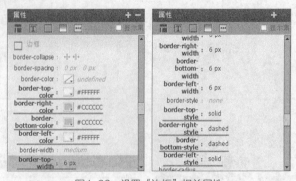
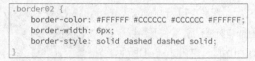

图4-86 设置"边框"相关属性　　　　　　　　　图4-87 CSS样式代码

**05** 返回网页设计视图中，为其他相应的图像应用名称为.border02的类CSS样式，效果如图4-88所示。保存页面，在浏览器中预览页面，效果如图4-89所示。

图4-88　页面效果　　　　　　　　　　图4-89　在浏览器中预览页面效果

**Q** 边框样式主要用于设置哪些属性?

**A** 在"CSS 设计器"面板中的"属性"选项区中单击"边框"按钮,在"属性"选项区中将显示边框相关的
CSS属性,如图4-90所示。

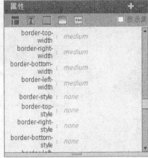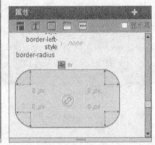

图4-90　边框相关的CSS属性

● border-collapse:该属性用于设置边框是否合成单一的边框,collapse按钮是合并单一的边框,separate
是分开边框,默认为分开。

● border-spacing:该属性用于设置相邻边框之间的距离,前提是border-collapse:separate;,第一个选项值
表示垂直间距,第二个选项值表示水平间距。

● border-color:该属性用于设置上、右、下和左4边边框的颜色。也可以通过border-top-color、border-
right-color、border-bottom-color和border-left-color分别设置4边的边框为不同的颜色。

● border-width:该属性用于设置上、右、下和左4边边框的宽度。也可以通过border-top-width、border-
right-width、border-bottom-width和border-left-width分别设置4边的边框为不同的宽度。

● border-style:该属性用于设置上、右、下和左4边边框的样式。也可以通过border-top-style、border-
right-style、border-bottom-style和border-left-style分别设置4边的边框为不同的样式。

● border-radius:该属性是CSS 3中的新增属性,用于设置圆角边框效果。

**Q** 在CSS样式中可以设置出哪些边框样式?

**A** 在CSS样式中可以通过border-style属性设置元素边框的样式,在该属性下拉
列表中提供了9个选项值可供选择,如图4-91所示。样式分别有none(无)、
dotted(点画线)、dashed(虚线)、solid(实线)、double(双线)、
groove(槽状)、ridge(脊状)、inset(凹陷)和outset(凸出)。

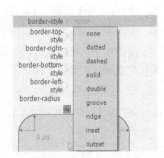

图4-91

## 实例 036 设置背景样式

- **源 文 件** | 光盘/最终文件/ 第4章/实例36.html
- **视　　频** | 光盘/视频/第4章/实例36.swf
- **知 识 点** | 背景样式属性
- **学习时间** | 10分钟

### 操作步骤

**01** 执行"文件>打开"命令，打开页面"光盘/源文件/第4章/实例36.html"，如图4-92所示。

**02** 在"CSS 设计器"面板中的"选择器"选项区中创建body标签的CSS样式，在"属性"选项区中单击"背景"按钮，对背景相关属性进行设置，如图4-93所示。

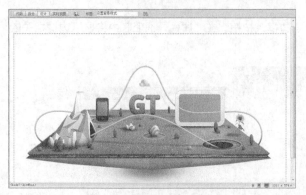

图4-92　打开页面

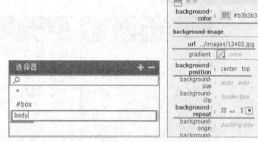

图4-93　设置相关属性

**03** 转换到该网页所链接的外部CSS样式表文件中，可以看到body标签的CSS样式代码，如图4-94所示。

**04** 返回网页设计视图，保存页面，在浏览器中预览页面效果，如图4-95所示。

```
body {
    background-color: #b3b3b3;
    background-image: url(../images/12402.jpg);
    background-repeat: no-repeat;
    background-position: center top;
}
```

图4-94　样式代码

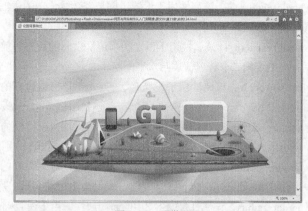

图4-95　预览页面

**Q** 使用CSS样式设置背景的好处是什么?

**A** 在使用HTML编写的页面中，背景只能使用单一的色彩或利用背景图像水平垂直方向平铺，而通过CSS样式可以更加灵活地对背景进行设置。

**Q** 背景样式主要用于设置哪些属性?

**A** 在"CSS 设计器"面板中的"属性"选项区中单击"背景"按钮，在"属性"选项区中显示背景相关的CSS属性，如图4-96所示。

- **background-color**：该属性用于设置页面元素的背景颜色值。

● background-image：该属性用于设置元素的背景图像，在url的文本框后可以直接输入背景图像的路径，也可以单击"浏览"按钮，浏览到需要的背景图像。

● gradient：该属性是CSS3的新增属性，主要用于填充HTML5中绘图的渐变色。

● background-position：该属性用于设置背景图像在页面水平和垂直方向上的位置。水平方向上可以是left（左对齐）、right（右对齐）和center（居中对齐），垂直方向上可以是top（上对齐）、bottom（底对齐）和center（居中对齐），还可以设置数值与单位相结合表示背景图像的位置。

图4-96　"属性"选项区

● background-size：该属性是CSS3的新增属性，用于设置背景图像的尺寸。

● background-clip：该属性是CSS3的新增属性，用于设置背景图像的定位区域。

● background-repeat：该属性用于设置背景图像的平铺方式。该属性提供了4种重复方式，分别为repeat，设置背景图像可以在水平和垂直方向平铺；repeat-x，设置背景图像只在水平方向平铺；repeat-y，设置背景图像只在垂直方向平铺；no-repeat，设置背景图像不平铺，只显示一次。

● background-origin：该属性是CSS3的新增属性，用于设置背景图像的绘制区域。

● background-attachment：如果以图像作为背景，可以设置背景图像是否随着页面一同滚动，在该下拉列表中可以选择fixed（固定）或scroll（滚动），默认为背景图像随着页面一同滚动。

● box-shadow：该属性是CSS3中的新增属性，为元素添加阴影。h-shadow属性设置水平阴影的位置，v-shadow设置垂直阴影的位置，blur设置阴影的模糊距离，spread设置阴影的尺寸，color设置阴影的颜色，inset将外部投影设置为内部投影。

## 实例 037　设置其他样式

在"CSS 设计器"面板"属性"选项区中的"其他"选项中可以对列表的相关CSS属性进行设置，通过CSS样式对列表进行设置，可以设置出非常丰富的列表效果。

● 源 文 件▕光盘/最终文件/第4章/实例37.html

● 视　　 频▕光盘/视频/第4章/实例37.swf

● 知 识 点▕其他样式属性

● 学习时间▕10分钟

### 实例分析

本实例制作一个新闻列表的效果，如图4-97所示。新闻列表是网页中一种常见的列表形式，通过CSS样式可以实现更加丰富的列表效果，并且可以自定义列表前的符号。

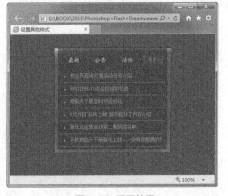

图4-97　网页效果

## 知识点链接

网页中项目列表的创建有多种方法，可以使用"插入"面板上的"结构"选项卡中的"ul 项目列表"按钮在网页中插入项目列表，也可以在网页中输入段落文本，选中所输入的段落文本，单击"属性"面板上的"项目列表"按钮，将段落文本转换为项目列表，再通过CSS样式来设置项目列表的表现效果。

## 操作步骤

**01** 执行"文件>打开"命令，打开页面"光盘/源文件/第4章/实例37.html"，如图4-98所示。光标移至名为news的Div中，将多余文字删除，输入相应的段落文本，如图4-99所示。

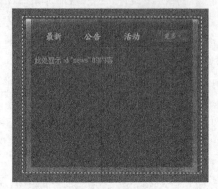

图4-98 打开页面

图4-99 输入段落文字

**02** 转换到网页的HTML代码中，可以看到该部分内容的代码，如图4-100所示。返回设计视图中，选中刚输入的所有段落文本，单击"属性"面板上的"项目列表"按钮，将段落文本转换为项目列表，效果如图4-101所示。

```
<div id="news">
    <p>君主兵器研究值活动任务介绍</p>
    <p>6月21日8-11点全区维护公告</p>
    <p>君临天下夏至时节送好礼</p>
    <p>6月19日"名将之魄"新功能补丁内容介绍</p>
    <p>新玩法征集活动第二期获奖名单</p>
    <p>手机君临天下新版本上线，一定有你想要的！</p>
</div>
```

图4-100 该部分内容代码

图4-101 创建项目列表

**03** 转换到网页的HTML代码中，可以看到项目列表的相关代码，如图4-102所示。保存页面，单击文档工具栏上的"实时视图"按钮，可以在实时视图中预览项目列表的默认显示效果，如图4-103所示。

```
<div id="news">
  <ul>
    <li>君主兵器研究值活动任务介绍</li>
    <li>6月21日8-11点全区维护公告</li>
    <li>君临天下夏至时节送好礼</li>
    <li>6月19日"名将之魄"新功能补丁内容介绍</li>
    <li>新玩法征集活动第二期获奖名单</li>
    <li>手机君临天下新版本上线，一定有你想要的！</li>
  </ul>
</div>
```

图4-102 项目列表代码

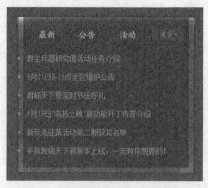

图4-103 预览默认项目列表效果

**04** 返回Dreamweaver设计视图中，单击"CSS 设计器"面板"选择器"选项区右上角的"添加选择器"按钮，创建名称为#news li的复合CSS样式，如图4-104所示。单击"属性"选项区中的"其他"按钮，对列表样式属性进行设置，如图4-105所示。

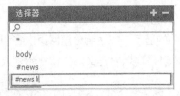

图4-104　创建复合CSS样式　　　图4-105　设置"其他"相关属性

**05** 单击"属性"选项区中的"边框"按钮，对相关属性进行设置，如图4-106所示。单击"属性"选项区中的"布局"按钮，对相关属性进行设置，如图4-107所示。

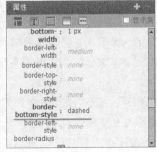

图4-106　设置"边框"相关属性　　　　图4-107　设置"布局"相关属性

**06** 完成CSS样式的设置，转换到该网页所链接的外部CSS样式表文件中，可以看到刚创建的名称为#news li的CSS样式的代码，如图4-108所示。返回网页设计视图中，保存页面，在浏览器中预览页面，可以看到页面中项目列表的效果，如图4-109所示。

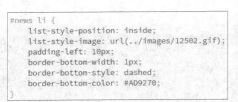

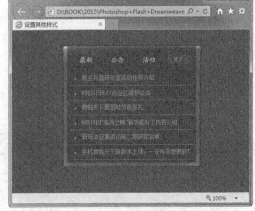

图4-108　CSS样式代码　　　　图4-109　预览页面效果

**Q** 其他样式主要用于设置哪些属性?

**A** 在"CSS 设计器"面板中的"属性"选项区中单击"其他"按钮，在"属性"选项区中显示列表控制相关的CSS属性，如图4-110所示。

● list-style-position：该属性用于设置列表项目缩进的程度。单击inside（内）按钮，则列表缩进；单击outside（外）按钮，则列表贴近左侧边框。

● list-style-image：该属性可以选择图像作为项目的引导符号，单击"浏览"按钮，选择图像文件即可。

● list-style-type：在该下拉列表中可以设置引导列表项目的符号类型。可以选择disc（圆点）、circle（圆圈）、square（方块）、decimal（数字）、

图4-110　"属性"选项区

lower-roman（小写罗马数字）、upper-roman（大写罗马数字）、lower-alpha（小写字母）、upper-alpha（大写字母）和none（无）等多个常用选项。

**Q** 在网页中使用CSS样式有哪几种方式?

**A** CSS 样式能够很好地控制页面的显示，以达到分离网页内容和样式代码。在网页中应用的CSS 样式表有4 种方式：内联CSS 样式、嵌入CSS 样式、外部CSS 样式和导入CSS 样式。

● 内联CSS样式：仅仅是HTML标签对于style属性的支持所产生的一种CSS样式表编写方式，并不符合表现与内容分离的设计模式，使用内联CSS样式与表格布局从代码结构上来说完全相同，仅仅利用了CSS对于元素的精确控制优势，并没有很好地实现表现与内容的分离，所以这种书写方式应当尽量少用。

● 内部CSS样式：所有的CSS代码都编写在<style>与</style>标签之间，方便了后期对页面的维护，页面相对于内联CSS样式大大瘦身了。但是如果一个网站拥有很多页面，对于不同页面中的<p>标签都希望采用同样的CSS样式设置时，内部CSS样式的方法就显得有点麻烦了。该方法只适合于单一页面设置单独的CSS样式。

● 外部CSS 样式：是CSS 样式中较为理想的一种形式。将CSS 样式代码单独编写在一个独立文件之中，由网页进行调用，多个网页可以调用同一个外部CSS样式文件，因此能够实现代码的最大化使用及网站文件的最优化配置。

● 导入CSS样式：与链接外部CSS样式基本相同，都是创建一个单独的CSS 样式文件，然后再引入到HTML 文件中，只不过语法和运作方式上有区别。采用导入的CSS 样式，在HTML 文件初始化时，会被导入到HTML 文件内，作为文件的一部分，类似于内嵌样式。而链接样式是在HTML 标签需要CSS 样式风格时才以链接方式引入。

| 实例 038 | 网页盒模型 |
| --- | --- |

● **源 文 件** | 光盘/最终文件/第4章/实例38.html
● **视 频** | 光盘/视频/第4章/实例38.swf
● **知 识 点** | Margin（边界）、Padding（填充）、Border（边框）
● **学习时间** | 8分钟

**┃ 操作步骤 ┃**

**01** 执行"文件>打开"命令，打开页面"光盘/源文件/第4章/实例38.html"。将光标移至名为banner的Div中，将多余文字删除，插入相应的图像，如图4-111所示。

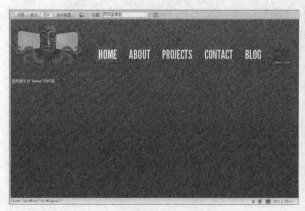 

图4-111 插入图像

**02** 在"CSS 设计器"面板中创建名为#banner的CSS样式，对相关属性进行设置。在"CSS设计器"面板中创建名为.img02的类CSS样式，对相关属性进行设置，如图4-112所示。

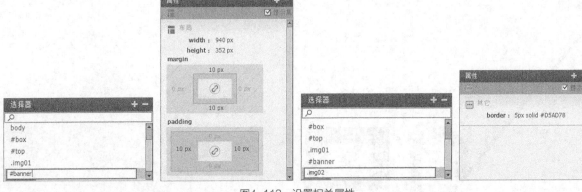

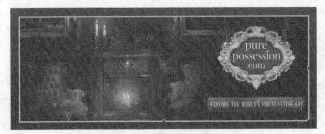

图4-112　设置相关属性

**03** 选中刚插入的素材图像，在"属性"面板上的Class下拉列表中选择.img02类CSS样式应用，如图4-113所示。

**04** 保存页面，在浏览器中预览页面效果，如图4-114所示。

图4-113　应用类CSS样式　　　　　　　　　　　　　　图4-114　预览页面

**Q** 什么是CSS盒模型？

**A** 在CSS中，所有的页面元素都包含在一个矩形框内，这个矩形框就称为盒模型。盒模型描述了元素及其属性在页面布局中所占的空间大小，因此盒模型可以影响其他元素的位置及大小。一般来说这些被占据的空间往往都比单纯的内容要大。换句话说，可以通过整个盒子的边框和距离等参数，来调节盒子的位置。

盒模型是由margin（边界）、border（边框）、padding（填充）和content（内容）几个部分组成的。

● margin：边界或称为外边距，用来设置内容与内容之间的距离。

● border：边框，内容边框线，可以设置边框的粗细、颜色和样式等。

● padding：填充或称为内边距，用来设置内容与边框之间的距离。

● content：内容，是盒模型中必需的一部分，可以放置文字、图像等内容。

一个盒子的实际高度或宽度是由content+padding+border+margin组成的。在CSS中，可以通过设置width或height属性来控制content部分的大小，并且对于任何一个盒子，都可以分别设置4边的border、margin和padding。

第 **05** 章

# 使用表格与IFrame 框架元素

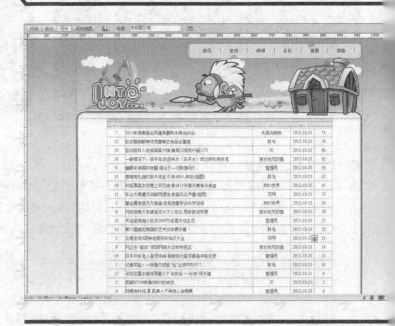

表格是早期对网页进行排版布局的工具，随着Div+CSS布局方式的兴起，表格在网页中的应用逐渐回归其本来的用途，用于处理表格式数据。IFrame框架是一个比较早出现的HTML对象，IFrame框架的作用就是把浏览器窗口划分为若干个区域，每个区域可以分别显示不同的网页。本章向读者介绍如何在网页中使用表格与IFrame框架元素。

# 实例 039　表格排序

针对表格数据的处理需要，Dreamweaver CC还提供了对表格数据进行排序、导入表格数据和导出表格数据的高级操作技巧。通过这些技巧的应用，可以更加方便、快捷地对表格数据进行处理。

- **源 文 件|** 光盘/最终文件/第5章/实例39.html
- **视　　频|** 光盘/视频/第5章/实例39.swf
- **知 识 点|** "排序表格"对话框
- **学习时间|** 10分钟

## 实例分析

网页表格内部常常有大量的数据，Dreamweaver CC可以方便地将表格内的数据排序。本实例将使用"排序表格"对话框对网页中的表格数排进行排序，效果如图5-1所示。

图5-1　页面效果

## 知识点链接

如果需要对表格数据进行排序，则选中需要排序的表格，执行"命令>排序表格"命令，弹出"排序表格"对话框，在该对话框中可以对表格排序的规则进行设置，如图5-2所示。

图5-2　"排序表格"对话框

- **排序按：** 在该选项的下拉列表中选择排序需要最先依据的列，根据所选中的表格所包含的列数不同，在该下拉列表中的选项也不相同。
- **顺序：** 第一个下拉列表框中，可以选择排序的顺序选项；第二个下拉列表框中，可以选择排序的方向，包括"升序"和"降序"两个选项。
- **再按：** 可以选择作为其次依据的列，同样可以在"顺序"中选择排序方式和排序方向。
- **顺序：** 可以在"顺序"中选择排序方式和排序方向。
- **排序包含第一行：** 选中该复选框，则可以从表格的第一行开始进行排序。
- **排序标题行：** 选中该复选框，可以对标题行进行排序。
- **排序脚注行：** 选中该复选框，可以对脚注行进行排序。
- **完成排序后所有行颜色保持不变：** 选中该复选框，排序时不仅移动行中的数据，行的属性也会随之移动。

## 操作步骤

**01** 执行"文件>打开"命令，打开页面"光盘/源文件/第5章/实例39.html"，如图5-3所示。在浏览器中预览该页面，效果如图5-4所示。

图5-3 打开页面

图5-4 在浏览器中预览页面效果

**02** 将光标移至表格的左上角，当鼠标指针变为 形状时单击鼠标左键，选择需要排序的表格，如图5-5所示。执行"命令>排序表格"命令，弹出"排序表格"对话框，在这里我们需要对表格中的数据按序号从低到高进行排序，设置如图5-6所示。

图5-5 选中表格

图5-6 设置"排序表格"对话框

**03** 单击"确定"按钮，对选中的表格进行排序，如图5-7所示。完成表格排序的操作，保存页面，在浏览器中预览页面，效果如图5-8所示。

图5-7 表格排序后的效果

图5-8 在浏览器中预览页面效果

**Q** 如何在网页中插入表格？表格的基本组成有哪些？

**A** 单击"插入"面板上的"表格"按钮，弹出"表格"对话框，在该对话框中可以设置表格的行数、列数、表格宽度、单元格间距、单元格边距、边框粗细等选项。

表格由行、列、单元格3个部分组成，使用表格可以排列页面中的文本、图像及各种对象。表格的行、列、单元格都可以复制、粘贴。并且在表格中还可以插入表格，一层层的表格嵌套使设计更加灵活。

**Q** 如何选择表格和单元格？

**A** 将光标放置在单元格内，用鼠标单击表格上方，在弹出的菜单中选择"选择表格"选项，即可选中整个表格。还可以在表格内部单击鼠标右键，在弹出的菜单中选择"表格>选择表格"命令，同样可以选择表格。单击所要选择的表格左上角，鼠标指针下方出现表格形状图标时单击，同样可以选择表格。

要选择单个的单元格，将鼠标置于需要选择的单元格，在"状态"栏上的"标签选择器"中单击<td>标签，即可选中该单元格。如果需要选择整行，只需要将鼠标移至想要选择的行左侧，鼠标变成右键头形状，单击左键即可选中整行。如果需要选择整列，只需要将鼠标移至想要选的一列表格上方，鼠标变成下键头形状时，单击左键即可选中整列。

## 实例 040　导入表格数据

- **源 文 件** | 光盘/最终文件/第5章/实例40.html
- **视　　频** | 光盘/视频/第5章/实例40.swf
- **知 识 点** | 导入表格数据
- **学习时间** | 5分钟

### 操作步骤

**01** 执行"文件>打开"命令，打开页面"光盘/源文件/第5章/实例40.html"。打开在该页面中需要导入文本文件，可以看到相应的内容，如图5-9所示。

图5-9　在页面中导入文本文件

**02** 将光标移至页面中名为text的div中，将多余文字删除，执行"文件>导入>表格式数据"命令，弹出"导入表格式数据"对话框，进行设置，如图5-10所示。

**03** 单击"确定"按钮，即可将所选择的文本文件中的数据导入到页面中，如图5-11所示。

**04** 定义相应的类CSS样式，为页面中相应的文字应用，保存页面，在浏览器中预览页面效果，如图5-12所示。

图5-10　"导入表格式数据"对话框

图5-11　导入文本文件数据

图5-12　预览页面

**Q** 在Dreamweaver中可以导入Word文件吗？

**A** 可以，在Dreamweaver CC中，可以将Word等软件处理的数据放到网上。先从Word等软件中将文件另存为文本格式的文件，再用Dreamweaver将这些数据导入为网页页面上的表格。

**Q** 如何导出网页中的表格式数据？

**A** 如果要导出表格数据，需要把鼠标指针放置在表格中任意单元格中，执行"文件>导出>表格"命令，弹出"导出表格"对话框，在该对话框中进行相应的设置即可导出。

**实例 041 制作IFrame框架页面**

IFrame框架是一种特殊的框架技术，它比用框架控制网站的内容更加容易；但是，由于Dreamweaver中并没有提供IFrame框架的可视化制作方案，因此需要手动添加一些页面的源代码。

● **源 文 件** | 光盘/最终文件/第5章/实例41.html
● **视　　频** | 光盘/视频/第5章/实例41.swf
● **知 识 点** | 插入IFrame框架、设置IFrame框架属性
● **学习时间** | 30分钟

**实例分析**

IFrame框架页面的操作步骤非常简单，只需要在页面中显示IFrame框架的位置插入<IFrame>标签，然后手动添加相应的设置代码即可，如图5-13所示。

图5-13　页面效果

**知识点链接**

框架结构是一种使多个网页（两个或两个以上）通过多种类型区域的划分，最终显示在同一个窗口的网页结构。在模板出现之前，框架基于其结构清晰、框架之间独立性强的特征，在页面导航中被广泛应用。目前，随着网页表现形式的多样性以及互联网技术的发展，框架在网页中的应用已经比较少了。

**操作步骤**

**01** 执行"文件>新建"命令，新建一个HTML页面，如图5-14所示，将其保存为"光盘/源文件/第5章/实例41.html"。使用相同的方法，新建一个外部CSS样式表文件，将其保存为"光盘/源文件/第5章/style/41.css"。单击"CSS 设计器"面板上"源"选项区中的"添加CSS源"按钮，在弹出菜单中选择"附加现有的CSS文件"选项，弹出"使用现有的CSS文件"对话框，链接刚创建的外部CSS样式表文件，如图5-15所示。

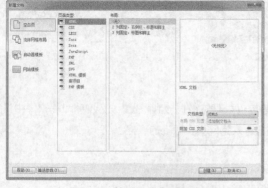

图5-14 "新建文档"对话框

图5-15 "使用现有的CSS文件"对话框

**02** 切换到外部样式表文件中，创建名为*的通配符CSS样式和名为body的标签CSS样式，如图5-16所示。返回到网页设计视图中，可以看到页面的背景效果，如图5-17所示。

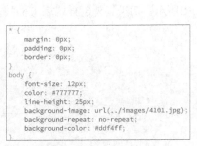

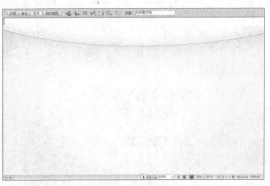

图5-16　CSS样式代码　　　　　　　　　　　　　　　　图5-17　页面效果

**03** 将光标放置在页面中，插入名为box的Div，切换到外部样式表文件中，创建名为#box的CSS样式，如图5-18所示。返回到网页设计视图中，可以看到页面的效果，如图5-19所示。

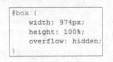

图5-18　CSS样式代码　　　　　　　　　　　　　　图5-19　页面效果

**04** 将光标移至名为box的Div中，将多余文字删除，在该Div中插入名为top的Div，切换到外部样式表文件中，创建名为#top的CSS样式，如图5-20所示。返回到网页设计视图中，可以看到页面的效果，如图5-21所示。

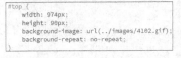

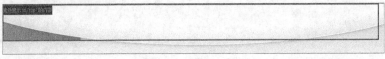

图5-20　CSS样式代码　　　　　　　　　　　　　图5-21　页面效果

**05** 将名为top的Div中的多余文字删除，插入Flash动画"光盘/源文件/第5章/images/menu.swf"，如图5-22所示。选中刚插入的Flash动画，在"属性"面板中设置其Wmode属性为"透明"，如图5-23所示。

图5-22　插入Flash动画　　　　　　　　　　　　图5-23　设置Wmode属性

**06** 在名为top的Div之后插入名为left的Div，切换到外部样式表文件中，创建名为#left的CSS样式，如图5-24所示。返回网页设计视图中，可以看到页面的效果，如图5-25所示。

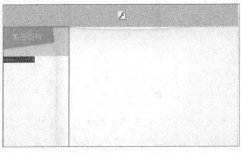

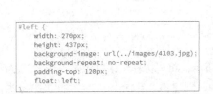

图5-24　CSS样式代码　　　　　　　　　　　　　图5-25　页面效果

**07** 将光标移至名为left的Div中，将多余文字删除，在该Div中插入名为left-menu的Div，切换到外部样式表文件中，创建名为#left-menu的CSS样式，如图5-26所示。返回网页设计视图中，可以看到页面的效果，如图5-27所示。

**08** 将光标移至名为left-menu的Div中，将多余文字删除，输入相应的段落文本，选中所输入的段落文本，单击"属性"面板上的"项目列表"按钮，创建项目列表，如图5-28所示。切换到外部样式表文件中，创建名为#left-menu li的CSS样式，如图5-29所示。

```
#left-menu {
    width: 170px;
    height: 150px;
    margin-left: 22px;
}
```
图5-26 CSS样式代码

图5-27 页面效果

图5-28 创建项目列表

```
#left-menu li {
    list-style-type: none;
    text-align: center;
    letter-spacing: 5px;
    border-bottom: 1px dashed #c8cdd0;
}
```
图5-29 CSS样式代码

**09** 返回到网页设计视图中，可以看到页面的效果，如图5-30所示。在名为left-menu的Div之后插入名为left-pic的Div，切换到外部样式表文件中，创建名为#left-pic的CSS样式，如图5-31所示。

**10** 返回到网页设计视图中，将光标移至名为left-pic的Div中，将多余文字删除，插入相应的图像，如图5-32所示。在名为left的Div之后插入名为right的Div，切换到外部样式表文件中，创建名为#right的CSS样式，如图5-33所示。

图5-30 页面效果

```
#left-pic {
    width: 215px;
    height: 248px;
    padding-top: 30px;
}
```
图5-31 CSS样式代码

图5-32 页面效果

```
#right {
    width: 704px;
    height: 557px;
    float: left;
}
```
图5-33 CSS样式代码

**11** 返回网页设计视图中，可以看到页面的效果，如图5-34所示。在名为box的Div之后插入名为bottom的Div，切换到外部样式表文件中，创建名为#bottom的CSS样式，如图5-35所示。

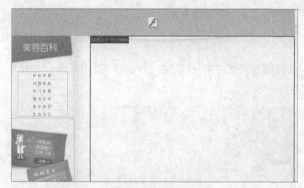

图5-34 页面效果

```
#bottom {
    height: 133px;
    background-image: url(../images/4105.gif);
    background-repeat: repeat-x;
}
```
图5-35 CSS样式代码

**12** 返回网页设计视图中，可以看到页面的效果，如图5-36所示。将光标移至该Div中，将多余文字删除，在该Div中插入名为bottom-text的Div，切换到外部样式表文件中，创建名为#bottom-text的CSS样式，如图5-37所示。

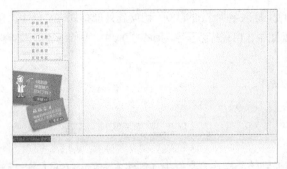

```
#bottom-text {
    width: 704px;
    height: 70px;
    background-image: url(../images/4106.gif);
    background-repeat: no-repeat;
    padding-left: 270px;
    padding-top: 63px;
}
```

图5-36　页面效果　　　　　　　　　　　图5-37　CSS样式代码

**13** 返回网页设计视图中，可以看到页面的效果，如图5-38所示。将光标移至名为bottom-text的Div中，将多余文字删除，输入相应的文字，如图5-39所示。

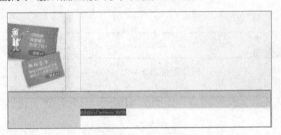

图5-38　页面效果　　　　　　　　　　　图5-39　输入文字

**14** 执行"文件>新建"命令，新建一个HTML页面，如图5-40所示，将其保存为"光盘/源文件/第5章/main.html"。使用相同方法，新建一个外部CSS样式表文件，将其保存为"光盘/源文件/第5章/style/main.css"。单击"CSS 设计器"面板上"源"选项区中的"添加CSS源"按钮，在弹出菜单中选择"附加现有的CSS文件"选项，弹出"使用现有的CSS文件"对话框，链接刚创建的外部CSS样式表文件，如图5-41所示。

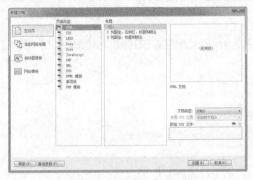

图5-40　"新建文档"对话框　　　　　　　图5-41　"使用现有的CSS文件"对话框

**15** 在页面中插入名为main的Div，切换到外部样式表文件中，创建名为*的通配符CSS样式、名为body的标签CSS样式和名为#main的CSS样式，如图5-42所示。返回网页设计视图中，可以看到页面的效果，如图5-43所示。

```
* {
    margin: 0px;
    padding: 0px;
    border: 0px;
}
body {
    font-size: 12px;
    color: #777777;
    line-height: 25px;
}
#main {
    width: 704px;
    height: 100%;
    overflow: hidden;
    background-image: url(../images/4107.gif);
    background-repeat: no-repeat;
    padding-top: 65px;
}
```

图5-42　CSS样式代码　　　　　　　　　图5-43　页面效果

**16** 将光标移至名为main的Div中，将多余文字删除，插入名为pic的Div，切换到外部样式表文件中，创建名为#pic的CSS样式，如图5-44所示。返回网页设计视图中，将光标移至名为pic的Div中，删除多余的文字并插入相应的图像，如图5-45所示。

图5-44 CSS样式代码      图5-45 页面效果

**17** 在名为pic的Div之后插入名为news的Div，切换到外部样式表文件中，创建名为#news的CSS样式，如图5-46所示。返回网页设计视图中，页面效果如图5-47所示。

图5-46 CSS样式代码      图5-47 页面效果

**18** 将光标移至名为news的Div中，删除多余文字并输入相应的文字内容，如图5-48所示。转换到代码视图中，为刚输入的文字添加相应的列表标签，如图5-49所示。

图5-48 输入文字      图5-49 添加列表标签代码

**19** 切换到外部样式表文件中，创建名为#news dt和名为#news dd的CSS样式，如图5-50所示。返回网页设计视图中，页面效果如图5-51所示。

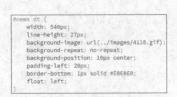

图5-50 CSS样式代码      图5-51 页面效果

**20** 在名为news的Div之后插入名为news-bottom的Div，切换到外部样式表文件中，创建名为#news-bottom的CSS样式，如图5-52所示。返回网页设计视图中，将光标移至news-bottom的Div中，将多余文字删除，并输入相应的文字，如图5-53所示。

图5-52 CSS样式代码      图5-53 页面效果

**21** 返回到"实例41.html"页面中，将光标移至名为 right的Div中，将多余文字删除，单击"插入"面板中的 IFRAME按钮，如图 5-54所示。在页面中插入 IFrame框架，这时页面会自动转换到"拆分"模式，并在代码中生成 `<iframe></iframe>`标签，如图5-55所示。

图5-54 单击IFRAME按钮

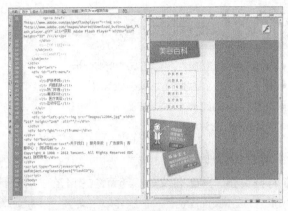

图5-55 在页面中插入IFrame框架

**22** 在"代码"视图中的`<iframe>`标签中，输入相应的代码，如图5-56所示。页面中插入IFrame框架的位置会变为灰色区域，而main.html页面就会出现在IFrame框架内部，如图5-57所示。

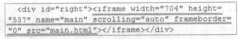

```
<div id="right"><iframe width="704" height=
"557" name="main" scrolling="auto" frameborder=
"0" src="main.html"></iframe></div>
```

图5-56 添加属性设置代码

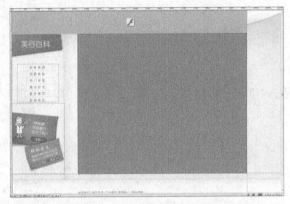

图5-57 IFrame框架在页面中的效果

**23** 执行"文件>保存"命令，保存页面。在浏览器中预览整个框架页面，可以看到页面的效果，如图5-58所示。

图5-58 在浏览器中预览IFrame框架页面效果

**Q** 在`<iframe>`标签中添加的属性分别表示什么意思？

**A** `<iframe>`为IFrame框架的标签，src属性代表在这个IFrame框架中显示的页面，name属性为IFrame框架的名称，width属性为IFrame框架的宽度，height属性为IFrame框架的高度，scrolling属性为IFrame框架滚动条是否显示，frameborder属性为IFrame框架边框显示属性。

**Q** 框架与IFrame框架有什么不同？

**A** 在网页中，框架的作用是将浏览器的窗口划分为多个部分进行显示，每个部分显示不同的网页元素。框架结构多用于较为固定的导航栏，同导航栏中相对应的较多变化的具体内容进行组合。框架结构是由框架和框架集组成的。IFrame框架属于框架的一种，IFrame框架可以出现在页面中的任意位置，位置更加自由。

# 实例 042 链接IFrame框架页面

- **源 文 件** | 光盘/最终文件/第5章/实例42.html
- **视    频** | 光盘/视频/第5章/实例42.swf
- **知 识 点** | 设置IFrame框架链接
- **学习时间** | 5分钟

## 操作步骤

**01** 打开页面"光盘/源文件/第5章/实例42.html"，选中页面左侧的"护肤养颜"文字，在"属性"面板上设置链接，如图5-59所示。

图5-59 设置链接

**02** 选中页面左侧的"热门专题"文字，在"属性"面板上设置链接，如图5-60所示。

图5-60 设置链接

**03** 保存页面，在浏览器中预览页面，可以看到IFrame框架的效果，如图5-61所示。

**04** 单击"热门专题"链接，可以在IFrame框架中显示新页面，如图5-62所示。

图5-61 预览页面

图5-62 新页面效果

**Q** 设置IFrame框架链接时需要注意什么？

**A** IFrame框架页面的链接设置与普通链接的设置基本相同，不同的是设置打开的"目标"属性要与IFrame框架的名称相同。

在本实例中，链接的"目标"设置为main，与<IFrame>标签中name="main"的定义必须保持一致，从而保证链接的页面在IFrame框架中打开。

**Q** 在IFrame框架中调用的多个页面高度不统一该如何解决？

**A** 在IFrame框架中调用的各个二级页面内容的高度并不是统一的，当IFrame框架调用内容比较多、页面比较长的页面时，IFrame框架就会出现滚动条，如果想使IFrame框架无论调用的页面内容是多少，都不出现滚动条，可以在<iframe>标签中添加IFrame框架高度自适应代码，代码如下：onload="this.height=this.Document. body.scrollHeight"。

第 **06** 章

# 制作网页表单

表单是Internet用户同服务器进行信息交流最重要的工具。通常，一个表单中会包含多个对象，有时它们也被称为控件，如用于输入文本的文本域、用于发送命令的按钮、用于选择项目的单选按钮和复选框，以及用于显示选项列表的列表框等。本章主要向读者介绍如何使用Dreamweaver中的各种表单按钮制作网页中常见的表单页面。

## 实例 043 制作网站登录页面

在网页中表单元素很少单独使用，一般一个表单中会有各种类型的表单元素。在网页中，最常见的就是网站的登录窗口。下面通过一个登录页面的制作，向读者介绍登录页面的制作方法。

- **源 文 件** | 光盘/最终文件/第6章/实例43.html
- **视 频** | 光盘/视频/第6章/实例43.swf
- **知 识 点** | 表单域、文本域、密码域、复选框、图像域
- **学习时间** | 20分钟

### 实例分析

本实例制作的是一个网站登录页面，如图6-1所示。使用Div+CSS布局制作页面，首先插入表单域，在表单域中插入相应的文本域、密码域、复选框和图像域，其次通过CSS样式对相关的表单元格样式进行控制。

图6-1 页面效果

### 知识点链接

表单域是表单中必不可少的元素之一，所有的表单元素只有在表单域中才会生效，因此，制作表单页面的第1步就是插入表单域。

在文本域中，可以输入任何类型的文本、数字或字母。输入的内容可以是单行显示，也可以是多行显示，而密码域中的文本内容将以星号或圆点的形式进行显示。

### 操作步骤

**01** 执行"文件>新建"命令，新建一个HTML页面，如图6-2所示。将该页面保存为"光盘/源文件/第6章/实例43.html"。使用相同方法，新建外部CSS样式表文件，将其保存为"光盘/源文件/第6章/style/43.css"。返回"实例43.html"页面中，单击"CSS 设计器"面板上的"源"选择项的"添加CSS源"按钮 ，在弹出菜单中选择"附加现有的CSS文件"选项，在弹出对话框中链接刚创建的CSS样式表文件，如图6-3所示。

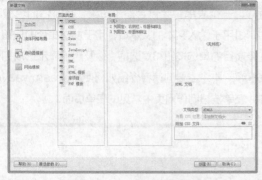

图6-2 "新建文档"对话框　　　　　图6-3 "使用现有的CSS文件"对话框

**02** 切换到外部样式表文件中，创建名为*的通配符CSS样式和名为body的标签CSS样式，如图6-4所示。返回"设计"页面中，可以看到页面的效果，如图6-5所示。

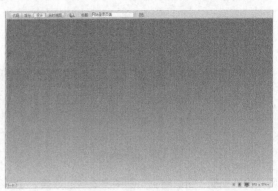

图6-4 CSS样式代码　　　　　　　　　　　　　图6-5 页面效果

**03** 将光标放置在页面中，插入名为box的Div，切换到外部样式表文件中，创建名为#box的CSS样式，如图6-6所示。返回到"设计"视图中，可以看到页面的效果，如图6-7所示。

图6-6 CSS样式代码　　　　　　　　　　　　　图6-7 页面效果

**04** 将光标移至名为box的Div中，将多余文字删除，单击"插入"面板上的"表单"选项卡中的"表单"按钮，如图6-8所示，在该Div中插入红色虚线的表单区域，如图6-9所示。

图6-8 单击"表单"按钮　　　　　　　　　　　图6-9 插入表单区域

**05** 将光标移至表单区域中，单击"插入"面板上的"表单"选项卡中的"文本"按钮，如图6-10所示。在光标所在位置插入文本域，如图6-11所示。

图6-10 单击"文本"按钮　　　　　　　　　　　图6-11 插入文本域

**06** 将文本域前的提示文字删除，选中刚插入的文本域，在"属性"面板中对相关属性进行设置，如图6-12所示。切换到外部样式表文件中，创建名为#uname的CSS样式，如图6-13所示。

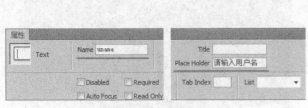

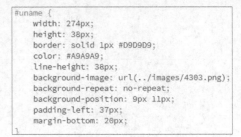

图6-12 设置属性　　　　　　　　　　　图6-13 CSS样式代码

**07** 返回网页设计视图，可以看到页面中文本域的效果，如图6-14所示。光标移至文本域之后，单击"插入"面板上的"表单"选项卡中的"密码"按钮，如图6-15所示。

图6-14 文本域效果　　　　　　　　　图6-15 单击"密码"按钮

**08** 在光标所在位置插入密码域，如图6-16所示。将密码域前的提示文字删除，选中刚插入的密码域，在"属性"面板中对相关属性进行设置，如图6-17所示。

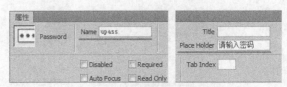

图6-16 插入密码域　　　　　　　　　图6-17 设置属性

**09** 切换到外部样式表文件中，创建名为#uname的CSS样式，如图6-18所示。返回网页设计视图，可以看到页面中密码域的效果，如图6-19所示。

图6-18 CSS样式代码　　　　　　　　　图6-19 密码域效果

**10** 光标移至刚插入的密码域之后，按Shift+Enter组合键，插入换行符，单击"插入"面板上的"表单"选项卡中的"复选框"按钮，如图6-20所示。在光标所在位置插入复选框，修改复选框后的提示文字内容，如图6-21所示。

図6-20　单击"复选框"按钮　　　　　　　　図6-21　插入复选框

**11** 光标移至复选框文字之后，按Shift+Enter组合键，插入换行符，单击"插入"面板上的"表单"选项卡中的"图像按钮"按钮，如图6-22所示。在弹出的"选择图像源文件"对话框中选择相应的图像，如图6-23所示。

図6-22　单击"图像按钮"按钮　　　　　図6-23　"选择图像源文件"对话框

**12** 单击"确定"按钮，在光标所在位置插入图像按钮，如图6-24所示。单击选中刚插入的图像按钮，在"属性"面板中对相关属性进行设置，如图6-25所示。

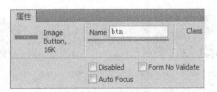

図6-24　插入图像按钮　　　　　　　図6-25　设置属性

**13** 切换到外部样式表文件中，创建名为#btn的CSS样式，如图6-26所示。返回网页设计视图中，可以看到图像按钮的效果，如图6-27所示。

```
#btn {
    margin-top: 10px;
}
```

图6-26　CSS样式代码　　　　　　　　　　图6-27　页面效果

**14** 完成网站登录页面的制作，执行"文件>保存"命令，保存页面，在浏览器中预览页面，效果如图6-28所示。

图6-28　在浏览器中预览页面效果

**Q** 什么是表单?

**A** 表单是网页中所包含的单元，如同HTML表格。所有的表单元素都包含在<form>与</form>标签中。表单与表格的不同之处是页面中可以插入多个表单，但是不可以像表格一样嵌套表单，表单是无法嵌套的。

当访问者将信息输入表单并单击"提交"按钮时，这些信息将被发送到服务器，服务器端脚本或应用程序在该处对这些信息进行处理，服务器通过将请求信息发送回用户，或基于该表单内容执行一些操作来进行响应。通常，通过通用网关接口（CGI）脚本、ColdFusion页、JSP、PHP或ASP来处理信息，如果不使用服务器端脚本或应用程序来处理表单数据，就无法收集这些数据。

**Q** 在网页中表单可以做什么?

**A** 表单可以认为是从Web访问者那里收集信息的一种方法，它不仅可以收集访问者的浏览印象，还可以做更多的事情。例如，在访问者登记注册免费邮件时，可以用表单来收集个人资料，在电子商场购物时，收集每个网上顾客具体购买的商品信息，甚至在使用搜索引擎查找信息时，查询的关键词都是通过表单提交到服务器上的。表单具有调查数据、搜索信息等功能。一般的表单由两部分组成，一是描述表单元素的HTML源代码；二是客户端的脚本，或者服务器端用来处理用户所填写信息的程序。

## 实例 044　制作网站投票页面

● **源 文 件** | 光盘/最终文件/第6章/实例44.html

● **视　　频** | 光盘/视频/第6章/实例44.swf

● **知 识 点** | 单选按钮组、图像按钮

● **学习时间** | 5分钟

**┃ 操作步骤 ┃**

**01** 打开页面"光盘/源文件/第6章/实例44.html",如图6-29所示。

**02** 将光标移至名为box的Div中,将多余文字删除,并插入表单域,如图6-30所示。

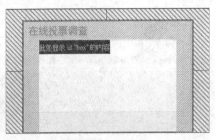

图6-29　打开页面　　　　　　　　　　　　　　图6-30　插入表单域

**03** 将光标移至表单域中,输入文字,单击"单选按钮组"按钮,在弹出的对话框中进行设置,单击"确定"按钮,插入单选按钮组。使用相同的方法,完成表单的制作,如图6-31所示。

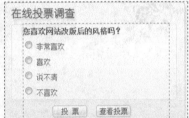

图6-31　制作表单

**04** 保存页面,在浏览器中预览页面效果,如图6-32所示。

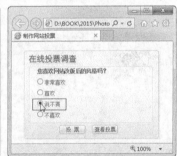

图6-32　预览页面

**Q** 为什么在网页中插入表单域后看不到红色虚线?

**A** 如果插入表单域后,在Dreamweaver"设计"视图中并没有显示红色的虚线框,执行"查看>可视化助理>不可见元素"命令,即可在"设计"视图中看到红色虚线的表单域。红色虚线的表单域在浏览器中浏览时是看不到的。

**Q** 单选按钮组有何特点?

**A** 单选按钮作为一个组使用时,提供彼此排斥的选项值,因此,用户在单选按钮组内只能选择一个选项。

---

**实例**
**045**　制作用户注册页面

　　网页中的表单元素通常在一些用户注册页面中经常用到,这些网页需要使用表单元素对用户的数据进行收集和提交。本实例将通过一个用户注册页面的制作来向大家详细讲述表单元素在网页中的实际应用。

- **源 文 件** | 光盘/最终文件/第6章/实例45.html
- **视　　频** | 光盘/视频/第6章/实例45.swf
- **知 识 点** | 表单域、各种表单元素
- **学习时间** | 30分钟

## 实例分析

　　本实例制作的是用户注册页面，在该页面中包含了网页中常用的所有表单元素，包括文本字段、列表菜单、单选按钮、图像域等，如图6-33所示。使用Div+CSS的布局方式布局制作该页面，重点掌握如何使用CSS样式对表单元素进行控制。

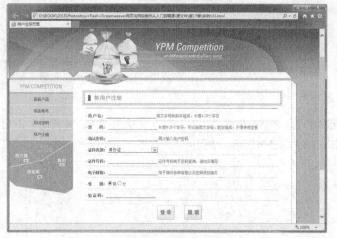

图6-33　页面效果

## 知识点链接

　　在Dreamweaver CC的"插入"面板上有一个"表单"选项卡，单击选中"表单"选项卡，可以看到在网页中插入的表单元素按钮，如图6-34所示。在该选项卡中包含了网页中常用的表单元素和在Dreamweaver CC中新增的HTML5表单元素。

图6-34　"表单"选项卡

## 操作步骤

**01** 执行"文件>新建"命令，新建一个HTML页面，如图6-35所示。将该页面保存为"光盘/源文件/第6章/实例45.html"。使用相同方法，新建外部CSS样式表文件，将其保存为"光盘/源文件/第6章/style/45.css"。返回"实例43.html"页面中，单击"CSS 设计器"面板上的"源"选择项的"添加CSS源"按钮，在弹出菜单中选择"附加现有的CSS文件"选项，在弹出对话框中链接刚创建的CSS样式表文件，如图6-36所示。

**02** 切换到外部样式表文件中，创建名为*的通配符CSS样式和名为body的标签CSS样式，如图6-37所示。返回到"设计"页面中，可以看到页面的背景效果，如图6-38所示。

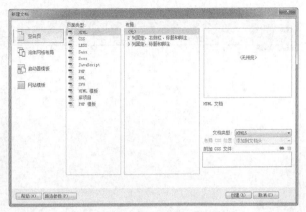

图6-35　"新建文档"对话框

图6-36　"使用现有的CSS文件"对话框

```
* {
    margin: 0px;
    padding: 0px;
}
body {
    font-size: 12px;
    color: #6C6C6C;
    line-height: 20px;
    background-color: #A7C5F0;
    background-image: url(../images/4501.gif);
    background-repeat: repeat-x;
}
```

图6-37　CSS样式代码

图6-38　页面效果

**03** 在页面中插入名为box的Div，切换到外部样式表文件中，创建名为#box的CSS样式，如图6-39所示。返回到网页设计视图中，页面效果如图6-40所示。

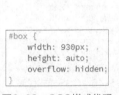

```
#box {
    width: 930px;
    height: auto;
    overflow: hidden;
}
```

图6-39　CSS样式代码

图6-40　页面效果

**04** 将光标移至名为box的Div中，删除多余的文字，在该Div中插入名为top的Div，将光标移至名为top的Div中，删除多余文字，在该Div中插入Flash动画"光盘/源文件/第6章/images/top.swf"，如图6-41所示。

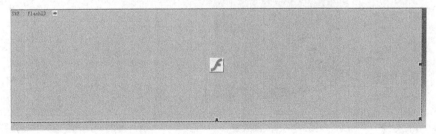

图6-41　插入Flash动画

**05** 在名为top的Div之后插入名为main的Div，切换到外部样式表文件中，创建名为#main的CSS样式，如图6-42所示。返回到网页设计视图中，页面效果如图6-43所示。

```
#main {
    width: 930px;
    height: 569px;
    background-color: #FFF;
    background-image: url(../images/4502.gif);
    background-repeat: no-repeat;
    background-position: right top;
}
```

图6-42　CSS样式代码

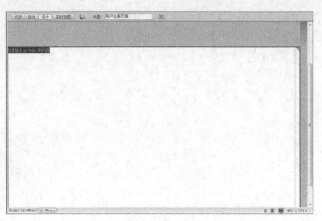

图6-43　页面效果

**06** 将光标移至名为main的Div中，将多余文字删除，在该Div中插入名为left的Div，切换到外部样式表文件中，创建名为#left的CSS样式，如图6-44所示。返回到网页设计视图中，页面效果如图6-45所示。

**07** 将光标移至名为left的Div中，将多余文字删除，输入段落文本，选中刚输入的段落文本，单击"属性"面板上的"项目列表"按钮，创建项目列表，切换到外部样式表文件中，创建名为#left li的CSS样式，如图6-46所示。返回到网页设计视图中，页面效果如图6-47所示。

**08** 将光标移至项目列表之后，插入素材图像"光盘/源文件/第6章/images/4504.gif"，如图6-48所示。在名为left的Div之后插入名为right的Div，切换到外部样式表文件中，创建名为#right的CSS样式，如图6-49所示。

```
#left {
    width: 205px;
    height: 525px;
    background-image: url(../images/4503.gif);
    background-repeat: no-repeat;
    float: left;
    padding-top: 44px;
}
```

图6-44　CSS样式代码

图6-45　页面效果

```
#left li {
    list-style-type: none;
    height: 36px;
    line-height: 36px;
    font-weight: bold;
    background-color: #B8D9EA;
    border-bottom: solid 1px #FFF;
    text-align: center;
}
```

图6-46　CSS样式代码

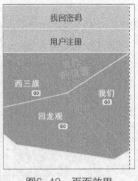

图6-47　页面效果

图6-48　页面效果

```
#right {
    width: 725px;
    height: 535px;
    background-image: url(../images/4505.gif);
    background-repeat: no-repeat;
    padding-top: 34px;
    float: left;
}
```

图6-49　CSS样式代码

**09** 返回到网页设计视图中，页面效果如图6-50所示。将光标移至名为right的Div中，将多余文字删除，在该Div中插入名为title的Div，切换到外部样式表文件中，创建名为#title的CSS样式，如图6-51所示。

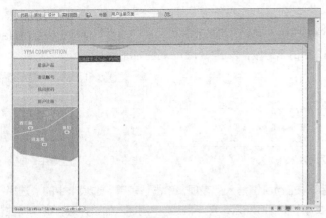

图6-50 页面效果

图6-51 CSS样式代码

**10** 返回到网页设计视图中，将光标移至名为title的Div中，将多余文字删除并插入相应的素材图像，效果如图6-52所示。在名为title的Div之后插入名为reg的Div，切换到外部样式表文件中，创建名为#reg的CSS样式，如图6-53所示。

图6-52 页面效果

图6-53 CSS样式代码

**11** 返回到网页设计视图中，页面效果如图6-54所示。将光标移至名为reg的Div中，将多余文字删除，单击"插入"面板上"表单"选项卡中的"表单"按钮，插入表单域，如图6-55所示。

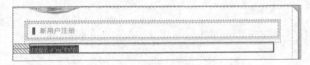

图6-54 页面效果

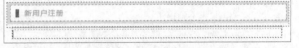

图6-55 插入表单域

**12** 将光标移至表单域中，单击"表单"选项卡中的"文本"按钮，在页面中插入文本域，修改文本域之前的提示文字，如图6-56所示。单击选中刚插入的文本域，在"属性"面板上设置其Name属性为uname，如图6-57所示。

图6-56 插入文本域

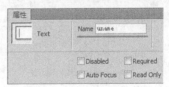

图6-57 设置属性

**13** 将光标移至文本域后，输入相应的文字，如图6-58所示。转换到代码视图中，为该部分内容添加相应的项目列表标签，如图6-59所示。

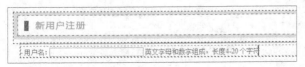

图6-58 页面效果

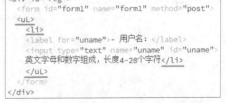

图6-59 添加项目列表标签

**14** 返回网页设计视图，将光标移至刚输入的文字后，按Enter键，插入一个列表项。使用相同的方法，可以在网页中插入两个密码域，如图6-60所示。单击选中"密码"后的密码域，在"属性"面板上设置其Name属性为upass，如图6-61所示。选中"确认密码"后的密码域，设置其Name属性为upass2。

图6-60 页面效果　　　　　　　　　图6-61 设置"属性"面板

**15** 将光标移至"确认密码"选项文字之后，按Enter键插入列表项，单击"表单"选项卡中的"选择"按钮，在页面中插入选择域，修改选择域前的提示文字，如图6-62所示。单击选中刚插入的选择域，在"属性"面板中设置其Name属性为select1，如图6-63所示。

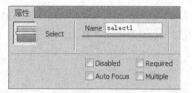

图6-62 插入选择域　　　　　　　　　图6-63 设置"属性"面板

**16** 单击选中刚插入的选择域，单击"属性"面板上的"列表值"按钮，弹出"列表值"对话框并设置，如图6-64所示。单击"确定"按钮，网页中的选择域效果如图6-65所示。

图6-64 设置"列表值"对话框　　　　　　　　　图6-65 页面效果

**17** 使用相同的方法，完成其他部分内容的制作，页面如图6-66所示。按Enter键，插入列表项，输入相应的文字，如图6-67所示。

图6-66 页面效果　　　　　　　　　图6-67 输入文字

**18** 单击"表单"选项卡中的"单选按钮"按钮，在网页中插入单选按钮，修改提示文字，如图6-68所示。单击选中刚插入的单选按钮，在"属性"面板上设置其Name属性为radiobutton，如图6-69所示。

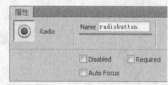

图6-68 插入单选按钮　　　　　　　　　图6-69 设置"属性"面板

**19** 选中刚插入的单选按钮，在"属性"面板上对其相关属性进行设置，如图6-70所示。使用相同的方法，完成其他内容的制作，效果如图6-71所示。

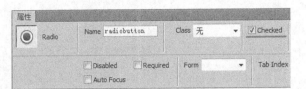

图6-70 设置"属性"面板

图6-71 页面效果

**20** 切换到外部样式表文件中，创建名为#reg li的CSS样式，如图6-72所示。返回到网页设计视图中，页面效果如图6-73所示。

```
#reg li {
    list-style-type: none;
    height: 35px;
    line-height: 40px;
    border-bottom: dashed 1px #CCC;
}
```

图6-72 CSS样式代码

图6-73 页面效果

**21** 切换到外部样式表文件中，创建名为.font01的类CSS样式，如图6-74所示。返回到网页设计视图中，选中页面中相应的文字，在"类"下拉列表中选择刚定义的类CSS样式.font01应用，效果如图6-75所示。

```
.font01 {
    font-weight: bold;
    color: #069;
}
```

图6-74 CSS样式代码

图6-75 页面效果

**22** 切换到外部样式表文件中，创建相应的CSS样式，如图6-76所示。返回到网页设计视图中，页面效果如图6-77所示。

```
#uname,#upass,#upass2,#select1,#number,#email,#yzm {
    width: 160px;
    height: 16px;
    background: none;
    border-bottom: solid 1px #036;
    border-top: none;
    border-left: none;
    border-right: none;
}
```

图6-76 CSS样式代码

图6-77 页面效果

**23** 单击"插入"面板上的Div按钮，弹出"插入 Div"对话框，在<form>标签的结束标签之前插入名为btn的Div并设置，如图6-78所示，单击"确定"按钮，页面效果如图6-79所示。

图6-78 设置"插入Div"对话框

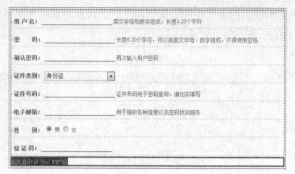

图6-79 页面效果

**24** 将光标移至名为btn的Div中,将多余文字删除,单击"插入"面板上"表单"选项卡中的"图像按钮"按钮,弹出"选择图像源文件"对话框,选择相应的素材图像,如图6-80所示。单击"确定"按钮,在页面中插入图像按钮,设置如图6-81所示。

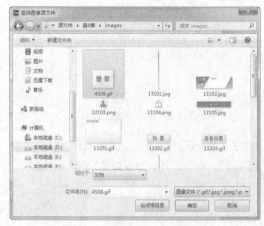

图6-80 "选择图像源文件"对话框

图6-81 插入图像按钮

**25** 单击选中刚插入的图像按钮,在"属性"面板上设置其Name属性为button,如图6-82所示。将光标移至刚插入的图像按钮之后插入素材图像"光盘/源文件/第6章/images/4509.gif",如图6-83所示。

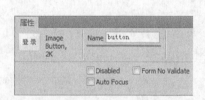

图6-82 设置"属性"面板

图6-83 插入素材图像

**26** 切换到外部样式表文件中,创建名为#button的CSS样式,如图6-84所示。返回到网页设计视图中,页面效果如图6-85所示。

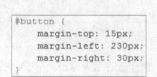

```
#button {
    margin-top: 15px;
    margin-left: 230px;
    margin-right: 30px;
}
```

图6-84 CSS样式代码

图6-85 页面效果

**27** 使用相同的制作方法，可以在名为main的Div之后插入名为bottom的Div，并完成页面版底信息的制作，效果如图6-86所示。

图6-86　页面效果

**28** 完成用户注册页面的制作，执行"文件>保存"命令，保存页面，在浏览器中预览页面，效果如图6-87所示。

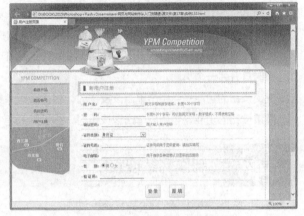

图6-87　在浏览器中预览页面效果

**Q** 文本域的"属性"面板中各选项的作用是什么？

**A** 选中在页面中插入的文本域，在"属性"面板中可以对文本域的属性进行相应的设置，如图6-88所示。

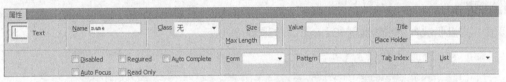

图6-88　"属性"面板

● **Name**：在该文本框中可以为文本域指定一个名称。每个文本域都必须有一个唯一的名称，所选名称必须在表单内唯一标识该文本域。

● **Size**：该选项是用来设置文本域中最多可显示的字符数。

● **Max Length**：该选项用来设置文本域中最多可输入的字符数。如果将该文本框保留为空白，则浏览者可以输入任意数量的文本。

● **Value**：在该文本框中可以输入一些提示性的文本，从而帮助浏览者顺利填写该文本框中的资料。当浏览者输入资料时初始文本将被输入的内容代替。

● **Title**：该选项用于设置文本域的提示标题文字。

● **Place Holders**：该属性为HTML5新增的表单属性，用于设置文本域预期值的提示信息，该提示信息会在文本域为空时显示，并会在文本域获得焦点时消失。

● **Disabled**：选中该选项复选框，表示禁用该文本域，被禁用的文本域既不可用，也不可点击。

● **Auto Focus**：该属性为HTML5新增的表单属性，选中该复选框，表示当网页被加载时，该文本域自动获得焦点。

● **Required**：该属性为HTML5新增表单属性，选中该复选框，表示在提交表单之前必须填写该文本域。

● **Read Only**：选中该复选框，表示该文本域为只读，不能对该文本域中的内容进行修改。

● **Auto Complete**：该属性为HTML5新增的表单元素属性，选中该选项复选框，表示该文本域启用自动完成功能。

● Form：该属性用于设置与该表单元素相关联的表单标签的ID，可以在该选项后的下拉列表中选择网页中已经存在的表单域标签。

● Pattern：该属性为HTML5新增的表单元素属性，用于设置文本域值的模式或格式。例如 pattern="[0-9]"，表示输入值必须是0与9之间的数字。

● Tab Index：该属性用于设置该表单元素的tab键控制次序。

● List：该属性是HTML5新增的表单元素属性，用于设置引用数据列表，其中包含文本域的预定义选项。

**Q** 按钮、提交按钮和重置按钮有什么区别？

**A** 按钮的作用是当用户单击后，执行一定的任务，常见的表单有提交表单、重置表单等。浏览者在网上申请邮箱、注册会员时都会见到。在Dreamweaver CC中将按钮分为3种类型，即按钮、提交按钮和重置按钮，其中按钮元素需要用户指定单击该按钮时需要执行的操作，例如添加一个JavaScript脚本，使得当浏览者单击该按钮时打开另一个页面。

提交按钮的功能是当用户单击该按钮时，将提交表单数据内容至表单域Action属性中指定的页面或脚本。

重置按钮的功能是当用户单击该按钮时，将清除表单中所做的设置，恢复为默认的选项设置内容。

## 实例 046 制作网站搜索栏

● **源 文 件** | 光盘/最终文件/第6章/实例46.html

● **视 频** | 光盘/视频/第6章/实例46.swf

● **知 识 点** | 选择域、文本域、图像按钮

● **学习时间** | 10分钟

**┃操作步骤┃**

**01** 打开页面"光盘/源文件/第6章/实例46.html"，如图6-89所示。

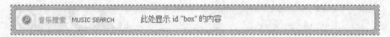

图6-89 打开页面

**02** 将光标移至名为box的Div中，将多余文字删除，插入表单域，如图6-90所示。

图6-90 插入表单域

**03** 将光标移至表单域中，插入选择域，并插入其他表单元素，如图6-91所示。

图6-91 插入其他表单元素

**04** 保存页面，在浏览器中预览页面效果，如图6-92所示。

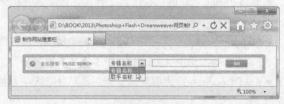

图6-92 预览页面

**Q** 选择域的功能是什么？

**A** 选择的功能与复选框和单选按钮的功能差不多，都可以列举出很多选项供浏览者选择，其最大的好处就是可以在有限的空间内为用户提供更多的选项，非常节省版面。其中列表提供一个滚动条，它使用户可能浏览许多项，并进行多重选择；下拉菜单默认仅显示一个项，该项为活动选项，用户可以单击打开菜单但只能选择其中一项。

**Q** 在"列表值"对话框中如何管理列表项？

**A** 在"列表值"对话框中，用户可以进行列表项目的操作。单击"添加项"按钮 ，可以向列表中添加一个项目，然后在"项目标签"选项中输入该项目的说明文字，最后在"值"选项中输入传回服务器端的表单数据。单击"删除项"按钮 ，可以从列表中删除一个项目。单击"在列表中上移项"按钮 或"在列表中下移项"按钮 可以对这些项目进行上移或下移的排序操作。

## 实例 047　制作网站留言页面

HTML5虽然还并没有正式发布，但是网页中HTML5的应用已经越来越多，在Dreamweaver CC中为了适应HTML5的发展，新增了许多全新的HTML5表单元素。

● **源 文 件** ┃ 光盘/最终文件/第6章/实例47.html
● **视　　频** ┃ 光盘/视频/第6章/实例47.swf
● **知 识 点** ┃ HTML表单元素、通过属性设置验证表单输入内容
● **学习时间** ┃ 15分钟

### 实例分析

本实例制作一个网站留言页面，如图6-93所示。在该页面中使用了HTML5表单元素，通过对元素相关属性的设置，从而实现对表单元素的验证。

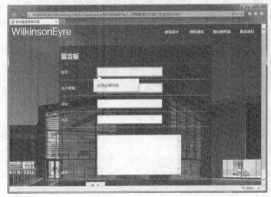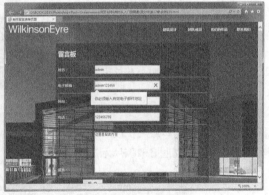

图6-93　页面效果

### 知识点链接

HTML5不但增加了一系列功能性的表单、表单元素和表单特性，还增加了自动验证表单的功能，用户只需要在"属性"面板中对表单元素的相关属性进行设置，就能够实现网页中表单元素的验证，非常方便和实用。

### 操作步骤

**01** 执行"文件>打开"命令，打开页面"光盘\源文件\第6章\实例47.html"，页面效果如图6-94所示。光标移至页面<p>标签内容中，将多余的文字删除，单击"插入"面板"表单"选项卡中的"文本"按钮，如图6-95所示。

图6-94 打开页面                    图6-95 单击"文本"按钮

**02** 在光标所在位置插入一个文本域，光标移至刚插入的文本域前，修改相应的文字，如图6-96所示。选中插入的文本域，在"属性"面板上设置相关属性，如图6-97所示。

图6-96 插入文本域              图6-97 设置"属性"面板

**03** 转换到外部CSS样式表文件中，创建名为#uname的CSS样式，如图6-98所示。返回网页设计视图中，可以看到文本域的效果，如图6-99所示。

```
#uname{
    margin-left: 100px;
    width: 260px;
    height: 30px;
    border: solid 2px #FF9900;
    border-radius: 3px;
}
```

图6-98 CSS样式代码              图6-99 文本域效果

**04** 光标移至刚插入的文本域后，按Enter键，插入段落，如图6-100所示。单击"插入"面板"表单"选项卡中的"电子邮件"按钮，如图6-101所示。

图6-100 插入段落              图6-101 单击"电子邮件"按钮

**05** 在网页中插入电子邮件表单元素，修改相应的提示文字，如图6-102所示。选中插入的电子邮件表单元素，在"属性"面板上设置相关属性，如图6-103所示。

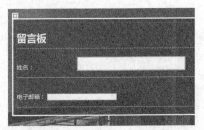

图6-102　插入电子邮件

图6-103　设置"属性"面板

**06** 转换到外部CSS样式表文件中，创建名为#email的CSS样式，如图6-104所示。返回网页设计视图中，可以看到电子邮件表单元素的效果，如图6-105所示。

```
#email{
    margin-left: 72px;
    width: 260px;
    height: 30px;
    border: solid 2px #FF9900;
    border-radius: 3px;
}
```

图6-104　CSS样式代码

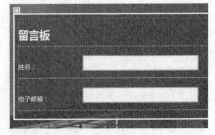

图6-105　页面效果

**07** 使用相同的制作方法，在网页中插入其他表单元素，并创建相应的CSS样式，效果如图6-106所示。保存页面，在浏览器中预览页面，可以看到页面中表单元素的效果，如图6-107所示。

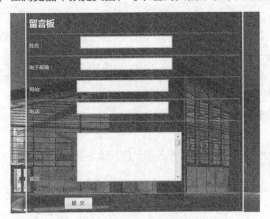

图6-106　页面效果

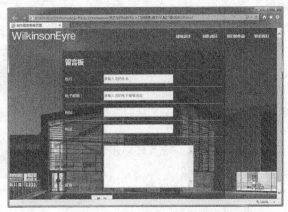

图6-107　在浏览器中预览页面效果

**08** 在网页所呈现的表单中依据提示填入相应信息，当"姓名"和"电子邮件"为空时，单击"提交"按钮，网页会弹出相应的提示信息，效果如图6-108所示。当输入的信息有误时，网页同样会弹出相应的提示信息，效果如图6-109所示。

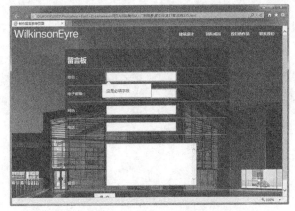

图6-108　显示提示信息

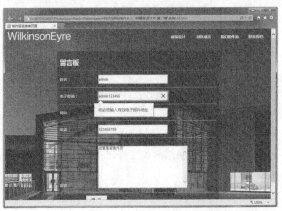

图6-109　显示提示信息

**Q** Dreamweaver CC中的HTML5表单元素有哪些?

**A** 在Dreamweaver CC中提供了对CSS3和HTML5强大的支持，在Dreamweaver CC中的"插入"面板"表单"选项卡中新增了多种HTML5表单元素的插入按钮，以便于用户快速地在网页中插入并应用HTML5表单元素，如图6-110所示。

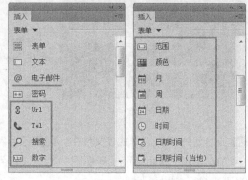

图6-110 "插入"面板

● **"电子邮件"按钮** ：该按钮为HTML5新增功能，单击该按钮，可以在表单域中插入电子邮件类型元素。电子邮件类型用于应该包含E-mail地址的输入域，在提交表单时，会自动验证E-mail域的值。

● **Url按钮** ：该按钮为HTML5新增功能，单击该按钮，在表单域中插入Url类型元素。Url属性可返回当前文档的URL。

● **Tel按钮** ：该按钮为HTML5新增功能，单击该按钮，在表单域中插入Tel类型元素，应用于电话号码的文本字段。

● **"搜索"按钮** ：该按钮为HTML5新增功能，单击该按钮，在表单域中插入搜索类型元素。该按钮用于搜索的文本字段。search属性是一个可读可写的字符串，可设置或返回当前URL的查询部分（问号？之后的部分）。

● **"数字"按钮** ：该按钮为HTML5新增功能，单击该按钮，在表单域中插入数字类型元素，带有spinner控件的数字字段。

● **"范围"按钮** ：该按钮为HTML5新增功能，单击该按钮，在表单域中插入范围类型元素。Range对象表示文档的连续范围区域，如用户在浏览器窗口中用鼠标拖动选中的区域。

● **"颜色"按钮** ：该按钮为HTML5新增功能，单击该按钮，在表单域中插入颜色类型元素，color属性设置文本的颜色（元素的前景色）。

● **"月"按钮** ：该按钮为HTML5新增功能，单击该按钮，在表单域中插入月类型元素，日期字段的月（带有calendar控件）。

● **"周"按钮** ：该按钮为HTML5新增功能，单击该按钮，在表单域中插入周类型元素，日期字段的周（带有calendar控件）。

● **"日期"按钮** ：该按钮为HTML5新增功能，单击该按钮，在表单域中插入日期类型元素，日期字段（带有calendar控件）。

● **"时间"按钮** ：该按钮为HTML5新增功能，单击该按钮，在表单域中插入时间类型元素。日期字段的时、分、秒（带有time控件）。<time>标签定义公历的时间（24小时制）或日期，时间和时区偏移是可选的。该元素能够以机器可读的方式对日期和时间进行编码。

● **"日期时间"按钮** ：该按钮为HTML5新增功能，单击该按钮，可以在网页中插入一个完整的日期和时间（包含时区）的选择器。

● **"日期时间（当地）"按钮** ：该按钮为HTML5新增功能，单击该按钮，在表单域中插入日期时间（当地）类型元素。

## 实例 048 制作jQuery表单页面

● **源 文 件** | 光盘/最终文件/ 第6章/实例48.html

● **视 频** | 光盘/视频/第6章/实例48.swf

● **知 识 点** | 跳转菜单

● **学习时间** | 15分钟

**┃操作步骤┃**

**01** 新建HTML页面，将页面保存为"光盘/源文件/第6章/实例48.html"。单击"插入"面板上的jQuery Mobile选项卡中的"页面"按钮，单击"确定"按钮，插入jQuery Mobile页面，选中"标题"文字，将其删除，输入相应的文字，如图6-111所示。

图6-111　输入相应的文字

**02** 选中页面中"内容"文字，将其删除，单击"插入"面板上jQuery Mobile选项卡中的"文本"按钮，插入文本域，修改文本域前的提示文字，如图6-112所示。

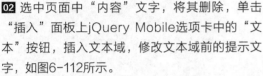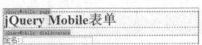

图6-112　修改提示文字

**03** 选中刚插入的文本域，在"属性"面板中设置相关属性。光标移至文本域之后，按Shift+Enter组合键，插入换行符，使用相同的制作方法，插入其他jQuery Mobile表单元素，如图6-113所示。

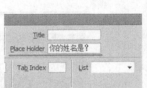

图6-113　插入其他jQuery Mobile表单元素

**04** 保存页面，在浏览器中预览页面效果，如图6-114所示。

图6-114　预览页面

**Q** 什么是jQuery Mobile？

**A** 目前，网站中的动态交互效果越来越多，其中大多数都是通过jQuery来实现的。随着智能手机和平板电脑的流行，主流移动平面上的浏览器功能已经与传统的桌面浏览器功能相差无几，因此jQuery团队开发了jQuery Mobile。jQuery Mobile的使命是向所有主流移动设备浏览器提供一种统一的交互体验，使整个因特网上的内容更加丰富。

jQuery Mobile是一个基于HTML5，拥有响应式网站特性，兼容所有主流移动设备平台的统一UI接口系统与前端开发框架，可以运行在所有智能手机、平板电脑和桌面设备上。不需要为每一个移动设备或者操作系统单独开发应用，设计者可以通过jQuery Mobile框架设计一个高度响应式的网站或应用运行于所有流行的智能手机、平板电脑和桌面系统。

**Q** jQuery Mobile表单元素为什么会有外观效果？

**A** 在默认情况下，jQuery Mobile页面中的表单元素都会有默认的外观样式，用户也可以通过定义CSS样式并为表单元素应用，从而改变jQuery Mobile页面中默认的表单元素样式。

第 **07** 章

# 应用模板和库

模板和库都是提高网站制作效率的有力工具。模板是一种特殊类型的文档，它可以将具有相同版面布局的页面制作成一个模板，当需要制作大量相同布局的页面时，合理并有效使用模板可以避免一些无味的重复动作，大大提高网页设计者的工作效率。网站中多个页面相同的元素可以制作成库项目，并存储在库中以便随时调用。本章向读者介绍Dreamweaver中模板和库的使用方法和技巧。

创建模板页面

模板是一种特殊类型的文档，用于设计布局比较"固定的"页面。可以创建基于模板的网页文件，这样该文件将继承所选模板的页面布局。在设计模板的过程中，还需要指定模板的可编辑区域，以便在应用到网页时可以进行编辑操作，效果如图7-1所示。

- 源 文 件｜光盘/最终文件/Templates/MB.dwt
- 视　　频｜光盘/视频/第7章/实例49.swf
- 知 识 点｜创建模板
- 学习时间｜10分钟

图7-1　页面效果

**实例分析**

在Dreamweaver中有多种创建模板的方法，本实例将打开一个制作了一半的网页，通过另存为模板的方法，将该网页保存为模板页面。

**知识点链接**

在Dreamweaver CC中，有两种方法可以创建网页模板。一种是将现有的网页文件另存为模板，然后根据需要再进行修改；另一种是直接新建一个空白模板，在其中插入需要显示的文档内容。模板实际上也是一种文档，它的扩展名为.dwt，存储在站点根目录下的Templates文件夹中，如果该Templates文件夹在站点中尚不存在，Dreamweaver将在保存新建模板时自动将其创建。

**操作步骤**

**01** 执行"文件>打开"命令，打开一个制作好的页面"光盘/源文件/第7章/实例49.html"，效果如图7-2所示。在浏览器中预览该页面，效果如图7-3所示。

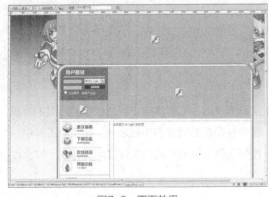

图7-2　页面效果

图7-3　在浏览器中预览页面

**02** 执行"文件>另存为模板"命令，如图7-4所示。或者单击"插入"面板中的"模板"选项卡的"创建模板"按钮，如图7-5所示。

**03** 弹出"另存模板"对话框，设置如图7-6所示。单击"保存"按钮，弹出提示对话框，提示是否更新页面中的链接，如图7-7所示。

图7-4　菜单命令　　　　图7-5　单击"创建模板"按钮　　　　图7-6　"另存模板"对话框　　　　图7-7　提示对话框

**04** 单击"否"按钮，手动将页面相关的文件夹复制到Templates文件夹中，完成另存为模板的操作，模板文件即被保存在站点的Templates文件夹中，如图7-8所示。完成模板的创建后，可以看到刚刚打开的文件"实例49.html"的扩展名变为了.dwt，如图7-9所示，该文件的扩展名也就是网页模板文件的扩展名。

图7-8　Templates文件夹　　　　　　图7-9　模板文件扩展名

**Q** 模板文件可以存储在Templates文件夹之外吗？

**A** 不可以，模板文件必须存储在根目录下的Templates文件夹中。在Dreamweaver中，不要将模板文件移动到Templates文件夹外，不要将其他非模板文件存储在Templates文件夹中，同样也不要将Templates文件夹移动到本地根目录外，因为这些操作都会引起模板路径错误。

**Q** 模板的特点是什么？

**A** 使用模板能够大大提高设计者的工作效率。当用户对一个模板进行修改后，所有使用了这个模板的网页内容都将随之同步进行修改，简单的说就是一次可以更新多个页面，这也是模板最强大的功能之一。在实际工作中，尤其是针对一些大型的网站，其效果是非常明显的。所以说，模板与基于模板的网页文件之间保持了一种连接的状态，它们之间共同的内容也将能够保持完全的一致。

## 实例 050　创建可编辑和可选区域

● **源 文 件** | 光盘/最终文件/ Templates/MB.dwt

● **视　　频** | 光盘/视频/第7章/实例50.swf

● **知 识 点** | 创建可编辑区域、创建可选区域

● **学习时间** | 5分钟

**┃ 操作步骤 ┃**

**01** 打开刚创建的模板文件MB.dwt，将光标移至页面中名为right的Div中，选中该Div中的文字，如图7-10所示。

**02** 单击"插入"面板上的"模板"选项卡中的"可编辑区域"按钮，弹出"新建可编辑区域"对话框，设置名称，单击"确定"按钮，即可创建可编辑区域，如图7-11所示。

图7-10　选中Div中的文字

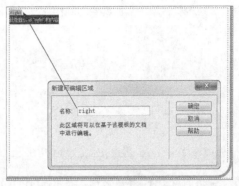

图7-11　创建可编辑区域

**03** 选中图7-12所示页面中名为video的Div，单击"插入"面板上的"模板"选项卡中的"可选区域"按钮，弹出"新建可选区域"对话框。

**04** 默认设置，单击"确定"按钮，即可创建可选区域，如图7-13所示。

图7-12　选中页面

图7-13　创建可选区域

**Q** 什么是可编辑区域?

**A** 在模板页面中需要定义可编辑区域，可编辑区域可以控制模板页面中哪些区域可以编辑，哪些区域不可以编辑。可编辑区域在模板页面中由高亮显示的矩形边框围绕，区域左上角的选项卡会显示该区域的名称。在为可编辑区域命名时，不能使用某些特殊字符，如单引号" ' "等。

**Q** 什么是可选区域?

**A** 用户可以显示或隐藏可选区域，在这些区域中用户无法编辑其内容，可以设置该区域在所创建的基于模板的页面中是否可见。

**实例 051 创建基于模板的页面**

在Dreamweaver中，创建新页面时，如果在"新建文档"对话框中单击"网站模板"选项卡，便可以创建出基于选中模板的网页。

● **源 文 件** ┃ 光盘/最终文件/第7章/实例51.html

● **视　　频** ┃ 光盘/视频/第7章/实例51.swf

● **知 识 点** ┃ 创建基于模板的页面

● **学习时间** ┃ 30分钟

## 实例分析

本实例接着前面的实例进行制作。前面已经完成了模板页面的制作，并且在模板中定义了相应的可编辑区域和可选区域，在本实例中将创建一个基于该模板的页面，并完成可编辑区域中页面内容的制作，效果如图7-14所示。

图7-14 页面效果

## 知识点链接

创建基于模板的页面有很多种方法，例如，可以使用"资源"面板，或者通过"新建文档"对话框，在这里主要介绍通过"新建文档"对话框的方法来创建基于模板的页面。

## 操作步骤

**01** 执行"文件>新建"命令，弹出"新建文档"对话框，在左侧选择"网站模板"选项卡，在"站点"右侧的列表中显示的是该站点中的模板，如图7-15所示。单击"创建"按钮，创建一个基于MB模板的页面。还可以执行

"文件>新建"命令，新建一个HTML文件，执行"修改>模板>应用模板到页"命令，弹出"选择模板"对话框，如图7-16所示。

图7-15 "新建文档"对话框    图7-16 "选择模板"对话框

**02** 单击"确定"按钮，即可将选择的MB模板应用到刚创建的HTML页面中，执行"文件>保存"命令，将页面保存为"光盘/源文件/第7章/实例51.html"，页面效果如图7-17所示。

**03** 将光标移至名为right的可编辑区域中，将多余文字删除，插入名为news的Div，转换到外部样式表文件中，创建名为#news的CSS样式，如图7-18所示。返回网页设计视图，页面效果如图7-19所示。

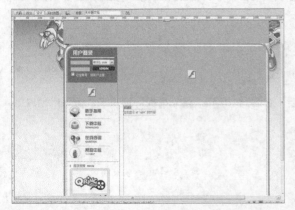

```
#news {
    width: 270px;
    height: 184px;
    float: left;
}
```

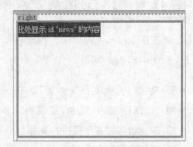

图7-17 页面效果    图7-18 CSS样式代码    图7-19 页面效果

**04** 将光标移至名为news的Div中，将多余文字删除，插入名为news-title的Div，转换到外部样式表文件中，创建名为#news-title的CSS样式，如图7-20所示。返回设计视图，将光标移至该Div中，将多余文字删除并插入相应的图像，如图7-21所示。

```
#news-title {
    height: 13px;
    border-bottom: solid 1px #CCC;
    text-align: right;
    background-image: url(../images/5115.gif);
    background-repeat: no-repeat;
    padding-top: 8px;
    padding-right: 10px;
}
```

图7-20　CSS样式代码

图7-21　页面效果

**05** 在名为news-title的Div之后插入名为news-list的Div，转换到外部样式表文件中，创建名为#news-list的CSS样式，如图7-22所示。返回设计视图，将光标移至该Div中，将多余文字删除并输入相应的段落文本，将所输入的段落文本创建为项目列表，如图7-23所示。

```
#news-list {
    margin-top: 4px;
    height: 154px;
    line-height: 22px;
}
```

图7-22　CSS样式代码

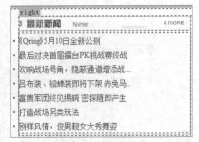

图7-23　页面效果

**06** 转换到外部样式表文件中，创建名为#news-list li的CSS样式，如图7-24所示。返回设计视图，页面效果如图7-25所示。

```
#news-list li {
    list-style-image: url(../images/5119.gif);
    list-style-position: inside;
    padding-left: 5px;
}
```

图7-24　CSS样式代码

图7-25　页面效果

**07** 在名为news的Div之后插入名为communion的Div，转换到外部样式表文件中，创建名为#communion的CSS样式，如图7-26所示。返回网页设计视图，页面效果如图7-27所示。

```
#communion {
    width: 270px;
    height: 184px;
    float: left;
    margin-left: 50px;
}
```

图7-26　CSS样式代码

图7-27　页面效果

**08** 使用相同的制作方法，可以完成名为communion的Div中内容的制作，效果如图7-28所示。在名为communion的Div之后插入名为item-title的Div，转换到外部样式表文件中，创建名为#item-title的CSS样式，如图7-29所示。

交流互动 Communion ∅ MORE

决胜的关键是信念 剑因你而无敌
关于环手PK与专精 单加力技很吃亏
弓手技能仅有满弦肘是射击招式
浅谈压经验、平乱任务和兵种
一个55级剑者的心得 玩家不要错过
浅谈攻击强度与攻击速度[转]
实用练级经验PK招 玩家心得

图7-28　页面效果

```
#communion-title {
    height: 13px;
    border-bottom: solid 1px #CCC;
    text-align: right;
    background-image: url(../images/5117.gif);
    background-repeat: no-repeat;
    padding-top: 8px;
    padding-right: 10px;
}
```

图7-29　CSS样式代码

**09** 返回设计视图，将光标移至名为item-title的Div中，将多余文字删除并插入相应的素材图像，如图7-30所示。在名为item-title的Div之后插入名为item1的Div，转换到外部样式表文件中，创建名为#item1的CSS样式，如图7-31所示。

打造战场另类玩法　　　　　浅谈攻击强度与攻击速度[转]
别样风情，俊男靓女大秀舞姿　　实用练级经验PK招 玩家心得
道具商城　New Item　　　　　　　　　　　∅ MORE

图7-30　页面效果

```
#item1 {
    width: 145px;
    height: 165px;
    float: left;
    text-align: center;
    font-weight: bold;
    margin-top: 10px;
}
```

图7-31　CSS样式代码

**10** 返回设计视图，页面效果如图7-32所示。将光标移至名为item1的Div中，将多余文字删除，插入图像并输入相应的文字，如图7-33所示。

**11** 使用相同的制作方法，可以完成页面中其他内容的制作，效果如图7-34所示。

图7-32　页面效果

图7-33　页面效果

图7-34　页面效果

**12** 完成基于模板页面的制作，执行"文件>保存"命令，保存页面，在浏览器中预览页面，效果如图7-35所示。

图7-35　在浏览器中预览页面效果

**Q** 基于模板新建的页面，哪部分可以被编辑？

**A** 在Dreamweaver中基于模板的页面，在设计视图中页面的四周会出现黄色边框，并且在窗口右上角显示模板的名称。在该页面中只有编辑区域的内容能够被编辑，可编辑区域外的内容被锁定，无法编辑。

**Q** 将模板应用到网页还有哪些方法？

**A** 还有以下两种方法可以将模板应用到页面中。新建一个HTML文件，在"资源"页面中的"模板"类别中选中需要插入的模板，单击"应用"按钮；还可以将模板列表中的模板直接拖到网页中。

## 实例 052 编辑与更新模板

● **源 文 件** | 光盘/最终文件/ Templates/MB.dwt

● **视　　频** | 光盘/视频/第7章/实例52.swf

● **知 识 点** | 修改模板、更新页面

● **学习时间** | 5分钟

### ┃ 操作步骤 ┃

**01** 执行"文件>打开"命令，打开需要修改的模板页面"光盘/源文件/Templates/MB.dwt"，如图7-36所示。

**02** 在模板页面中进行修改，如图7-37所示。

图7-36 打开模板页面　　　　　　　　　　　　图7-37 修改页面

**03** 修改后执行"文件>保存"命令，弹出"更新模板文件"对话框，如图7-38所示。

**04** 单击"更新"按钮，弹出"更新页面"对话框，会显示更新的结果，单击"关闭"按钮，便可以完成页面的更新，如图7-39所示。

图7-38 "更新模板文件"对话框　　　　　　图7-39 "更新页面"对话框

**Q** 如何删除网页中所使用的模板？

**A** 如果不希望对基于模板的页面进行更新，可以执行"修改>模板>从模板中分离"命令，模板生成的页面即可脱离模板，成为普通的网页，这时页面右上角上的模板名称与页面中模板元素名称便会消失。

**Q** "更新页面"对话框中各选项如何设置？

**A** 在"查看"下拉列表框中可以选择"整个站点""文件使用"和"已选文件"3种选项。如果选择的是"整个站点"，则要确认是更新了哪个站点的模板生成网页；如果选择的是"文件使用"，则要选择更新使用了哪个模板生成的网页。在"更新"选项中包含了"库项目"和"模板"两个选项，可以设置更新的类型。勾选"显示记录"选项后，则会在更新之后显示更新记录。

**实 例 053 创建库项目**

库项目可以在多个页面中重复使用存储页面的对象元素，并且更改库项目后，其相链接的所有页面中的元素都会更新。

- **源 文 件** | 光盘/最终文件/Library/53.lbi
- **视 频** | 光盘/视频/第7章/实例53.swf
- **知 识 点** | 创建库项目
- **学习时间** | 10分钟

## 实例分析

库可以显示已创建并存储在网页上的单独"资源"或"资源"副本的集合，这些资源又被称为库项目。本实例通过Dreamweaver中的"资源"面板创建一个库项目，并且完成该库项目的制作，效果如图7-40所示。

图7-40 页面效果

## 知识点链接

库文件的作用是将网页中常常用到的对象转化为库文件，然后作为一个对象插入到其他网页之中，这样就能够通过简单的插入操作创建页面内容了。模板使用的是整个网页，而库文件只是网页上的局部内容。

## 操作步骤

**01** 执行"窗口>资源"命令，打开"资源"面板，单击面板左侧的"库"按钮，在"库"选项中的空白处单击右键，在弹出的菜单中选择"新建库项"选项，如图7-41所示。新建一个库文件，并将新建的库文件命名为53，如图7-42所示。

图7-41 选择"新建库项"选项

图7-42 新建库文件

**02** 在新建的库文件上双击，即可在Dreamweaver编辑窗口中打开该库文件进行编辑，如图7-43所示。为了方便操作，将"光盘/源文件/第7章"中的images和style文件夹复制到Library文件夹中，辅助库文件制作，如图7-44所示。

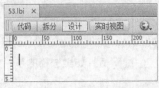

图7-43 打开库文件

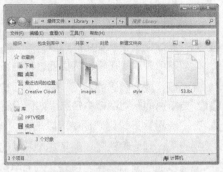

图7-44 库项目文件夹

**03** 打开“CSS 设计器”面板，单击“源”选项区中的“添加CSS源”按钮，在弹出菜单中选择“附加现有的CSS文件”选项，在弹出的对话框中链接外部样式表“光盘/源文件/Library/style/ Library.css”，如图7-45所示。在页面中插入名为top的Div，转换到Library.css文件中，创建名为#top的CSS样式，如图7-46所示。

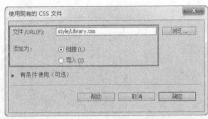

图7-45 “链接外部样式表”对话框

```
#top {
    width: 930px;
    height: 65px;
    background-color: #546425;
    background-image: url(../images/5301.gif);
    background-repeat: no-repeat;
    padding-top: 13px;
    padding-right: 30px;
    text-align: right;
    color: #A9C561;
}
```

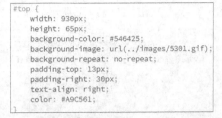

图7-46　CSS样式代码

**04** 返回网页设计视图，可以看到页面的效果，如图7-47所示。将光标移至名为top的Div中，将多余文字删除，输入相应的文字，如图7-48所示。

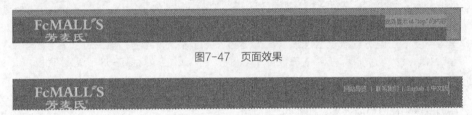

图7-47　页面效果

图7-48　输入文字

**05** 将光标移至刚输入的文字后，按Shift+Enter组合键，插入换行符，输入相应的文字，如图7-49所示。转换到Library.css文件中，创建名为.menu-font的类CSS样式，如图7-50所示。

图7-49　输入文字

```
.menu-font {
    color: #FFF;
    font-weight: bold;
    line-height: 40px;
}
```

图7-50　CSS样式代码

**06** 返回到“设计”视图，选中刚刚输入的文字，在“属性”面板上的“类”下拉列表中选择刚定义的名为.menu-font的类CSS样式应用，效果如图7-51所示。完成该库项目的制作，执行“文件>保存”命令，保存库项目。

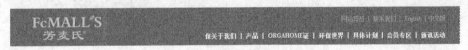

图7-51　页面效果

**Q** 网站中的库文件存储在什么位置?

**A** 在创建库文件之后，Dreamweaver会自动在当前站点的根目录下创建一个名为Library的文件夹，将库项目文件存储在该文件夹中。

**Q** 还有什么方法可以创建库项目?

**A** 在一个制作完成的页面中也可以直接将页面中的某一处内容转换为库文件。首先需要选中页面中需要转换为库文件的内容，然后执行“修改>库>增加对象到库”命令，便可以将选中的内容转换为库项目。

## 实例 054　应用库项目

- **源 文 件** | 光盘/最终文件/ 第7章/实例54.html
- **视　　频** | 光盘/视频/第7章/实例54.swf
- **知 识 点** | 插入库项目
- **学习时间** | 10分钟

**操作步骤**

**01** 打开页面"光盘/源文件/第7章/实例54.html",如图7-52所示。

**02** 将光标移至名为top-bg的Div中,将多余文字删除,打开"资源"面板,单击"库"按钮 ▥,选中刚创建的库文件,单击"插入" 插入 按钮,如图7-53所示。

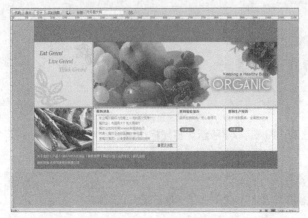

图7-52 打开页面　　　　　　　　　　　　　　　　　图7-53 "资源"面板

**03** 可以在光标所在位置插入库项目,如图7-54所示。

**04** 保存页面,在浏览器中预览页面效果,如图7-55所示。

图7-54 插入库项目　　　　　　　　　　　　　　　　图7-55 预览页面

**Q** 为什么要将库项目应用到网页中?

**A** 完成了库项目的创建,接下来就可以将库项目插入到相应的网页中去了,这样,在整个网站的制作过程中,就可以节省很多的时间。将库项目插入到页面中后,背景会显示为淡黄色,而且是不可编辑的。在预览页面时背景色按照实际设置的显示。

**Q** 如何更新库项目?

**A** 如果需要修改库项目,可以在"资源"面板中的"库"选项中,选中需要修改的库项目,单击"编辑"按钮 ▨,即可在Dreamweaver中打开该库项目进行编辑。完成库项目的修改后,执行"文件>保存"命令,保存库文件,会弹出"更新库项目"对话框,询问是否更新站点中使用了库项目的网页文件。单击"更新库项目"对话框中的"更新"按钮后,弹出"更新页面"对话框,显示已更新站内使用了该项目的页面文件。

# 使用AP Div和行为
# 为网页添加特效

优秀的网站页面中，不仅包含文本和图像，还有很多交互式的效果，而这种效果可以通过Dreamweaver中的一项强大的功能——行为来实现的，它将事件与动作相互结合，使网页形式更加多样化，且具有独特的风格。

## 实例 055 使用"交换图像"行为制作翻转图像

"交换图像"行为的效果与鼠标经过图像的效果是一样的，该行为通过更改<img>标签中的src属性将一个图像与另一个图像进行交换。

- **源 文 件** | 光盘/最终文件/第8章/实例55.html
- **视 频** | 光盘/视频/第8章/实例55.swf
- **知 识 点** | 添加行为、"交换图像"行为
- **学习时间** | 5分钟

### 实例分析

本实例通过为网页中的图像添加"交换图像"行为，从而实现当鼠标移至该图像上方时，图像切换为另一张图像显示的交互效果，如图8-1所示。

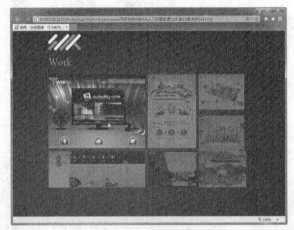

图8-1 页面效果

### 知识点链接

在Dreamweaver CC中，进行附加行为和编辑行为的操作都将使用到"行为"面板。执行"窗口>行为"命令，打开"行为"面板。如果需要进行附加行为的操作，可以单击"行为"面板上的"添加行为"按钮，在弹出菜单中选择需要添加的行为。

### 操作步骤

**01** 执行"文件>打开"命令，打开页面"光盘/源文件/第8章/实例55.html"，如图8-2所示。单击选中页面中需要添加"交换图像"行为的图像，如图8-3所示。

图8-2 打开页面

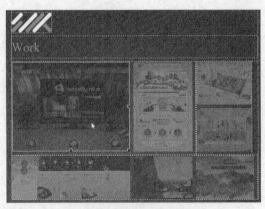

图8-3 选中相应的图像

**02** 单击"行为"面板中的"添加行为"按钮 ，从弹出菜单中选择"交换图像"选项，如图8-4所示。弹出"交换图像"对话框，设置如图8-5所示。

　　　　图8-4　选择"交换图像"选项　　　　　　　　图8-5　设置"交换图像"对话框

**03** 单击"确定"按钮，完成"交换图像"对话框的设置，在"行为"面板中自动添加相应的行为，如图8-6所示。使用相同的制作方法，可以为网页中其他图像添加"交换图像"行为。保存页面。在浏览器中预览页面，当鼠标移至添加了"交换图像"行为的图像上时可以看到交换图像的效果，如图8-7所示。

 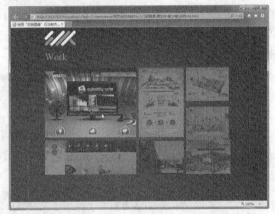

　　　　图8-6　"行为"面板　　　　　　　　　　图8-7　预览"交换图像"行为效果

**Q** 什么是Dreamweaver中的行为？

**A** Dreamweaver行为是一种运行在浏览器中的JavaScript代码，设计者可以将其放置在网页文档中，以允许浏览者与网页本身进行交互，从而以多种方式更改页面或引起某次任务的执行。行为由事件和该事件触发的动作组成。在"行为"面板中，用户可以先指定一个动作，然后指定触发该动作的事件，从而将行为添加到页面中。

　　"行为"和"动作"这两个术语是Dreamweaver 术语，而不是HTML术语，从浏览器的角度看，动作与其他任何一段JavaScript代码完全相同。

**Q** 添加"交换图像"行为后为什么会在"行为"面板中出现两个行为？

**A** 当在网页中添加"交换图像"行为时，会自动为页面添加"恢复交换图像"的行为，这两个行为的效果通常都是一起出现的。onMouseOver触发事件表示当鼠标移至图像上时，onMouseOut触发事件表示当鼠标移出图像上时。

## 实例 056 使用"改变属性"行为制作图像交互特效

- **源 文 件 |** 光盘/最终文件/第8章/实例56.html
- **视　　频 |** 光盘/视频/第8章/实例56.swf
- **知 识 点 |** "改变属性"行为
- **学习时间 |** 5分钟

**操作步骤**

**01** 打开文件"光盘/源文件/第8章/实例56.html"，如图8-8所示。

**02** 选中页面中的图像，单击"行为"面板上的"添加行为"按钮，为其添加"改变属性"行为，如图8-9所示。

图8-8 打开文件

图8-9 "改变属性"行为

**03** 在"标签检查器"中设置激活该行为的事件为OnMouseOver。再次为其添加"改变属性"行为，并设置触发事件为OnMouseOut，如图8-10所示。

**04** 完成"改变属性"行为的添加，保存页面，在浏览器中预览页面，测试"改变属性"行为的效果，如图8-11所示。

图8-10 设置触发事件

图8-11 预览页面

**Q** "改变属性"行为主要起到什么作用?

**A** 使用"改变属性"行为可以改变对象的属性值。例如，当某个鼠标事件发生之后，对于这个动作的影响，动态地改变表格背景、Div的背景等属性，以获得相对动态的页面。

**Q** 在"改变属性"对话框中各选项的作用是什么?

**A** 单击"添加行为"按钮，在弹出的下拉菜单中选择"改变属性"选项，即可弹出"改变属性"对话框，在该对话框中可以对相关选项进行设置。

● **元素类型**：在该选项的下拉列表中可以选择需要修改属性的元素。

● **元素ID**：用来显示网页中所有该类元素的名称，在该选项的下拉菜单中可以选择需要修改属性的AP Div名称。

● **属性**：用来设置改变元素的各种属性，可以直接在"选择"后面的下拉列表中进行选择，如果需要更改的属性没有出现在下拉菜单中，可以在"输入"选项中手动输入属性。

● **新的值**：在该选项的文本框中可以为选择的属性赋予新的值。

实 例
**057** 设置容器文本

"设置容器文本"是通过Div与行为相结合实现动态改变网页中Div的内容，从而实现交互的动态效果。

- ● **源 文 件** | 光盘/最终文件/第8章/实例57.html
- ● **视　　频** | 光盘/视频/第8章/实例57.swf
- ● **知 识 点** | "设置容器文本"行为
- ● **学习时间** | 10分钟

### 实例分析

本实例在网页中实现动态改变Div中文本内容的效果，首先打开制作好的页面，为页面中相应的图像添加"设置容器文本"行为，并进行相应的设置，如图8-12所示。

图8-12　页面效果

### 知识点链接

"设置容器文本"行为主要用来设置Div文本，该行为用于包含Div的页面，可以动态地改变Div中的文本，转变Div的显示，替换Div的内容。

### 操作步骤

**01** 执行"文件>打开"命令，打开页面"光盘/源文件/第8章/实例57.html"，如图8-13所示。在页面中名称为main的Div之后插入一个ID名称为text的Div，如图8-14所示。

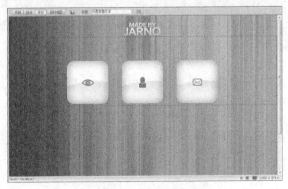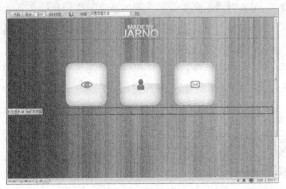

图8-13　打开页面　　　　　　　　　　　　　　图8-14　插入Div

**02** 切换到该网页所链接的外部样式表文件中，创建名为#text的CSS样式，如图8-15所示。转换到网页设计视图中，将该Div中多余的文字删除，如图8-16所示。

```
#text {
    width: 100px;
    height: 25px;
    margin: 30px auto 0px auto;
    text-align: center;
    font-size: 14px;
    font-weight: bold;
}
```

图8-15　CSS样式代码　　　　　　　图8-16　页面效果

**03** 选中左侧第1张图像，在"行为"面板中单击"添加行为"按钮，在弹出的菜单中选择"设置文本>设置容器文本"选项，弹出"设置容器的文本"对话框，设置如图8-17所示。单击"确定"按钮，在"行为"面板中将激活该行为的事件设置为onMouseOver，如图8-18所示。

图8-17　"设置容器的文本"对话框　　　　　图8-18　"行为"面板

**04** 根据第1张图像的设置方法，分别为第2张和第3张图像添加"设置容器文本"行为，完成Div文本的设置，执行"文件>保存"命令，保存页面。在浏览器中预览页面，可以看到设置Div文本的效果，如图8-19所示。

图8-19　在浏览器中预览页面效果

**Q** "设置容器的文本"对话框中选项的作用是什么？

**A** 在"容器"下拉列表中选择要改变内容的AP Div名称，这里选择text。在"新建HTML"文本框中输入取代AP Div内容的新的HTML代码或文本。

**Q** 为什么在添加行为时菜单中有些行为选项显示为灰色？

**A** 如果当前网页中已经附加了行为，那么这些行为将显示在"行为"面板中。在弹出菜单中不能单击菜单中呈灰色显示的动作，这些动作呈灰色显示的原因可能是当前文档中不存在所需的对象。

---

## 实例 058　设置状态栏文本

● **源文件**|光盘/最终文件/第8章/实例58.html

● **视　频**|光盘/视频/第8章/实例58.swf

● **知识点**|"设置状态栏文本"行为

● **学习时间**|5分钟

┃ 操作步骤 ┃

**01** 打开页面"光盘/源文件/第8章/实例58.html"，如图8-20所示。

**02** 选中<body>标签，单击"行为"窗口上的"添加行为"按钮 ，在弹出的菜单中选择"设置文本>设置状态栏"选项，弹出"设置状态栏文本"对话框，如图8-21所示。

图8-20　打开页面

图8-21　"设置状态栏文本"对话框

**03** 单击"确定"按钮，在"行为"面板中将触发事件修改为onLoad，如图8-22所示。

**04** 执行"文件>保存"命令，保存页面，在浏览器中预览页面效果，在浏览器状态栏上可以看到所设置的文本内容，如图8-23所示。

图8-22　"行为"面板

图8-23　预览页面

**Q** "设置状态栏文本"可以实现什么样的效果？

**A** 使用该行为可以使页面在浏览器左下方的状态栏上显示一些文本信息。像一般的提示链接内容、显示欢迎信息、跑马灯等经典技巧，都可以通过这个行为的设置来实现。

**Q** onLoad事件的作用是什么？

**A** onLoad是触发行为的一种事件，表示当浏览器载入页面时触发该行为，例如在本实例中指的是当浏览器载入该网页时触发"设置状态栏文本"的行为。

## 实例 059　检查表单

在Dreamweaver CC中为各表单元素提供了一些用于检查表单的属性设置，通过这些属性可以对表单元素进行检查，除此之外，还可以使用"检查表单"行为对网页中的表单元素进行检查。

● **源文件** | 光盘/最终文件/第8章/实例59.html

● **视　频** | 光盘/视频/第8章/实例59.swf

● **知识点** | "检查表单"行为

● **学习时间** | 10分钟

**实例分析**

本实例通过为网页添加"检查表单"行为，从而对网页中的表单元素进行验证，可以在弹出的对话框中对选项进行相应的设置，如图8-24所示。

图8-24 页面效果

**知识点链接**

在网上浏览时，经常会填写这样或那样的表单，提交表单后，一般都会有程序自动校验表单的内容是否合法。使用"检查表单"行为配以onBlur事件，可以在用户填写完表单的每一项之后，立刻检验该项是否合理；也可以使用"检查表单"行为配以onSubmit事件，当用户单击提交按钮后，一次校验所有填写内容的合法性。

**操作步骤**

**01** 执行"文件>打开"命令，打开页面"光盘/源文件/第8章/实例59.html"，如图8-25所示。在标签选择器中选中<form#form1>标签，如图8-26所示。

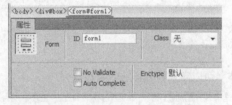

图8-25 打开页面　　　　图8-26 选中<form #form1>标签

**02** 单击"行为"面板中的"添加行为"按钮，在弹出的菜单中选择"检查表单"选项，弹出"检查表单"对话框，首先设置uname的值是必需的，并且uname的值只能接受电子邮件地址，如图8-27所示。选择upass，设置其值是必需的，并且upass的值必须是数字，如图8-28所示。

图8-27 设置"检查表单"对话框　　　　图8-28 设置"检查表单"对话框

**03** 单击"确定"按钮，在"行为"窗口中将触发事件改为 onSubmit，如图 8-29 所示。执行"文件>保存"命令，保存页面。在浏览器中预览页面，当用户不输入信息，直接单击提交表单按钮后，浏览器会弹出警告对话框，如图 8-30 所示。

图 8-29　"行为"面板　　　　　　　　图 8-30　弹出警告对话框

**04** 转换到"代码"视图中，找到弹出的警告对话框中的提示英文字段，如图 8-31 所示，将其替换为中文，如图 8-32 所示。

图 8-31　英文提示部分　　　　　　　　　　　　图 8-32　替换为中文提示

**05** 在浏览器中预览页面，测试验证表单的行为，可以看到提示对话框中的提示文字内容已经变成了中文，如图 8-33 所示。

图 8-33　检查表单效果

**Q** 事件指的是什么？

**A** 事件实际上是浏览器生成的消息，指示该页面在浏览时执行某种操作。例如，当浏览者将鼠标指针移动到某个链接上时，浏览器为该链接生成一个 onMouseOver 事件（鼠标经过），然后浏览器查看是否存在为链接在该事件时浏览器应该调用的 JavaScript 代码。而每个页面元素所能发生的事件不尽相同，例如页面文档本身能发生的 onLoad（页面被打开时的事件）和 onUnload（页面被关闭时的事件）。

**Q** "检查表单"对话框中各选项的作用是什么？

**A** 在"检查表单"对话框中可以对相关的参数进行设置。

● **域**：在"域"列表中选择需要检查的文本域。

● **值**：在"值"选项中选择浏览者是否必须填写此项，勾选"必需的"复选框，则设置此选项为必填项目。

● **可接受**：在"可接受"选项组中设置用户填写内容的要求。勾选"任何东西"单选按钮，则对用户填写的内容不作限制。勾选"电子邮件地址"单选按钮，浏览器会检查用户填写的内容中是否有"@"符号。勾选"数字"单选按钮，则要求用户填写的内容只能为数字。勾选"数字从……到……"单选按钮，将对用户填写数字的范围做出规定。

---

**实例 060 添加"打开浏览器窗口"行为**

● **源文件** | 光盘/最终文件/第8章/实例60.html

● **视　频** | 光盘/视频/第8章/实例60.swf

● **知识点** | "打开浏览器窗口"行为

● **学习时间** | 5分钟

**┃ 操作步骤 ┃**

**01** 打开页面"光盘/源文件/第8章/实例60.html"，如图8-34所示。

**02** 选中<body>标签，单击"行为"面板中的"添加行为"按钮 ，在弹出的菜单中选择"打开浏览器窗口"选项，弹出"打开浏览器窗口"对话框，如图8-35所示。

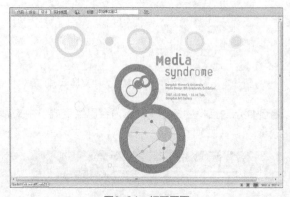

图8-34　打开页面

图8-35　"打开浏览器窗口"对话框

**03** 设置触发该行为的事件为onLoad，如图8-36所示。

**04** 保存页面，在浏览器中预览页面，当打开该页面时会自动弹出所设置的浏览器窗口，如图8-37所示。

图8-36　"行为"对话框

图8-37　预览页面

**Q** 为网页添加行为的步骤是什么？

**A** 在为网页添加行为的任何时候都要遵循以下3个步骤：1.选择对象；2.添加动作；3.设置触发事件。

**Q** 在"打开浏览器窗口"对话框中各选项的作用是什么？

**A** 在"打开浏览器窗口"对话框中可以对所要打开的浏览器窗品的相关属性进行设置。

● 要显示的URL：设置在新打开的浏览器窗口中显示的页面，可以是相对路径的地址，也可以是绝对路径的地址。

● 窗口宽度和窗口高度："窗口宽度"和"窗口高度"可以用来设置弹出的浏览器窗口的大小。

● 属性：在"属性"选项中可以选择是否在弹出窗口中显示"导航工具栏""地址工具栏""状态栏"和"菜单条"。"需要时使用滚动条"选项用来指定在内容超出可视区域时显示滚动条。"调整大小手柄"选项用来指定用户应该能够调整窗口的大小。

● 窗口名称："窗口名称"用来设置新浏览器窗口的名称。

---

## 实例 061　使用Blind行为实现动态显示隐藏网页元素

Dreamweaver CC中新增了一系列jQuery效果，用于创建动画过渡或者以可视方式修改页面元素。可以将效果直接应用于HTML元素，而不需要其他自定义标签。Dreamweaver CC中的"效果"行为可以增强页面的视觉功能，可以将它们应用于HTML页面上的几乎所有的元素。

- **源　文　件**｜光盘/最终文件/第8章/实例61.html
- **视　　频**｜光盘/视频/第8章/实例61.swf
- **知　识　点**｜添加jQuery效果、Blind效果
- **学习时间**｜15分钟

### ┃ 实例分析 ┃

本实例将为网页中的元素添加Blind行为，通过对该行为效果的设置，实现当鼠标移至该网页元素上方时，页面中某个网页元素逐渐向上折叠显示，当鼠标移出该网页元素上方时，页面中某个网页元素逐渐向上展开显示的效果，如图8-38所示。

图8-38　页面效果

### ┃ 知识点链接 ┃

为网页中的元素添加Blind行为，在弹出的Blind对话框中可以设置网页元素在某个方向进行折叠隐藏或显示。

### ┃ 操作步骤 ┃

**01** 执行"文件>打开"命令，打开页面"光盘/源文件/第8章/实例61.html"，如图8-39所示。单击选中页面中相应的图像，需要在该图像上附加相应的动作，如图8-40所示。

图8-39 打开页面

图8-40 选中图像

**02** 单击"行为"面板上的"添加行为"按钮，在弹出菜单中选择"效果>Blind"选项，弹出Blind对话框，设置如图8-41所示。单击"确定"按钮，添加Blind行为，修改触发事件为onMouseOut，如图8-42所示。

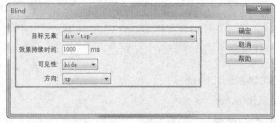

图8-41 设置Blind对话框

图8-42 设置触发事件

**03** 再次添加Blind行为，在弹出的Blind对话框中进行设置，如图8-43所示。单击"确定"按钮，添加Blind行为，修改触发事件为onMouseOver，如图8-44所示。

图8-43 设置Blind对话框

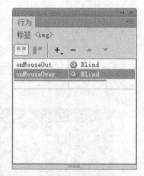

图8-44 设置触发事件

**04** 转换到代码视图中，可以看到在页面代码中自动添加了相应的JavaScript脚本代码，如图8-45所示。执行"文件>保存"命令，弹出"复制相关文件"对话框，如图8-46所示。单击"确定"按钮，保存文件。

图8-45 自动添加相应的JavaScript代码

图8-46 "复制相关文件"对话框

**05** 在浏览器中预览该页面，页面效果如图8-47所示。当鼠标移出页面中设置了jQuery效果的元素时，发生相应的jQuery交互动画效果，如图8-48所示。

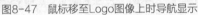

图8-47　鼠标移至Logo图像上时导航显示

图8-48　鼠标移出Logo图像上时导航隐藏

**Q** 为网页添加jQuery效果后，保存网页时为什么会弹出对话框？

**A** 在网页中为元素添加jQuery效果时，会自动复制相应的jQuery文件到站点根目录中的jQueryAssets文件夹中，这些文件是实现jQuery效果所必需的，一定不能删除，否则这些jQuery效果将不起作用。

**Q** Blind对话框中各选项的作用是什么？

**A** Blind对话框中各选项的介绍如下。

● **目标元素**：在该下拉列表中选择需要添加Blind效果的元素ID，如果已经选择了元素，则可以选择"<当前选定内容>"选项。

● **效果持续时间**：在该文本框中可以设置该效果所持续的时间，以毫秒为单位。

● **可见性**：在该下拉列表中可以选择需要添加的效果，有3个选项，分别是hide、show和toggle。如果选择hide选项，则表现实现元素隐藏效果。如果选择show选项，则表示实现元素显示效果。如果选择toggle选项，则表示实现元素隐藏和显示效果的切换，即效果是可逆的，例如单击某个元素实现元素的隐藏，再次单击该元素则实现元素的显示。

● **方向**：在该下拉列表中可以选择效果的方向，包括up（上）、down（下）、left（左）、right（右）、vertical（垂直）和horizontal（水平）6个选项。

---

**实例 062　使用Highlight行为实现网页元素高光过渡**

● **源 文 件** | 光盘/最终文件/第8章/实例62.html

● **视　　频** | 光盘/视频/第8章/实例62.swf

● **知 识 点** | Highlight效果

● **学习时间** | 10分钟

**┃ 操作步骤 ┃**

**01** 打开页面"光盘/源文件/第8章/实例62.html"，单击选中页面中相应的图像，需要在该图像上附加相应的动作，如图8-49所示。

**02** 单击"行为"面板上的"添加行为"按钮，在弹出菜单中选择"效果>Highlight"选项，弹出Highlight对话框，对相关选项进行设置，如图8-50所示。

图8-49 打开页面

图8-50 Highlight对话框

**03** 设置触发该行为的事件为onClick，如图8-51所示。

**04** 保存页面，在浏览器中预览页面，当单击页面中设置了jQuery效果的元素时，发生相应的jQuery交互动画效果，如图8-52所示。

图8-51 设置onClick事件

图8-52 预览效果

**Q** Highlight效果可以实现什么样的效果？

**A** 为网页元素添加Highlight效果行为，可以弹出Highlight对话框，在该对话框中可以设置网页元素过渡到哪种高光颜色再实现渐隐或渐现的效果。

**Q** jQuery效果有什么特点？

**A** 通过运用"效果"行为可以修改元素的不透明度、缩放比例、位置和样式属性，可以组合两个或多个属性来创建有趣的视觉效果。由于这些效果是基于jQuery的，因此在用户单击应用了效果的元素时，仅会动态更新该元素，而不会刷新整个HTML页面。

---

**实例 063** **使用Bounce行为实现网页元素的抖动**

在Dreamweaver CC中所提供的一系列jQuery效果都是用来实现网页元素的显示和隐藏的，只是每种jQuery效果所实现的元素显示和隐藏方式不同，通过前面的案例已经学习了如何实现折叠显示隐藏和高光过渡显示隐藏，在本实例中将介绍如何实现抖动显示隐藏。

● **源 文 件** | 光盘/最终文件/第8章/实例63.html

● **视 频** | 光盘/视频/第8章/实例63.swf

● **知 识 点** | 添加jQuery效果、Bounce效果

● **学习时间** | 10分钟

**实例分析**

　　在本实例中为网页中的元素添加Bounce行为，在弹出的对话框中设置网页元素抖动的幅度、方向、持续时间等参数，从而实现网页元素的抖动显示和隐藏效果，如图8-53所示。

图8-53　显示效果

**知识点链接**

　　为网页元素应用Bounce行为，可以实现网页元素抖动并隐藏或显示的功能，并且可以控制抖动的频率和幅度，隐藏和显示的方向等。

**操作步骤**

**01** 执行"文件>打开"命令，打开页面"光盘/源文件/第8章/实例63.html"，如图8-54所示。单击选中页面中相应的图像，需要在该图像上附加相应的动作，如图8-55所示。

图8-54　打开页面　　　　　　　　　　　　　　　　图8-55　选中图像

**02** 单击"行为"面板上的"添加行为"按钮，在弹出菜单中选择"效果>Bounce"选项，弹出Bounce对话框，设置如图8-56所示。单击"确定"按钮，添加Bounce行为，修改触发事件为onMouseOver，如图8-57所示。

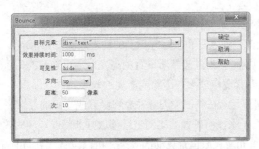

图8-56　设置Bounce对话框　　　　　　　　　图8-57　设置触发事件

**03** 再次添加Bounce行为，在弹出的Bounce对话框中进行设置，如图8-58所示。单击"确定"按钮，添加Bounce行为，修改触发事件为onMouseOut，如图8-59所示。

图8-58 设置Blind对话框  图8-59 设置触发事件

**04** 在浏览器中预览该页面，当鼠标移至图像上方时，ID名称为text的Div上下抖动并消失，如图8-60所示。当鼠标移开图像上方时，ID名称为text的Div上下抖动并显示，如图8-61所示。

图8-60 鼠标移至图像上方元素隐藏  图8-61 鼠标移开图像上方元素显示

**Q** Bounce对话框中各选项的作用是什么？

**A** 为网页元素添加Bounce效果，弹出Bounce对话框，在该对话框中可以对相关选项进行设置，其中大多数选项与前面介绍的Blind对话框中的选项相同，有两个选项是Bounce对话框中独有的，介绍如下。
 ● 距离：该选项用于设置元素抖动的最大幅度，默认为20像素。
 ● 次：该选项用于设置元素抖动的次数，默认为5像素。

**Q** Dreamweaver CC中的其他jQuery效果都起到什么作用？

**A** 在Dreamweaver CC中为页面元素添加"效果"行为时，单击"行为"面板上的"添加行为"按钮，弹出Dreamweaver CC默认的"效果"行为菜单，如图8-62所示。

 ● Blind：添加该jQuery行为，可以控制网页中元素的显示和隐藏，并且可以控制显示和隐藏的方向。
 ● Bounce：添加该jQuery行为，可以使网页中的元素产生抖动的效果，可以控制抖动的频率和幅度。
 ● Clip：添加该jQuery行为，可以使网页中的元素实现收缩隐藏的效果。
 ● Drop：添加该jQuery行为，可以控制网页元素向某个方向实现渐隐或渐现的效果。

图8-62 "效果"行为菜单

 ● Fade：添加该jQuery行为，可以控制网页元素在当前位置实现渐隐或渐现的效果。
 ● Fold：添加该jQuery行为，可以控制网页元素在水平和垂直方向上的动态隐藏或显示。
 ● Hightlight：添加该jQuery行为，可以实现网页元素过渡到所设置的高光颜色再隐藏或显示的效果。
 ● Puff：添加该jQuery行为，可以实现网页元素逐渐放大并渐隐或渐现的效果。
 ● Pulsate：添加该jQuery行为，可以实现网页元素在原位置闪烁并最终隐藏或显示的效果。
 ● Scale：添加该jQuery行为，可以实现网页元素按所设置的比例进行缩放并渐隐或渐现的效果。
 ● Shake：添加该jQuery行为，可以实现网页元素在原位置晃动的效果，可以设置其晃动的方向和次数。
 ● Slide：添加该jQuery行为，可以实现网页元素向指定的方向位移一定距离后隐藏或显示的效果。

第 **09** 章

# 掌握Flash的绘图技法

Flash CC对相关的绘图功能进行了升级和加强,使其变得更加强大,不仅可以自由创建和修改图形,还能够自由绘制出需要的线条或路径,并且可以进行填充。当用户对单纯绘制出来的图形效果不太满意时,还可以导入位图进行处理,使绘制的图形更加美观。本章通过带领读者绘制各种各样的精美图形,来详细讲解Flash中的绘图功能和技巧。

## 实 例 064 使用矩形工具绘制卡通表情

"矩形工具"和"基本矩形工具"都是Flash CC中的基本绘图工具，用它们可以创建各种比例的矩形或圆角矩形，也可以绘制各种比例的正方形。

- **源 文 件** | 光盘/源文件/第9章/实例64.fla
- **视 频** | 光盘/视频/第9章/实例64.swf
- **知 识 点** | 矩形工具
- **学习时间** | 10分钟

### 实例分析

本实例制作的是一组卡通表情，主要使用"矩形工具"配合"属性"面板进行绘制。由于表情各处的颜色各不相同，并且有渐变填充，所以要借助"颜色"面板进行绘制操作，从而完成可爱卡通表情的制作，效果如图9-1所示。

图9-1 页面效果

### 知识点链接

单击工具箱中的"矩形工具"按钮 ，在场景中单击并拖动鼠标至合适的位置和大小，释放鼠标，即可绘制出一个矩形。得到的矩形由"笔触"和"填充"两部分组成。

### 操作步骤

**01** 执行"文件>新建"命令，在弹出的"新建文档"对话框中进行设置，如图9-2所示，单击"确定"按钮，新建一个Flash文档。执行"插入>新建元件"命令，在弹出的"创建新元件"对话框中进行设置，如图9-3所示。

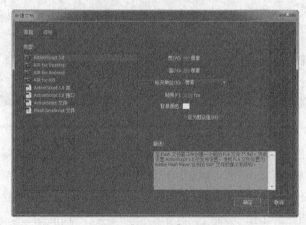

图9-2 "新建文档"对话框

图9-3 "创建新元件"对话框

**02** 使用"矩形工具"，设置"笔触颜色"为无，"填充颜色"为#955E04，"矩形边角半径"为15，在舞台中绘制圆角矩形，如图9-4所示。选中刚绘制的圆角矩形，按Ctrl+C组合键复制图形，新建"图层2"，执行"编辑>粘贴到当前位置"命令，粘贴图形。使用"任意变形工具"，按住Shift+Alt组合键，以图形的中心点为中心将图形进行等比例缩小，如图9-5所示。

**03** 选中复制得到的图形,打开"颜色"面板,设置"填充颜色"为#FFFF00到#FAC195的径向渐变,如图9-6所示。并使用"渐变变形工具"调整渐变的角度,如图9-7所示。

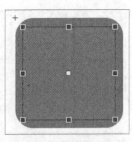
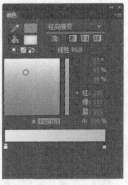

图9-4 绘制圆角矩形　　　图9-5 等比例缩小图形　　　图9-6 "颜色"面板　　　图9-7 图形效果

**04** 选中刚填充渐变颜色的图形,复制图形,新建"图层3",将刚复制的图形粘贴到当前位置。打开"颜色"面板,设置"填充颜色"为100%的#FFFFFF到0%的#FFFFFF的径向渐变,如图9-8所示。使用"渐变变形工具"调整渐变的角度,使用"任意变形工具"将图形等比例缩小,效果如图9-9所示。

**05** 新建"图层4",使用"椭圆工具",设置"笔触颜色"为无,"填充颜色"为#C66C09,按住Shift键在舞台中绘制一个圆形,如图9-10所示。使用相同的制作方法,完成相似图形的绘制,效果如图9-11所示。

图9-8 "颜色"面板　　　图9-9 图形效果　　　图9-10 绘制圆形　　　图9-11 图形效果

**06** 使用相同的制作方法,绘制出另外一只眼睛的图形,如图9-12所示。使用"线条工具",设置"笔触颜色"为#C66C09,"笔触"为9,新建"图层10",在舞台中绘制一条直线,如图9-13所示。

图9-12 图形效果　　　图9-13 绘制直线

**07** 使用"选择工具",将光标移至刚绘制的直线下方,当光标变为 形状时向下拖动鼠标,将直线调整为曲线,如图9-14所示。使用相同的绘制方法,绘制出其他的表情图标,图形效果如图9-15所示。

图9-14 调整直线　　　　　　　　　图9-15 图形效果

**08** 单击"编辑"栏上的"场景1"链接,返回"场景1"编辑状态,将刚绘制的各表情元件分别拖入舞台中,调整至合适的位置,如图9-16所示。导入素材图像"光盘/源文件/第9章/素材/6401.jpg",并调整图层顺序,效果如图9-17所示。

图9-16　导入素材图像

图9-17　舞台效果

**09** 完成卡通表情的绘制,执行"文件>保存"命令,将文件保存为"光盘/源文件/第9章/实例64.fla",按Ctrl+Enter组合键,测试动画效果,如图9-18所示。

图9-18　测试动画效果

**Q** 如何绘制一个固定尺寸的矩形?

**A** 如果想要绘制固定大小的矩形,可以在选择"矩形工具"之后,按住Alt键同时单击舞台区域,就会弹出"矩形设置"对话框,在该对话框中可以设置矩形的高度、宽度、矩形边角的圆角半径以及是否需要从中心绘制矩形。使用"矩形工具"时,按住Shift键拖动鼠标,即可得到正方形,拖动时按上下键可以调整圆角半径。

**Q** "基本矩形工具"与"矩形工具"有什么区别?

**A** "基本矩形工具"与"矩形工具"最大的区别在于圆角的设置。使用"矩形工具"时,当一个矩形已经绘制完成之后,是不能重新设置矩形的角度的,如果想要改变当前矩形的角度,则需要重新绘制一个矩形;而在使用"基本矩形工具"绘制矩形时,完成矩形绘制之后,可以使用"选择工具" 对基本矩形四周的任意点进行拖动调整,绘制出所需要的图形。

---

## 实例 065　使用椭圆工具绘制彩虹

- **源 文 件** | 光盘/源文件/第9章/实例65.fla
- **视　　频** | 光盘/视频/第9章/实例65.swf
- **知 识 点** | 椭圆工具、渐变颜色填充
- **学习时间** | 10分钟

### ┃ 操作步骤 ┃

**01** 新建文档,使用"基本椭圆工具"绘制椭圆形,并对所绘制的椭圆形进行相应的设置和调整,如图9-19所示。

**02** 使用相同的制作方法,可以绘制出其他相似的图形效果,完成"彩虹"元件的制作,如图9-20所示。

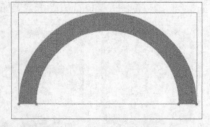

图9-19　绘制并调整椭圆形

图9-20　"彩虹"元件

**03** 使用相同方法，完成"云朵"元件的制作，如图9-21所示。

**04** 导入素材图像，调整图层，完成彩虹的绘制，将动画保存，测试动画效果，如图9-22所示。

图9-21 "云朵"元件

图9-22 测试动画

**Q** 如何绘制圆形？

**A** 如果需要绘制圆形，可以使用"椭圆工具"或者"基本椭圆工具"，按住Shift键在舞台中单击并拖动鼠标，即可绘制圆形。如果同时按住Shift+Alt组合键，在舞台中单击并拖动鼠标，可以绘制出以单击点为中心的圆形。

**Q** "椭圆工具"与"基本椭圆工具"之间的区别是什么？

**A** "椭圆工具"和"基本椭圆工具"在使用方法上基本相同，不同的是：使用"椭圆工具"绘制的图形是形状，只能使用编辑工具进行修改；使用"基本椭圆工具"绘制的图形可以在"属性"面板中直接修改其基本属性，在完成基本椭圆的绘制后，也可以使用"选择工具"对基本椭圆的控制点进行拖动以改变其形状。

## 实 例 066 使用线条工具绘制卡通向日葵

"线条工具"主要是用来绘制直线和斜线的几何绘制工具，"线条工具"所绘制的是不封闭的直线或斜线，该工具是利用两点确定一条直线。

● **源 文 件** ┃ 光盘/源文件/第9章/实例66.fla

● **视 频** ┃ 光盘/视频/第9章/实例66.swf

● **知 识 点** ┃ 线条工具、部分选择工具

● **学习时间** ┃ 15分钟

### ┃实例分析┃

本实例制作的是卡通向日葵动画，效果如图9-23所示。卡通小熊和窗台背景，使向日葵显得更加充满阳光、富有生命力。鲜活和跳跃的黄色，充满生机，使整个画面显得温馨、可爱。

图9-23 页面效果

### ┃知识点链接┃

单击工具箱中的"线条工具"按钮 ，在场景中拖动鼠标，随着鼠标的移动就可以绘制出一条直线，释放鼠标即可完成该直线的绘制。通过"属性"面板可以对"线条工具"的相应属性进行设置。

**操作步骤**

**01** 执行"文件>新建"命令，在弹出的"新建文档"对话框中进行相应的设置，如图9-24所示，单击"确定"按钮，新建一个Flash文档。执行"插入>新建元件"，在弹出的"创建新元件"对话框中进行设置，如图9-25所示。

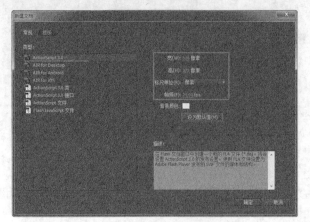
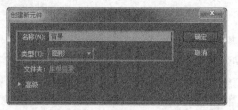

图9-24 "新建文档"对话框          图9-25 "创建新元件"对话框

**02** 执行"文件>导入>导入到舞台"命令，导入素材图像"光盘/源文件/第9章/素材/6601.jpg"，如图9-26所示。执行"插入>新建元件"命令，在弹出的"创建新元件"对话框中进行设置，如图9-27所示。

图9-26 导入素材图像          图9-27 "创建新元件"对话框

**03** 单击"确定"按钮，使用"矩形工具"，在"属性"面板中进行相应的设置，如图9-28所示。设置完成后，在舞台中进行绘制，如图9-29所示。

图9-28 "属性"面板          图9-29 绘制图形

**04** 使用"部分选择工具"对绘制好的图形进行相应的调整，如图9-30所示。新建"图层2"，使用相同的制作方法，完成"图层2"内容的绘制，效果如图9-31所示。

图9-30　舞台效果　　　　　　　　　　图9-31　舞台效果

**05** 新建"图层3"，使用"矩形工具"，在"属性"面板中进行相应的设置，如图9-32所示。在舞台的相应位置绘制图形，并使用"部分选择工具"进行相应的调整，效果如图9-33所示。

**06** 新建"图层4"，使用"刷子工具"，在"属性"面板中设置"笔触颜色"为无、"填充颜色"为#BB5213；在舞台中进行绘制，效果如图9-34所示。完成后的"时间轴"面板，如图9-35所示。

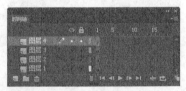

图9-32　"属性"面板　　　图9-33　舞台效果　　　图9-34　舞台效果　　　图9-35　"时间轴"面板

**07** 新建"图层5"，使用"矩形工具"，设置相应的颜色，在舞台中绘制图形，并使用"部分选择工具"进行相应的调整，如图9-36所示。使用相同的制作方法，完成"图层9"内容的制作，效果如图9-37所示。

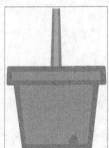
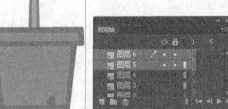

图9-36　绘制图形　　　　　　　图9-37　舞台效果

**08** 新建"图层7"，使用"钢笔工具"在舞台中绘制路径，如图9-38所示。使用"颜料桶工具"，设置其"填充颜色"为#679840，在刚绘制的路径内部单击进行填充，如图9-39所示。选中所绘制图形的笔触，按键盘上的Delete键，进行删除，效果如图9-40所示。

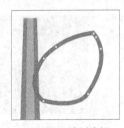
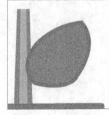
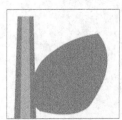

图9-38　绘制路径　　　图9-39　填充颜色　　　图9-40　删除效果

**09** 选中"图层7"上的图形，按Ctrl+C组合键进行复制，新建"图层8"，执行"编辑>粘贴到当前位置"命令，粘贴图形。使用"任意变形工具"，按住Shift+Alt组合键，以图形的中心点为中心将图形进行等比例缩小，并调整颜色，效果如图9-41所示。使用相同的制作方法，完成相似内容的绘制，效果如图9-42所示。

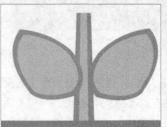

图9-41　复制图形效果　　　　　　　　　　图9-42　舞台效果

**10** 新建"图层11"，使用"线条工具"，设置其"笔触颜色"为#679840，在舞台中的相应位置绘制线条，如图9-43所示。使用"选择工具"，放置在笔触边缘，当光标变成时，对所绘制的线条进行调整，如图9-44所示。

**11** 使用相同的制作方法，完成相似内容的制作，效果如图9-45所示；完成后的"时间轴"面板如图9-46所示。

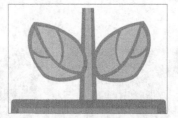
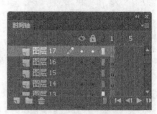

图9-43　绘制线条　　图9-44　调整图形效果　　　　图9-45　舞台效果　　　　图9-46　"时间轴"面板

**12** 新建"图层18"，使用"钢笔工具"在舞台中绘制路径，如图9-47所示。使用"颜料桶工具"，设置其"填充颜色"为#E17715，在刚绘制的路径内单击进行填充，如图9-48所示。

图9-47　绘制路径　　　　　　　　图9-48　填充颜色

**13** 新建图层，使用"椭圆工具"，设置其"笔触颜色"为无、"填充颜色"为#D17303，在舞台中进行绘制，如图9-49所示。使用相同的制作方法，新建图层，使用相应的工具进行绘制，并填充颜色，效果如图9-50所示；完成后的"时间轴"面板如图9-51所示。

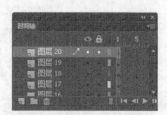

图9-49　舞台效果　　　　　图9-50　舞台效果　　　　图9-51　"时间轴"面板

**14** 新建"图层21"，使用"线条工具"，在"属性"面板中进行设置，如图9-52所示。完成设置后，在舞台中进行绘制，效果如图9-53所示。

图9-52　"属性"面板　　　　　　　　　图9-53　舞台效果

**15** 完成"花朵01"元件的制作，执行"插入>新建元件"命令，在弹出的"创建新元件"对话框中进行设置，如图9-54所示。单击"确定"按钮，根据"花朵01"的绘制方法，完成"花朵02"元件的制作，效果如图9-55所示，"时间轴"面板如图9-56所示。

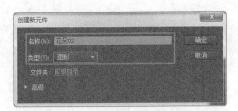

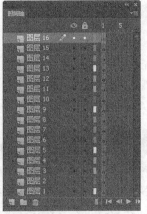

图9-54　"创建新元件"对话框　　　　　图9-55　舞台效果　　　　图9-56　"时间轴"面板

**16** 完成"花朵02"元件的制作，返回到"场景1"的编辑状态，将"库"面板中的"背景"元件拖入舞台中，调整至合适的位置，如图9-57所示。新建图层，分别拖入元件"花朵01"和"花朵02"，并调整至合适的位置，舞台效果如图9-58所示。

图9-57　拖入元件　　　　　　　　　　图9-58　舞台效果

**17** 完成后的"时间轴"面板，如图9-59所示。完成该卡通向日葵的绘制，执行"文件>保存"命令，将动画保存为"光盘/源文件/第9章/实例66.fla"，按Ctrl+Enter组合键，测试动画效果，如图9-60所示。

图9-59 "时间轴"面板

图9-60 测试动画效果

**Q** 使用"线条工具"如何绘制水平或垂直的直线?

**A** 使用"线条工具",按住Shift键可以拖曳出水平、垂直或者65°的直线效果,在使用"线条工具"绘制直线时,需要注意的是,"线条工具"不支持填充颜色的使用,在默认情况下只能对笔触颜色进行设置。

**Q** 如何设置所绘制线条的端点类型?

**A** 在使用"线条工具"时,在该工具的"属性"面板中有一个"端点"的选项,该选项是用来设置线条的端点类型的,在该选项的下拉列表中包括"无""圆角"和"方形"3种类型。

- 无:如果选择该选项,绘制出的线条两端将不会出现任何变化。
- 圆角:如果选择该选项,则绘制出的线条两端将变化为圆角。
- 方形:如果选择该选项,则绘制出的线条两端将变化为方形。

## 实例 067 使用刷子工具绘制卡通小鸟

- **源 文 件** | 光盘/源文件/第9章/实例67.fla
- **视 频** | 光盘/视频/第9章/实例67.swf
- **知 识 点** | 刷子工具
- **学习时间** | 10分钟

**┃ 操作步骤 ┃**

**01** 新建一个Flash文档,插入一个名为"鸟身体"的"图形"元件,使用相应的工具,在舞台中绘制图形,并使用"选择工具""钢笔工具"和"部分选择工具"进行调整,完成该元件的制作,如图9-61所示。

**02** 使用"椭圆工具",在"属性"面板中进行设置,在舞台中绘制圆,使用"刷子工具"在舞台中单击两个点,完成眼睛的绘制,如图9-62所示。

图9-61 完成元件制作

图9-62 绘制眼睛

**03** 使用相同方法，新建名为"鸟翅膀"和"鸟爪子"的"图形"元件，使用相应的工具进行绘制，如图9-63所示。

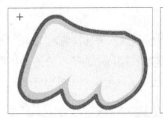

图9-63　绘制翅膀和爪子

**04** 返回"场景1"的编辑状态，导入相应的素材图像，新建图层，将"库"面板中的元件拖入舞台中，放置在合适的位置。完成卡通小鸟的绘制，保存动画，测试动画效果，如图9-64所示。

图9-64　导入相应素材并测试效果

**Q** "刷子工具"与"铅笔工具"的区别是什么？

**A** 在Flash中，"刷子工具"和"铅笔工具"绘制图形的方法非常相似，不同的是，使用"刷子工具"所绘制出的是一个封闭的填充形状，可以设置它的填充颜色，而使用"铅笔工具"绘制出的则是笔触。

**Q** 如何设置刷子的大小和形状？

**A** Flash CC提供了一系列大小不同的刷子尺寸。单击工具箱中的"刷子工具"按钮后，在工具箱的底部就会出现附属工具选项区，在"刷子大小"下拉列表中可以选择刷子的大小，如图9-65所示。

工具箱底部的选项区中还有一个"刷子形状"选项按钮，在该选项的下拉列表中可以选择刷子的形状，包括直线线条、矩形、圆形、椭圆形等，如图9-66所示。

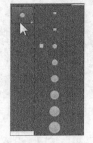

图9-65　选择刷子大小　　图9-66　选择刷子形状

---

**实例 068　绘制卡通小蜜蜂**

　　"钢笔工具"属于手绘工具，手动绘制路径可以创建直线段或曲线段。使用"钢笔工具"可以绘制出很多不规则的图像，也可以调整直线段的长度及曲线段的斜率，是一种比较灵活的形状创建工具。在使用"钢笔工具"绘制图形的过程中，直线和曲线之间可以相互转换。

- **源 文 件** ┃ 光盘/源文件/第9章/实例68.fla
- **视　　频** ┃ 光盘/视频/第9章/实例68.swf
- **知 识 点** ┃ 钢笔工具
- **学习时间** ┃ 20分钟

## 实例分析

本实例主要使用Flash的基本绘图工具，绘制卡通蜜蜂角色，效果如图9-67所示。目的是让读者对Flash的基本绘图工具有所了解，并且掌握绘制图形的一些注意事项和技巧，以及渐变颜色填充的方法。

图9-67 页面效果

## 知识点链接

单击工具箱中的"钢笔工具"按钮，在场景中单击鼠标确定一个点，再单击鼠标确定另外一个点，直到双击停止绘制。"钢笔工具"可以通过调整锚点、添加锚点、删除锚点来编辑路径，使路径变得平顺，以达到所需效果。

## 操作步骤

**01** 执行"文件>新建"命令，弹出"新建文档"对话框，设置如图9-68所示，执行"插入>新建元件"命令，在弹出的"创建新元件"对话框中进行设置，如图9-69所示。

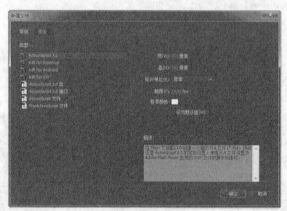

图9-68 "新建文档"对话框

图9-69 导入素材图像

**02** 单击工具箱中的"椭圆工具"按钮，设置"笔触颜色"为#000000，"填充颜色"为#DE5F01，"笔触"为1，在场景中绘制一个"宽度"为95像素，"高度"为75像素的椭圆，并使用"选择工具"调整椭圆的形状，如图9-70所示。根据"图层1"椭圆的绘制方法，新建"图层2"，在场景中绘制椭圆并进行调整，效果如图9-71所示。

**03** 新建图层，单击工具箱中的"铅笔工具"按钮，在"属性"面板设置"笔触颜色"为#000000，"笔触"为1，在场景中绘制线条，并使用"选择工具"调整线条，效果如图9-72所示。新建图层，使用"椭圆工具"，设置"笔触颜色"为无，"填充颜色"为#FEBE81，在场景中绘制椭圆，效果如图9-73所示。

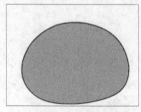

图9-70 绘制椭圆并调整

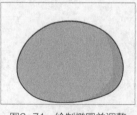

图9-71 绘制椭圆并调整

图9-72 绘制线条并调整

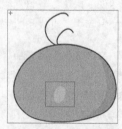

图9-73 绘制椭圆形

**04** 使用"椭圆工具",设置"笔触颜色"值为无,"填充颜色"值为#000000,在场景中绘制椭圆,如图9-74所示。使用"选择工具"选择刚刚绘制的黑色椭圆,执行"编辑>清除"命令,将黑色椭圆删除,效果如图9-75所示。

**05** 使用相同的制作方法,绘制出其他图形,如图9-76所示。新建"图层8",使用"椭圆工具",在"颜色"面板上设置"笔触颜色"为无,"填充颜色"为#FF3300到#FE9A24的径向渐变,如图9-77所示。

图9-74　绘制椭圆形　　　图9-75　图形效果　　　图9-76　绘制椭圆　　　图9-77　图形效果

**06** 在场景中绘制椭圆,并使用"渐变变形工具"调整渐变的角度,效果如图9-78所示,使用相同的制作方法,绘制出蜜蜂的眼睛和高光,效果如图9-79所示。

**07** 执行"插入>新建元件"命令,在弹出的"创建新元件"对话框中进行设置,如图9-80所示。使用相同的制作方法,绘制出其他图形,效果如图9-81所示。

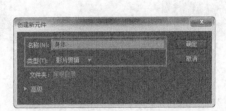

图9-78　绘制椭圆并　　　图9-79　图形效果　　　图9-80　"创建新元件"对话框　　　图9-81　绘制图形
　　　　填充渐变

**08** 执行"插入>新建元件"命令,在弹出的"创建新元件"对话框中进行设置,如图9-82所示。使用相同的制作方法,绘制出其他图形,如图9-83所示。

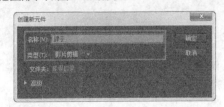
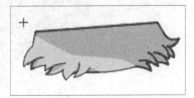

图9-82　"创建新元件"对话框　　　　　图9-83　绘制图形

**09** 执行"插入>新建元件"命令,在弹出的"创建新元件"对话框中进行设置,如图9-84所示,使用相同的制作方法,绘制出其他图形,效果如图9-85所示。

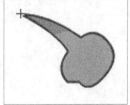

图9-84　"创建新元件"对话框　　　图9-85　绘制图形

**10** 返回到"场景1"的编辑状态，分别将相应的元件拖入到场景中并调整好相应的位置，如图9-86所示。新建"图层5"，执行"文件>导入>导入到舞台"命令，将图像"光盘\源文件\第9章\素材\6802.png"导入到场景中，如图9-87所示。

图9-86 图形效果　　　　图9-87 导入素材图像

**11** 按F8键将图像转换成"名称"为"翅膀"的"图形"元件，设置如图9-88所示。使用"任意变形工具"，将元件进行旋转操作，如图9-89所示。

**12** 选择"翅膀"元件，在"属性"面板上设置"颜色样式"为Alpha，Alpha值为70%，如图9-90所示。将"图层5"拖动到所有图层下方，效果如图9-91所示。

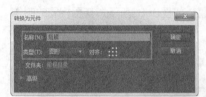

图9-88 "转换为元件"对话框　　图9-89 旋转元件　　图9-90 设置Alpha值　　图9-91 图形效果

**13** 使用相同的制作方法，制作出另一个翅膀的效果，如图9-92所示，新建"图层9"，将图像"6801.jpg"导入到场景中，并将该图层移至所有图层下方，效果如图9-93所示。

**14** 完成该卡通蜜蜂的绘制，执行"文件>保存"命令，将动画保存为"光盘/源文件/第9章/实例68.fla"，按Ctrl+Enter组合键试测动画，效果如图9-94所示。

图9-92 图开效果　　　　图9-93 导航素材图像　　　　图9-94 最终效果

**Q** "铅笔工具"和"刷子工具"的区别在哪?

**A** "铅笔工具"可以任意的绘制线段,和 "刷子工具"的最大区别就是刷子绘制的是色块,Flash "铅笔工具"绘制的是线条,如果配合手写板进行绘制,更能体现出"铅笔工具"快速准确的特点。

**Q** "铅笔模式"的类型有哪些?

**A** 在选项区中可以选择"铅笔工具"的3种类型,分别是"伸直、平滑、墨水",可以根据需要选择不同的铅笔类型。

- 伸直:选择伸直模式,绘制的图形线段会根据绘制的方式自动调整为平直或圆弧的线段。
- 平滑:选择平滑模式,所绘制直线被自动平滑处理,平滑是动画绘制中首选设置。
- 墨水:选择墨水模式,所绘制直线接近手绘,即使很小的抖动,都可以体现在所绘制线条中。

---

**实例 069** | **绘制可爱卡通猫**

- **源 文 件** | 光盘/源文件/第9章/实例69.fla
- **视 频** | 光盘/视频/第9章/实例69.swf
- **知 识 点** | 钢笔工具
- **学习时间** | 5分钟

---

**┃ 操作步骤 ┃**

**01** 新建一个Flash文档,使用"钢笔工具"在舞台中进行绘制,并填充颜色,新建图层,使用"线条工具"和"钢笔工具"绘制出相应的图形效果,如图9-95所示。

图9-95 图形效果及"时间轴"面板

**02** 调整相应的图层顺序,使用相同方法,使用相关工具进行绘制,并调整相应的图层顺序,如图9-96所示。

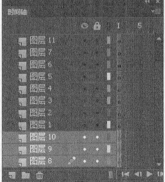

图9-96 绘制并调整图层顺序

**03** 导入相应的素材图像,移动至合适的位置,并将素材图层调整至所有图层的最下方,如图9-97所示。

**04** 完成可爱卡通画的绘制,保存该动画,按Ctrl+Enter组合键,测试动画效果,如图9-98所示。

图9-97 图形效果

图9-98 测试动画

**Q** 如何在所绘制的路径上添加或删除锚点?

**A** 使用"钢笔工具"单击并绘制完成一条线段之后,把光标移动到线段上的任意一点,当光标呈现 状态时,单击即可添加锚点。除了使用"钢笔工具"以外,单击工具箱中的"添加锚点工具"按钮 ,在线段中单击也可以完成添加锚点的操作。

使用"钢笔工具",将光标指针指向一个路径锚点,当光标呈现 状态时,单击即可删除此路径锚点。除了使用"钢笔工具"删除锚点以外,单击工具箱中的"删除锚点工具"按钮 ,在需要删除的锚点上单击也可删除锚点,或者单击工具箱中的"部分选取工具"按钮 ,选中需要删除的锚点并按Delete键即可将其删除。

**Q** 什么是笔触颜色和填充颜色?

**A** 在Flash中,图形的颜色是由笔触和填充组成的,这两种属性决定矢量图形的轮廓和整体颜色。使用工具箱或者"属性"面板中的"笔触颜色"和"填充颜色",即可改变笔触和填充的样式及颜色。

第

# 10

章

# 网页基本动画制作

用户在浏览网站页面的时候，通常会看到页面中的各种
Flash动画效果，那么这些Flash动画都是怎么制作出来的
呢？本章带领读者制作多个类型不同的动画效果，同时主要
讲解制作动画的各种基本操作，以及如何通过各种效果的综
合运用，制作出漂亮的动画效果。

## 实例 070 导入图像序列制作光影动画

Flash动画中有一种循环播放的动画效果，这种动画效果通常都是利用逐帧动画制作完成的。逐帧动画的制作方法相对简单，但也不无精密之处。在不同的动画效果中，逐帧的使用方法和实现手法也是不同的。

- **源 文 件** | 光盘/源文件/第10章/实例70.fla
- **视　　频** | 光盘/视频/第10章/实例70.swf
- **知 识 点** | 逐帧动画、导入图像序列
- **学习时间** | 10分钟

### 实例分析

本实例使用了1组基本图像，将它们分别放置在"时间轴"不同位置的帧上，即可完成该动画的制作。动画中使用了喜庆的圣诞节画面，与新年的氛围配合得恰到好处，再加上心形的绚丽动画，更加衬托出圣诞节的甜蜜和欢腾，效果如图10-1所示。

图10-1　页面效果

### 知识点链接

在Flash CC中，可以通过序列组将一系列的外部图像导入到场景中并制作成动画，在此过程中，只需要在选择图像序列的开始帧后将图像序列进行导入即可。

### 操作步骤

**01** 执行"文件>新建"命令，弹出"新建文档"对话框，设置如图10-2所示，单击"确定"按钮，新建一个Flash文档。新建"名称"为"圣诞"的图形元件，将图像"光盘/源文件/第10章/素材/7002.png"导入到舞台中，效果如图10-3所示。

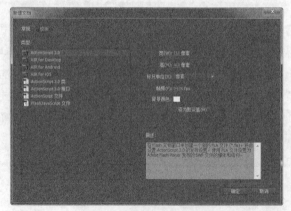

图10-2　"新建文档"对话框

图10-3　舞台效果

**02** 返回到"场景1"的编辑状态，将背景素材图像"光盘/源文件/第10章/素材/7001.jpg"导入到舞台中，如图
10-4所示。在第90帧按F5键插入帧，如图10-5所示。

图10-4　导入素材图像　　　　　　　　　　　　　　图10-5　"时间轴"面板

**03** 新建"图层2"，将"圣诞"元件从"库"面板中拖入到舞台中，如图10-6所示。在第30帧按F6键插入关键
帧，选择第1帧上的元件设置该帧上元件的Alpha值为15%，在第1帧创建传统补间动画，"时间轴"面板如图
10-7所示。

图10-6　导入素材图像　　　　　　　　　　　　　　图10-7　"时间轴"面板

**04** 新建"图层3"，将素材图像"光盘/源文件/第10章/素材/h7001.png"导入到舞台中，在弹出对话框中单击
"是"按钮，将图像的所有序列图像全部导入到舞台中，效果如图10-8所示。选择每帧上的图像，相应地调整图
像的位置，时间轴如图10-9所示。

图10-8　元件效果　　　　　　　　　　　　　　　　图10-9　"时间轴"面板

**05** 完成该动画的制作，执行"文件>保存"命令，将动画保存为"光盘/源文件/第10章/实例70.fla"，测试动画效
果，如图10-10所示。

图10-10　测试动画效果

**Q** 什么是逐帧动画？

**A** 制作逐帧动画的基本思想是把一系列差别很小的图形或文字放置在一系列的关键帧中，从而使得播放起来就像是一系列连续变化的动画效果。其利用人的视觉暂留原理，看起来像是在运动的画面，实际上只是一系列静止的图像。

**Q** 逐帧动画有什么特点？

**A** 逐帧动画最大的特点在于其每一帧都可以改变场景中的内容，非常适用于图像在每一帧中都在变化的较为复杂的动画的制作。

但是，逐帧动画在制作大型的Flash动画时，复杂的制作过程导致制作的效率降低，并且每一帧中的图形或者文字的变化要比渐变动画占用的空间大。

## 实例 071 制作倒计时动画

- ● **源 文 件** | 光盘/源文件/第10章/实例71.fla
- ● **视 频** | 光盘/视频/第10章/实例71.swf
- ● **知 识 点** | 逐帧动画
- ● **学习时间** | 10分钟

**┃ 操作步骤 ┃**

**01** 新建一个空白Flash文档，导入素材图像"光盘/源文件/第10章/素材/7101.jpg"，调整至合适的位置，在第11帧位置按F5键插入帧，如图10-11所示。

**02** 新建"图层2"，使用"文本工具"，在"属性"面板中进行相应的设置，在舞台中的合适位置输入文字，如图10-12所示。

图10-11　导入素材并插入关键帧　　　　　　　　图10-12　输入文字

**03** 在"图层2"的第2帧位置，按F6键插入关键帧，修改帧上的文字为9。使用相同的制作方法，分别在第3~11帧的位置插入关键帧并修改相应的文字，如图10-13所示。

图10-13　修改文字

**04** 完成倒计时动画的制作，将动画保存为"光盘/源文件/第10章/实例71.fla"，按Ctrl+Enter组合键，测试动画效果，如图10-14所示。

图10-14　测试动画

**Q** 文字逐帧动画的原理是什么？

**A** 创建逐帧动画需要将每一帧都定义为关键帧，然后为每个帧创建不同的图像。由于每个新关键帧最初包含的内容与其之前的关键帧是相同的，因此可以递增地修改动画中的帧。

**Q** 如何调整动画的播放速度？

**A** 动画播放的速度可以通过修改帧频来调整，也可以通过调整关键帧的长度来控制，当然逐帧动画还是通过帧频来调整比较好。

## 实例 072　制作太阳公公动画

在动画制作中不可能只使用一种动画类型完成整个动画内容的制作，这样的动画显得十分单一、枯燥。通常在制作动画的过程中使用不同的补间动画，就可以实现不同的动画效果，给人意想不到的效果。

- **源 文 件** | 光盘/源文件/第10章/实例72.fla
- **视　　频** | 光盘/视频/第10章/实例72.swf
- **知 识 点** | 形状补间动画
- **学习时间** | 10分钟

### 实例分析

本实例制作的是晃动的太阳公公动画。首先使用Flash中的绘图工具绘制出光动和笑脸，接着为光动创建形状补间动画，从而制作出晃动的阳光这一动画效果，如图10-15所示。

图10-15　页面效果

### 知识点链接

在Flash中，创建形状补间动画只需要在运动开始和结束的位置插入不同的对象，即可在动画中自动创建中间的过程，但是插入的对象必须具有分离的属性。

### 操作步骤

**01** 执行"文件>新建"命令，弹出"新建文档"对话框，设置如图10-16所示，单击"确定"按钮，新建一个Flash文档。新建"名称"为"光动"的影片剪辑元件，如图10-17所示。

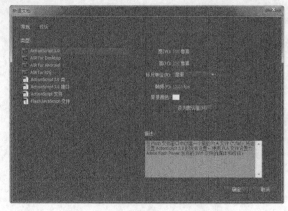

图10-16 "新建文档"对话框

图10-17 "创建新元件"对话框

**02** 单击"确定"按钮，使用"钢笔工具"，在"属性"面板上设置相关选项，如图10-18所示。在舞台上绘制路径，效果如图10-19所示。

**03** 使用"颜料桶工具"，在"颜色"面板中设置相关选项，如图10-20所示。在路径中填充颜色，并删除该图形的笔触，效果如图10-21所示。

图10-18 "属性"面板

图10-19 绘制路径

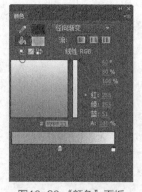

图10-20 "颜色"面板

图10-21 舞台效果

**04** 分别在第10、20帧按F10键插入空白关键帧，使用相同方法制作出这些帧上的内容，效果如图10-22所示。分别在第1帧和第10帧上创建补间形状动画，完成后的"时间轴"面板如图10-23所示。

图10-22 舞台效果

图10-23 "时间轴"面板

**05** 新建"名称"为"笑脸"的图形元件，如图10-24所示。使用Flash中相应的绘图工具绘制出笑脸图形，如图10-25所示。

图10-24 "创建新元件"对话框

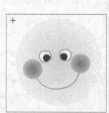

图10-25 绘制"笑脸"元件

**06** 新建"名称"为"太阳动画"的影片剪辑元件。将"光动"元件从"库"面板中拖入到舞台中，如图10-26所示。新建"图层2"，将"光动"元件从"库"面板中拖入到舞台中并调整其大小和位置，如图10-27所示。

**07** 新建"图层3"，将"笑脸"元件从"库"面板中拖入到舞台中，如图10-28所示，"时间轴"面板如图10-29所示。

图10-26　元件效果

图10-27　元件效果

图10-28　元件效果

图10-29　"时间轴"面板

**08** 返回到"场景1"的编辑状态，将背景素材图像"光盘/源文件/第10章/素材/7201.jpg"导入到舞台中，如图10-30所示。新建"图层2"，将"太阳动画"元件从"库"面板中拖入到舞台中，如图10-31所示。

图10-30　导入素材图像

图10-31　图像效果

**09** 完成太阳公公动画的制作，执行"文件>保存"命令，将动画保存为"光盘/源文件/第10章/实例72.fla"，按Ctrl+Enter组合键，测试动画效果，如图10-32所示。

图10-32　测试动画效果

**Q** 形状补间动画与补间动画的区别是什么？

**A** 形状补间动画与补间动画的区别在于，在形状补间动画中的起始和结束位置上插入的对象可以不一样，但必须具有分离的属性，并且由于其变化是不规则的，因此无法获知具体的中间过程。

**Q** 什么是帧？

**A** 帧是Flash影片的基本组成部分，每个图层中包含的帧显示在该层名称右侧的一行中。Flash影片播放的过程就是每一帧的内容按顺序呈现的过程。帧放置在图层上，Flash按照从左到右的顺序来播放帧。

## 实例 073　制作飘动的白云动画

● **源 文 件** | 光盘/源文件/第10章/实例73.fla

● **视　频** | 光盘/视频/第10章/实例73.swf

● **知 识 点** | 形状补间动画

● **学习时间** | 10分钟

**操作步骤**

**01** 新建一个空白Flash文档，执行"文件>导入>导入到舞台"命令，将相应的素材图像导入到舞台中，并调整至合适的位置，如图10-33所示。

**02** 执行"文件>导入>打开外部库"命令，在弹出的"打开"对话框中选择相应的素材文件，即可在"外部库"面板中看到相应的元件素材，如图10-34所示。

图10-33 调入并调整图像

图10-34 库中的元件素材

**03** 新建名为"烟囱动画"的"影片剪辑"元件，将"外部库"面板中的素材拖入到舞台中，新建图层，绘制相应的图形，并创建形状补间动画，完成该元件的制作，如图10-35所示。

图10-35 完成元件的制作

**04** 返回"场景1"的编辑状态，拖入相应的素材，完成动画的制作，测试动画效果，如图10-36所示。

图10-36 测试动画

**Q** 什么是空白关键帧？

**A** 空白关键帧也是关键帧，只是该关键帧中没有任何对象，在时间轴中显示为空白的圆。创建空白关键帧是为了在该帧中插入要素。

**Q** 什么是关键帧？

**A** 在空白关键帧中插入要素后，该帧就变成了关键帧原来在时间轴中显示的白色的圆将会变为黑色的圆。

**实例 074 制作飞舞的蒲公英动画**

　　用Flash可以做出好多动态的漂亮场景，例如大自然中飘动的白云、飞翔的鸟儿和飞舞的蒲公英等。使用草地和小溪做背景，再加上飘来飘去的白云和四处飞舞的蒲公英效果，使得整个Flash动画看起来更加形象和生动。

● **源 文 件** | 光盘/源文件/第10章/实例74.fla

● **视　　频** | 光盘/视频/第10章/实例74.swf

● **知 识 点** | 补间动画

● **学习时间** | 15分钟

## ▌实例分析▐

从场景外飞入舞台中的动画效果非常常见，制作的方法也很多，本实例制作的就是蒲公英飞入舞台中的动画效果。蓝色和绿色的搭配，再加上白色的蒲公英，夏天清新和凉爽的感觉立即被呈现出来了，效果如图10-37所示。

图10-37　页面效果

## ▌知识点链接▐

补间动画是用来创建随着时间移动和变化的动画，并且它也是能够在最大程度上减小文件的占用空间的最有效的方法。

## ▌操作步骤▐

**01** 执行"文件>新建"命令，在弹出的"新建文档"对话框中进行相应的设置，如图10-38所示，单击"确定"按钮，新建一个Flash文档。执行"文件>导入>导入到舞台"命令，导入素材图像"光盘/源文件/第10章/素材/7401.jpg"，如图10-39所示。

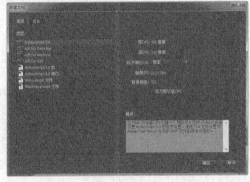

图10-38　"新建文档"对话框

图10-39　导入素材图像

**02** 执行"文件>导入>打开外部库"命令，在弹出的"打开"对话框中选择相应的素材文件，如图10-40所示。单击"打开"按钮，在"库"面板中即可看到相应的素材元件，如图10-41所示。

图10-40　"打开"对话框

图10-41　"外部库"面板

**03** 在"图层1"的第200帧按F5键插入帧，新建"图层2"，从"库"面板中将名为"白云"的元件拖入到舞台中，并调整至合适的位置，如图10-42所示。在"图层2"的第1帧上单击鼠标右键，在弹出的菜单中选择"创建补间动画"选项，"时间轴"面板如图10-43所示。

图10-42 拖入元件

图10-43 "时间轴"面板

**04** 在"图层2"的第100帧按F6键插入关键帧，并将该帧上的元件向右移至合适的位置，如图10-44所示。在第200帧按F6键插入关键帧，并调整该帧上的元件至合适的位置，如图10-45所示。

图10-44 调整元件

图10-45 调整元件

**05** 新建"图层3"，将"外部库"面板中将名为"蒲公英"的元件拖入到舞台中，并调整至合适的位置，如图10-46所示。在"图层3"的第1帧上单击鼠标右键，在弹出的菜单中选择"创建补间动画"选项，"时间轴"面板如图10-47所示。

图10-46 拖入元件

图10-47 "时间轴"面板

**06** 在第200帧按F6键插入关键帧，并将该帧上的元件调整至合适的位置，效果如图10-48所示。使用"选择工具"，将其放置在元件的运动路径上，当鼠标光标变成时，拖动鼠标调整运动路径为曲线，如图10-49所示。

图10-48 调整元件

图10-49 调整元件运动路径

**07** 新建"图层4"，在第20帧按F6键插入关键帧，再次拖入名为"蒲公英"的元件，调整至合适的位置，如图10-50所示。在第20帧单击鼠标右键，在弹出的菜单中选择"创建补间动画"选项，在第200帧按F6键插入关键帧，并将该帧上的元件移至合适的位置，如图10-51所示。

图10-50　拖入元件

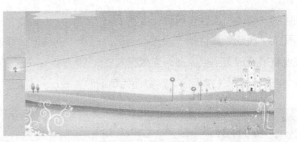

图10-51　移动元件

**08** 使用"选择工具"调整元件的运动路径，效果如图10-52所示。完成后的"时间轴"面板如图10-53所示。

图10-52　舞台效果

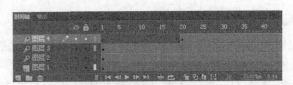

图10-53　"时间轴"面板

**09** 使用相同的制作方法，完成其他蒲公英飞舞的补间动画效果的制作，如图10-54所示，"时间轴"面板如图10-55所示。

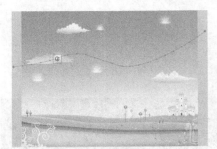

图10-54　舞台效果

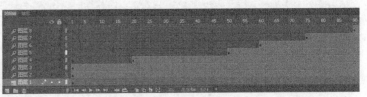

图10-55　"时间轴"面板

**10** 完成蒲公英飞舞动画的制作，执行"文件>保存"命令，将该动画保存为"光盘/源文件/第10章/实例74.fla"，按Ctrl+Enter组合键，测试动画效果，如图10-56所示。

图10-56　测试动画效果

**Q** 补间动画的特点？

**A** 在Flash CC中，由于创建补间动画的步骤符合人们的逻辑，因此比较易于掌握和理解。其中，补间动画只能在元件实例和文本字段上应用，但元件实例可以包含嵌套元件，在将补间动画应用于其他对象时，这些对象将作为嵌套元件包含在元件中，且包含的嵌套元件能够在自己的时间轴上进行补间。

**Q** 补间动画的"缓动"属性作用是什么?

**A** 补间动画的"缓动"属性用于设置动画播放过程中的速率,单击缓动数值可激活输入框,然后直接输入数值即可。或者将鼠标放置到数值上,当鼠标变成此图标时后,左右拖动也可调整数值。数值范围在-100~100。当数值为0时,表示正常播放;当数值为负值时,表示先慢后快;当数值为正值时,表示先快后慢。

## 实例 075 制作圣诞老人飞入动画

- **源 文 件** | 光盘/源文件/第10章/实例75.fla
- **视 频** | 光盘/视频/第10章/实例75.swf
- **知 识 点** | 补间动画
- **学习时间** | 10分钟

### ▌操作步骤▌

**01** 新建一个Flash文档,导入相应的素材图像,调整至合适的位置,在第90帧插入帧。新建名为"人物"的"图形"元件,导入相应的素材图像,如图10-57所示。

**02** 新建"图层2",将"人物"元件拖入到舞台中,在第1帧位置创建补间动画。使用相同方法,分别在第15、40、100帧位置插入关键帧,调整各关键帧上元件至合适的位置和角度,并使用"选择工具"调整运动路径,如图10-58所示。

图10-57 导入素材

图10-58 调整运动路径

**03** 新建"图层3",在第90帧位置插入关键帧,打开"动作"面板,输入相应的脚本语言,如图10-59所示。

**04** 完成圣诞老人飞入动画的制作,保存该动画,按Ctrl+Enter组合键,测试动画效果,如图10-60所示。

图10-59 输入脚本语言

图10-60 测试动画

**Q** 补间动画的属性都有什么作用?

**A** 创建完补间动画后,在"时间轴"面板上单击选择补间动画的任意一帧,即可在"属性"面板上对该帧的相关属性进行设置,如图10-61所示。

● **旋转次数/其他旋转**：用于设置影片剪辑实例的角度和旋转次数。

● **方向**：在该选项的下拉列表包含了3个选项，如果防止旋转，请选择"无"选项，此选项为默认设置；如果需要朝顺时针方向旋转，请选择"顺时针"选项；如果需要朝逆时针方向旋转，请选择"逆时针"选项。

● **调整到路径**：勾选该复选框后，补间对象将随着运动路径随时调整自身的方向。

图10-61　"属性"面板

● **选区位置**：设置选区在舞台中的位置；如果改变选区的位置，路径线条也将随之移动；可以通过单击x、y轴数值激活输入框后输入数值，也可在数值上按住鼠标左键进行左右拖曳调整。

● **选区宽度/高度**：改变选区宽度和高度的同时，会对路径曲线进行调整。

● **锁定**：该按钮用于将元件的宽度和高度值固定在同一比例上，当修改其中一个值时，另一个数值也会随之变大或变小，再次单击即可解除比例锁定。

● **同步图形元件**：勾选该复选框后，会重新计算补间的帧数，而从匹配时间轴上分配给它的帧数，使图形元件实例的动画与主时间轴同步；该属性适用于当元件中动画序列的帧数不是文档中图形实例占用帧数的偶数倍时。

---

## 实例 076　制作卡通角色入场动画

一般在卡通或者游戏开始的舞台中，都会有很漂亮的入场动画，这样不仅能够更加吸引浏览者的兴趣，也能让整个场面显得更加活泼。一个富有动感、活泼的网站开场动画效果，对于一个完美的网站来说是非常重要的。

● **源 文 件**｜光盘/源文件/第10章/实例76.fla

● **视　　频**｜光盘/视频/第10章/实例76.swf

● **知 识 点**｜传统补间动画、滤镜

● **学习时间**｜15分钟

### 实例分析

本实例制作的是卡通角色人物的入场动画。在制作的过程中，主要是为元件添加滤镜效果和设置元件的Alpha值，通过创建传统补间动画制作出卡通角色的入场动画效果。在制作动画的过程中，读者需要注意元件的滤镜设置与传统补间动画的结合，效果如图10-62所示。

图10-62　页面效果

### 知识点链接

传统补间动画相较于补间动画来说，操作方法过于繁杂，因此使用起来不太方便，但是其独有的某些类型动画的控制功能，使其在动画的制作上占据着不可替代的位置。

**操作步骤**

**01** 执行"文件>新建"命令，在弹出的"新建文档"对话框中进行设置，如图10-63所示，单击"确定"按钮，新建一个Flash文档。执行"插入>新建元件"命令，在弹出的"创建新元件"对话框中进行相应的设置，如图10-64所示。

图10-63 "新建文档"对话框　　　　　　　　图10-64 "创建新元件"对话框

**02** 单击"确定"按钮，执行"文件>导入>导入到舞台"命令，将素材图像"光盘/源文件/第10章/素材/7602.png"导入到舞台中，如图10-65所示。执行"插入>新建元件"命令，在弹出的"创建新元件"对话框中进行设置，如图10-66所示。

图10-65 导入素材图像　　　　图10-66 "创建新元件"对话框

**03** 单击"确定"按钮，将"库"面板中名为"角色1"的元件拖入到舞台中，选择该元件，在"属性"面板的底部单击"添加滤镜"按钮，在弹出的菜单中选择"调整颜色"选项，如图10-67所示。添加该滤镜后，进行相应的设置，如图10-68所示。

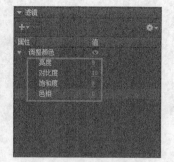

图10-67 添加滤镜　　　　　　图10-68 设置滤镜选项

**04** 完成滤镜的设置，效果如图10-69所示。新建"图层2"，再次拖入名为"角色1"的元件，放置在合适的位置，在"属性"面板中添加"模糊"滤镜，并进行设置，如图10-70所示。

**05** 设置完成后，调整相应的图层顺序，效果如图10-71所示，"时间轴"面板如图10-72所示。

图10-69　元件效果　　　图10-70　设置"属性"面板　　　图10-71　舞台效果　　　图10-72　"时间轴"面板

**06** 执行"插入>新建元件"命令，在弹出的"创建新元件"对话框中进行设置，如图10-73所示。单击"确定"按钮，导入素材图像"光盘/源文件/第10章/素材/7603.png"至舞台合适的位置，效果如图10-74所示。

图10-73　"创建新元件"对话框

图10-74　导入素材图像

**07** 使用相同的方法，新建名为"主体动画"的影片剪辑元件，如图10-75所示。在第3帧按F6键插入关键帧，将"库"面板中的"角色1动画"元件拖入到舞台中，分别在第10、11、28、32、36帧按F6键插入关键帧，如图10-76所示。

图10-75　"创建新元件"对话框

图10-76　拖入元件并插入关键帧

**08** 选择第1帧上的元件，在"属性"面板中进行设置，如图10-77所示。使用相同制作方法，分别设置其他帧上的元件，如图10-78所示。

图10-77　设置"属性"面板

图10-78　不同帧的元件效果

**09** 在第95帧按F5键插入帧，并分别在第3、10、11、32帧上单击鼠标右键，在弹出的菜单中选择"创建传统补间"选项，"时间轴"面板如图10-79所示。

图10-79 "时间轴"面板

**10** 新建"图层2"，使用相同的制作方法，完成该图层中动画的制作，如图10-80所示，完成后的"时间轴"面板如图10-81所示。

图10-80 舞台效果

图10-81 "时间轴"面板

**11** 新建"图层3"，在第95帧按F5键插入关键帧，打开"动作"面板，输入相应的脚本代码，如图10-82所示。返回"场景1"的编辑状态，导入素材图像"光盘/源文件/第10章/素材/7601.jpg"，如图10-83所示。

图10-82 "动作"面板

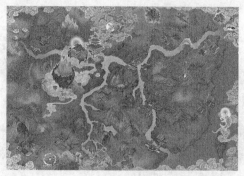

图10-83 导入素材图像

**12** 新建"图层2"，将"库"面板中的"主体动画"元件拖入到舞台中，并调整至合适的位置，如图10-84所示，"时间轴"面板如图10-85所示。

图10-84 拖入元件

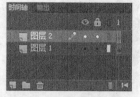

图10-85 "时间轴"面板

**13** 完成该动画的制作，执行"文件>保存"命令，将文件保存为"光盘/源文件/第10章/实例76.fla"，按Ctrl+Enter组合键，测试动画效果，如图10-86所示。

图10-86　测试动画效果

**Q** 传统补间动画的特点是什么？

**A** 创建传统补间动画需要先设定起始帧和结束帧的位置，然后在动画对象的起始帧和结束帧之间建立传统补间。在中间的过程中，Flash会自动完成起始帧与结束帧之间的过渡动画。

**Q** 在Flash中可以为哪些对象添加滤镜？

**A** 在Flash CC中，只能为文本、按钮和影片剪辑对象添加滤镜效果，为所选对象应用滤镜效果后，还可以对应用过的滤镜进行删除和重置操作。

● 添加滤镜：如果需要为对象添加滤镜效果，可以在"属性"面板上的"滤镜"选项区中单击"添加滤镜"按钮，在弹出菜单中选择相应的滤镜，即可添加该滤镜效果。

● 删除滤镜：如果需要删除所添加的滤镜效果，可以在"属性"面板上的"滤镜"选项区中的已添加滤镜列表中单击选中删除的滤镜，单击"删除滤镜"按钮，即可删除所选中的滤镜。

## 实例 077　制作图像切换动画

● **源　文　件** | 光盘/源文件/第10章/实例77.fla

● **视　　　频** | 光盘/视频/第10章/实例77.swf

● **知　识　点** | 传统补间动画

● **学习时间** | 5分钟

**┃ 操作步骤 ┃**

**01** 导入素材图像，将其转换成名为"场景1"的"图形"元件，在第66帧插入帧，使用传统补间动画制作出该图层中的动画效果，如图10-87所示。

**02** 新建"图层2"，在第69帧插入关键帧，导入素材图像，将其转换成名为"场景2"的"图形"元件，在相应的位置上插入帧，使用传统补间动画制作出该图层中的动画效果，如图10-88所示。

图10-87　"场景1"动画效果　　　　　　　　　　图10-88　"场景2"动画效果

**03** 完成后的"时间轴"面板,如图10-89所示。

**04** 完成图像切换动画的制作,按Ctrl+Enter组合键,测试动画效果,如图10-90所示。

图10-89 "时间轴"面板　　　　　　　　　　　　图10-90 测试动画

**Q** 传统补间动画的设置属性起什么作用?

**A** 创建传统补间动画后,在"时间轴"面板上单击选中传统补间动画上的任意一帧,即可在"属性"面板上对该帧的相关属性进行设置,如图10-91所示。

● **标签名称**:用于标记该传统补间动画,在输入框中输入动画名称后,在时间轴中的前面会显示该名称。

● **标签类型**:在该属性的下拉列表中包含了3种类型的标签,分别为名称、注释和锚记。

● **贴紧**:勾选该复选框后,当使用辅助线对对象进行定位时,能够使对象紧贴辅助线,从而能够更加精确地绘制和安排对象。

● **缩放**:勾选该复选框后,在制作缩放动画时,会随着帧的移动逐渐变大或变小;若取消勾选,则只在结束帧直接显示缩放后的对象大小。

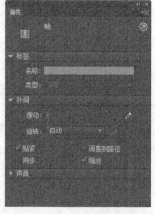

图10-91 "属性"面板

---

## 实例 078　制作3D旋转动画

　　一般的Flash动画都是二维动画,随着3D工具的出现,在Flash中制作三维动画也变成了现实。通过使用3D工具,可以很轻松地制作出3D平移和3D翻转动画效果,可以增强Flash动画的3D立体空间感,大大简化了这一类动画的制作难度。

● **源 文 件** | 光盘/源文件/第10章/实例78.fla

● **视　　频** | 光盘/视频/第10章/实例78.swf

● **知 识 点** | 3D旋转工具

● **学习时间** | 15分钟

### ▌实例分析▐

　　本实例是通过使用"3D旋转工具",在"变形"面板中的"3D旋转"选项区的$x$、$y$和$z$选项中输入所需要的值来旋转选中的对象的。也可以将光标放在数值上,通过左右拖动鼠标来调整数值,效果如图10-92所示。

图10-92 页面效果

## 知识点链接

"3D旋转工具"是通过3D旋转控件旋转影片剪辑实例，使其沿x、y和z轴旋转，产生一种类似三维空间的透视效果的。通过使用"3D旋转工具"，可以制作出许多类似于三维空间的动画效果。

## 操作步骤

**01** 执行"文件>新建"命令，弹出"新建文档"对话框，设置如图10-93所示，单击"确定"按钮，新建一个空白Flash文档。执行"文件>导入>导入到舞台"命令，导入素材图像"光盘/源文件/第10章/素材/7801.jpg"，如图10-94所示。

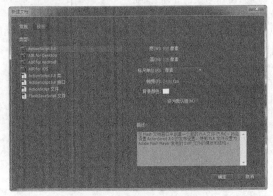
图10-93 "新建文档"对话框

图10-94 导入素材图像

**02** 在第100帧按F5插入帧。新建"名称"为"照片1动画"的影片剪辑元件，设置如图10-95所示。单击"确定"按钮，导入素材图像"光盘/源文件/第10章/素材/7802.jpg"，并调整到合适位置，如图10-96所示。

图10-95 "创建新元件"对话框

图10-96 导入素材图像

**03** 将刚导入的素材转换成名为"照片1"的影片剪辑元件，如图10-97所示。在第1帧单击鼠标右键，在弹出的菜单中选择"创建补间动画"命令，将光标移至第24帧按F6键插入关键帧，如图10-98所示。

图10-97 "创建新元件"对话框

图10-98 "时间轴"面板

**04** 选择第1帧，单击工具箱中的"3D旋转工具"按钮，沿z轴拖动鼠标，对元件进行3D旋转操作，如图10-99所示。新建"图层2"，在第24帧按F6插入关键帧，打开"动作"面板，输入脚本代码stop();，"时间轴"面板如图10-100所示。

图10-99 沿z轴旋转对象

图10-100 "时间轴"面板

**05** 新建"名称"为"照片2动画"的影片剪辑元件，如图10-101所示。单击"确定"按钮，导入素材图像"光盘/源文件/第10章/素材/7803.jpg"，并调整到合适位置，如图10-102所示。

图10-101 "创建新元件"对话框

图10-102 导入素材图像

**06** 将刚导入的素材转换为名称为"照片2"的影片剪辑元件，如图10-103所示。在第1帧单击鼠标右键，在弹出的菜单中选择"创建补间动画"命令，选择第1帧，单击工具箱中的"3D旋转工具"按钮，沿y轴拖动鼠标，对元件进行3D旋转操作，如图10-104所示。

图10-103 "创建新元件"对话框

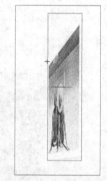

图10-104 沿y轴旋转对象

**07** 在选择第24帧，使用"3D转转工具"，沿y轴拖动鼠标，对元件进行3D旋转操作，如图10-105所示。新建"图层2"，在第24帧按F6插入关键帧，打开"动作"面板，输入脚本代码stop();，"时间轴"面板如图10-106所示。

图10-105 沿y轴旋转对象

图10-106 "时间轴"面板

**08** 使用相同的制作方法，可以制作出"照片3动画"元件，如图10-107所示。返回到"场景1"的编辑状态，新建"图层2"，将"照片1动画"元件拖入到舞台中，并调整到合适的位置，如图10-108所示。

图10-107　"库"面板

图10-108　拖入元件

**09** 选择刚拖入的元件，设置其Alpha值为0%，如图10-109所示。在第24帧按F6插入关键帧，设置该帧上元件的Alpha值为100%，在第1帧创建传统补间动画，"时间轴"面板如图10-110所示。

图10-109　元件效果

图10-110　"时间轴"面板

**10** 新建"图层3"，在第10帧按F6键插入关键帧，导入素材图像"光盘/源文件/第10章/素材/7805.jpg"，如图10-111所示。将其转换成名称为"夹子1"的图形元件，如图10-112所示。

图10-111　导入素材图像

图10-112　"创建新元件"对话框

**11** 在第24帧按F6键插入关键帧，选择10帧上的元件，设置其Alpha值为0%，如图10-113所示。在第10帧创建传统补间动画，"时间轴"面板如图10-114所示。

图10-113　"属性"面板

图10-114　"时间轴"面板

**12** 新建"图层4"，在第25帧按F6插入关键帧，将"照片2动画"元件拖入到舞台中，并调整到合适的位置，如图10-115所示。在第49帧按F6插入关键帧，选择第25帧上的元件，设置其Alpha值为0%，如图10-116所示。

图10-115 拖入元件        图10-116 元件效果

**13** 在第25帧创建传统补间动画，使用相同的制作方法，可以制作出"图层5"上的动画效果，场景效果如图10-117所示，完成后的"时间轴"面板如图10-118所示。

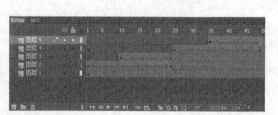

图10-117 场景效果        图10-118 "时间轴"面板

**14** 使用相同的制作方法，可以制作出"图层6"和"图层10"上的动画效果，效果如图10-119所示，"时间轴"面板如图10-120所示。

图10-119 场景效果        图10-120 "时间轴"面板

**15** 执行"文件>保存"命令，将动画保存为"光盘/源文件/第10章/实例78.fla"。按Ctrl+Enter组合键测试动画，效果如图10-121所示。

图10-121 测试动画效果

**Q** 使用"3D旋转工具"时，在对象上显示的不同颜色的轴分别是什么？

**A** 3D旋转控制由4部分组成：红色的是$x$轴控件、绿色的是$y$轴控件、蓝色的是$z$轴控件，使用橙色的自由变换控件可以同时绕$x$轴和$y$轴进行旋转。

3D旋转控件使用户可以沿$x$、$y$和$z$轴任意旋转和移动对象从而产生极具透视效果的动画。相当于把舞台上的平面图形看作是三维空间中的一张纸片，通过操作旋转控件，使得这张二维纸片在三维空间中旋转。

**Q** 除了可以直接在对象上对各个轴进行调整，还有什么其他的调整方法？

**A** 除了可以使用"3D旋转工具"在影片剪辑对象上拖动实现对象的3D旋转操作外，还可以通过"变形"面板实现影片剪辑对象的精确3D旋转。

在"变形"面板中的"3D旋转"选项区的$x$、$y$和$z$选项中输入所需的值以旋转选中的对象，也可以将光标放在数值上，通过左右拖动鼠标来调整数值。

### 实例 079 制作3D平移动画

- **源 文 件** | 光盘/源文件/第10章/实例79.fla
- **视 频** | 光盘/视频/第10章/实例79.swf
- **知 识 点** | 3D平移工具
- **学习时间** | 5分钟

#### 操作步骤

**01** 新建文档，导入素材图像，在第100帧位置插入帧。新建"图层2"，导入素材图像，将其转换为名称为"人物"的"影片剪辑"元件，如图10-122所示。

**02** 在第1帧位置创建补间动画，将光标移至第50帧按F6插入关键帧。选择元件，单击工具箱中的"3D平移工具"按钮，沿$z$轴拖动鼠标，对元件进行3D平移操作，如图10-123所示。

图10-122　导入素材并转换为元件　　　　　　　　图10-123　"时间轴"面板

**03** 使用相同的制作方法，新建图层，导入素材图像并转换为名称为"文字"的"影片剪辑"元件，在该图层中制作该元素的3D平移动画效果，如图10-124所示。

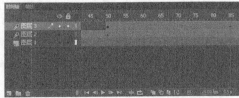

图10-124　制作3D平移动画效果

**04** 执行"文件>保存"命令，保存该动画。按Ctrl+Enter组合键，测试动画效果，如图10-125所示。

图10-125 测试动画

**Q** 什么是3D平移?

**A** 在3D空间中移动对象被称为平移对象，使用"3D平移工具"，可以使对象沿着x、y、z轴移动。当使用该工具选中影片剪辑实例后，影片剪辑x、y、z 3个轴将显示在舞台对象的顶部，x轴为红色，y轴为绿色，z轴为蓝色。

**Q** 如何使用"3D平移工具"平移对象?

**A** 单击工具箱中的"3D平移工具"按钮，将光标移至x轴上，指针变成次▶形状时，按住鼠标左键进行拖动，即可沿x轴方向移动，移动的同时，y轴改变颜色，表示当前不可操作，确保只沿x轴移动。同样，将光标移至y轴上，当指针变化后进行拖动，可沿y轴移动。

x轴和y轴相交的地方是z轴，即x轴与y轴相交的黑色实心圆点，将光标移动到该位置，光标指针变成▶形状时，按住鼠标左键进行拖动，可使对象沿z轴方向移动，移动的同时x、y轴颜色改变，确保当前操作只沿z轴移动。

第 11 章

# 网页高级动画制作

上一章向读者介绍了Flash中的基础动画类型，以及各种基础动画的制作方法，本章向读者介绍网页中高级动画的制作方法。在Flash动画设计中，引导动画和遮罩动画分别占据着不可替代的位置。本章主要向读者介绍遮罩动画、引导动画以及骨骼动画的制作方法和技巧。

**实例 080** 多层次遮罩动画

遮罩动画是Flash动画中一种常见的动画形式，它通过遮罩层来显示需要展示的动画效果。通过遮罩动画能够制作出很多极富创意的Flash动画，例如过渡效果、聚光灯效果以及动态效果等。

- **源 文 件** | 光盘/源文件/第11章/实例80.fla
- **视 频** | 光盘/视频/第11章/实例80.swf
- **知 识 点** | 形状补间动画、遮罩动画
- **学习时间** | 10分钟

### 实例分析

本实例制作的是一个多层的遮罩动画，通过圆形的放大来遮罩图像中的某一部分，通过多次不同位置的遮罩来制作出图像多层次动感遮罩的效果，如图11-1所示。

图11-1 页面效果

### 知识点链接

遮罩就像是一个窗口，将遮罩项目放置在需要遮罩的图层上，通过遮罩可以看到下面链接层的区域，而其余所有的内容都会被遮罩层的其余部分隐藏。

### 操作步骤

**01** 执行"文件>新建"命令，弹出"新建文档"对话框，设置如图11-2所示，单击"确定"按钮，新建一个Flash文档。导入素材图像"光盘/源文件/第11章/素材/8001.jpg"，如图11-3所示。

图11-2 "新建文档"对话框                图11-3 导入素材图像

**02** 在第100帧位置按F5键插入帧。新建"图层2"，使用"椭圆工具"，设置"笔触颜色"为无，在舞台中绘制一个圆形，如图11-4所示。在第5帧按F6键插入关键帧，使用"任意变形工具"，并按住Shift键拖动鼠标将圆形等比例放大，如图11-5所示。

图11-4　绘制圆形　　　　　　　　　　图11-5　将圆形等比例放大

**03** 在第1帧创建补间形状动画，在"图层2"的图层名称上单击鼠标右键，在弹出的菜单中选择"遮罩层"选项，创建遮罩动画，如图11-6所示。新建"图层3"，在第5帧按F6键插入关键帧，将素材图像"8001.jpg"从"库"面板中拖入到舞台中，如图11-7所示。

图11-6　创建遮罩动画　　　　　　　　图11-7　拖入素材图像

**04** 新建"图层4"，在第5帧按F6键插入关键帧，在舞台中绘制一个圆形，如图11-8所示。在第10帧按F6键插入关键帧，使用"任意变形工具"并按住Shift键拖动鼠标将圆形等比例放大，如图11-9所示。

图11-8　绘制圆形　　　　　　　　　　图11-9　将圆形等比例放大

**05** 在第5帧创建补间形状动画，并在"图层4"的图层名称上单击鼠标右键，在弹出的菜单中选择"遮罩层"选项，创建遮罩动画，如图11-10所示。使用相同的制作方法，制作出其他图层，完成后的"时间轴"面板如图11-11所示。

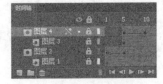

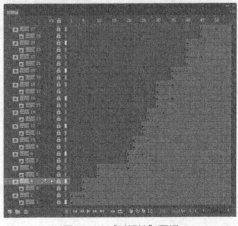

图11-10　创建遮罩动画　　　　　　　图11-11　"时间轴"面板

06 完成多层次遮罩动画的制作，执行"文件>保存"命令，将动画保存为"光盘/源文件/第11章/实例80.fla"，按Ctrl+Enter组合键测试动画，如图11-12所示。

图11-12　测试动画效果

**Q** 哪些对象可以作为遮罩对象？

**A** 在创建遮罩动画时，在一般情况下，一个遮罩动画中可以同时存在多个被遮罩图层，但是一个遮罩层只能包含一个遮罩项目，遮罩项目可以是填充的形状、影片剪辑、文字对象或者图形。

**Q** 在按钮元件中可以制作遮罩动画吗？

**A** 按钮内部不能存在遮罩层，并且不能将一个遮罩应用于另一个遮罩，但是可以将多个图层组织在一个遮罩项目下来创建更加复杂的遮罩动画效果。

## 实例 081　制作图像切换过渡动画

- **源 文 件** | 光盘/源文件/第11章/实例81.fla
- **视　　频** | 光盘/视频/第11章/实例81.swf
- **知 识 点** | 遮罩动画
- **学习时间** | 15分钟

**操作步骤**

01 新建Flash文档，导入需要制作动画的素材图像，如图11-13所示。

02 新建图层，在相应的位置插入关键帧，使用"矩形工具"绘制矩形，并将其转换为元件，如图11-14所示。

图11-13　导入素材　　　　　　　　　图11-14　绘制矩形并转换为元件

03 在相应的位置插入关键帧，将矩形元件拉长，并创建传统补间动画，将该层设置为遮罩层，如图11-15所示。

04 完成动画的制作，测试动画效果，如图11-16所示。

图11-15　设置为遮罩层

图11-16　测试动画

**Q** 为不同对象创建遮罩动画的方式有哪些？

**A** 在创建动态的遮罩动画时，对于不同的对象需要使用不同的方法。对于填充的对象，可以使用补间形状；对于文字、影片剪辑或者图形对象，则可以使用补间动画或传统补间动画。

**Q** 如何将多个层设置为被遮罩层？

**A** 通常在创建遮罩动画时，只有一个遮罩层和一个被遮罩层，但在遮罩动画中，遮罩层只能有一个，但是被遮罩层可以有多个，如果需要将多个遮罩层下方的图层设置为被遮罩层，可以在图层名称上单击鼠标右键，在弹出的菜单中选择"属性"选项，弹出"图层属性"对话框，在该对话框的"类型"选项区中选择"被遮罩"选项，即可将该图层设置为被遮罩层。

## 实例 082　制作汽车路径动画

让动画按照规定好的路径运动，是一种很常见的动画效果，这种动画被称为路径跟随动画。制作此类动画的关键就是对引导层的使用和理解。

- **源 文 件**｜光盘/源文件/第11章/实例82.fla
- **视　　频**｜光盘/视频/第11章/实例82.swf
- **知 识 点**｜添加传统运动引导层、引导动画
- **学习时间**｜10分钟

### 实例分析

在本实例中首先制作传统补间动画，接着创建一个传统运动路径，然后通过对元件位置的调整完成最终的效果，如图11-17所示。在制作的过程中要注意对元件位置的调整。通过本实例，读者需要能够掌握传统引导路径的使用。

图11-17　页面效果

### 知识点链接

引导动画是通过引导层来实现的，它主要被用来制作沿轨迹运动的动画效果。如果创建的动画为补间动画，则会自动生成引导线，并且该引导线可以进行任意的调整；如果创建的动画是传统补间动画，那么则需要先使用绘图工具绘制路径，再将对象移至紧贴开始帧的开头位置，最后将对象拖动至结束帧的结尾位置即可。

**操作步骤**

**01** 执行"文件>新建"命令，弹出"新建文档"对话框，设置如图11-18所示，单击"确定"按钮，新建Flash文档。新建"名称"为"地球动画"的影片剪辑元件，将素材图像"光盘/源文件/第11章/素材/8201.png"导入到舞台中，如图11-19所示。

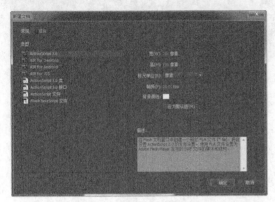

图11-18 "新建文档"对话框

图11-19 导入素材图像

**02** 将图像转换成"名称"为"地球"的图形元件，在第100帧按F6键插入关键帧，在第1帧创建传统补间动画，在"属性"面板中进行设置，如图11-20所示。返回"场景1"编辑状态，将"光盘/源文件/第11章/素材/8202.png"导入到舞台中，如图11-21所示。

**03** 在第145帧按F5键插入帧，新建"图层2"，在第45帧按F6键插入关键帧，将"地球"元件从"库"面板拖入到舞台中，如图11-22所示。在第70帧按F6键插入关键帧，选择第45帧上的元件，设置其Alpha值为0%，如图11-23所示。

图11-20 设置"属性"面板

图11-21 导入素材图像

图11-22 拖入元件

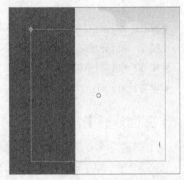

图11-23 设置Alpha值的效果

**04** 在第45帧创建传统补间动画，在第132帧按F7键插入空白关键帧。新建"图层3"，在第132帧插入关键帧，将"地球动画"元件从"库"面板拖入到舞台中，如图11-24所示。根据前面的制作方法，完成"图层4"和"图层5"的制作，场景效果如图11-25所示。

图11-24 拖入元件

图11-25 场景效果

**05** 在"图层5"的图层名称上单击鼠标右键,在弹出的菜单中选择"添加传统运动引导层"选项,"时间轴"面板如图11-26所示。使用"钢笔工具"在舞台中绘制引导线,如图11-27所示。

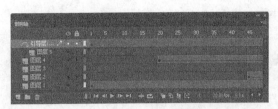

图11-26 "时间轴"面板

图11-27 绘制引导线

**06** 使用"任意变形工具"对"图层5"第70帧上的元件进行调整,如图11-28所示。再将第105帧上的元件移动到图11-29所示的位置。

**07** 在"引导层:图层5"上新建"图层7",在第110帧按F6键插入关键帧,将素材图像"光盘/源文件/第6章/素材/8204.png"导入到舞台中,如图11-30所示。将其转换成"名称"为"人物"的图形元件,在第130帧按F6键插入关键帧,选择第110帧上的元件,设置"属性"面板,如图11-31所示。

图11-28 调整元件

图11-29 移动元件的位置

图11-30 导入素材图像

图11-31 设置"属性"面板

**08** 完成设置,效果如图11-32所示。在第110帧创建传统补间动画。新建"图层9",在第145帧按F6键插入关键帧,在"动作"面板输入脚本代码stop();。完成汽车路径动画的制作,执行"文件>保存"命令,将动画保存为"光盘/源文件/第11章/实例82.fla",按Ctrl+Enter组合键,测试动画效果,如图11-33所示。

图11-32 场景效果

图11-33 测试动画效果

**Q** 引导动画的特点是什么?

**A** 在Flash中创建引导动画需要两个图层,分别为绘制路径的图层、在开始和结束的位置应用传统补间动画的图层。引导层在Flash中最大的特点在于:其一,在绘制图形时,引导层可以帮助对象对齐;其二,由于引导层不能导出,因此不会显示在发布的SWF文件中。

**Q** 制作引导动画时需要特别注意什么？

**A** 在Flash CC中，任何图层都可以使用引导层。当一个图层作为引导层时，则该图层名称的左侧会显示引导线图标。对象的中心必须与引导线相连，才能使对象沿着引导线自由运动。位于运动起始位置的对象的中心通常会自动连接到引导线，但是结束位置的对象则需要手动进行连接。如果对象的中心没有和引导线相连，那么对象便不能沿着引导线自由运动。

## 实例 083 制作纸飞机飞行动画

● **源 文 件** | 光盘/源文件/第11章/实例83.fla

● **视　　频** | 光盘/视频/第11章/实例83.swf

● **知 识 点** | 引层动画

● **学习时间** | 15分钟

**┃ 操作步骤 ┃**

**01** 新建Flash文档，新建元件，将素材图像导入到舞台中，完成元件的制作，如图11-34所示。

**02** 返回场景，将背景图像素材导入到场景，如图11-35所示。

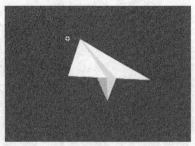
图11-34　制作元件

图11-35　导入背景

**03** 新建图层，将相应的图像素材导入到场景，并完成动画效果的制作，如图11-36所示。

**04** 新建图层，将相应的图像素材和元件拖入到场景中，最终完成动画的制作，测试动画效果，如图11-37所示。

图11-36　完成效果制作

图11-37　测试效果

**Q** 创建引导动画的方法有哪些？

**A** 创建引导动画有两种方法：一种是在需要创建引导动画的图层上单击右键，在弹出的菜单中选择"添加传统运动引导层"选项即可；另一种是首先在需要创建引导动画的图层上单击右键，在弹出的菜单中选择"引导层"选项，将其自身变为引导层后，再将其他图层拖动到该引导层中，使其归属于引导层即可。

**Q** 在Flash中普通引导层的作用是什么？

**A** 在Flash中绘制图像时，引导层可以起到辅助静态对象定位的作用，并且可以单独使用，无须使用被引导层；此外，层上的内容和辅助线的作用差不多，不会被输出。

**实 例 084** 添加背景音乐

音频是一个优秀动画作品中必可少的重要元素之一。在Flash 动画中导入音频可以使Flash动画本身的效果更加丰富，并且对Flash动画本身起到很大的烘托作用，使动画作品增色不少。

- **源 文 件** | 光盘/源文件/第11章/实例84.fla
- **视 频** | 光盘/视频/第11章/实例84.swf
- **知 识 点** | 遮罩动画、添加背景音乐
- **学习时间** | 15分钟

**▍实例分析▍**

本实例通过设置元件的高级选项，制作元件的色调过渡动画效果，运用遮罩动画的形式来体现动画，并且为动画添加背景音乐效果，使整个动画更具有古典韵味，效果如图11-38所示。

图11-38 页面效果

**▍知识点链接▍**

在Flash CC中，可以在"属性"面板的"声音"选项区中对声音的相关属性进行设置，为声音添加效果，设置事件以及播放次数。通过声音的编辑控制功能还可以对声音的起始点进行定义、控制音频的音量、改变音频开始播放和停止播放的位置以及将声音文件中多余的部分删除以减小文件的大小。

**▍操作步骤▍**

**01** 执行"文件>新建"命令，弹出"新建文档"对话框，设置如图11-39所示，单击"确定"按钮，新建一个Flash文档。执行"插入>新建元件"命令，弹出"创建新元件"对话框，新建"名称"为"图像动画"的影片剪辑元件，如图11-40所示。

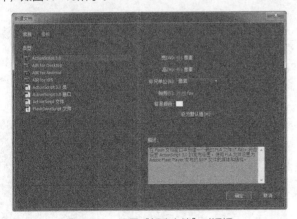

图11-39 设置"新建文档"对话框

图11-40 设置"创建新元件"对话框

**02** 将素材图像"光盘/源文件/第11章/素材/8401.jpg"导入到舞台中，并将其转换成"名称"为"图像1"的图形元件，如图11-41所示。在第15帧按F6键插入关键帧，选择第1帧上的元件，在"属性"面板上设置，如图11-42所示。

**03** 完成"属性"面板的设置，将第1帧上的元件水平向左移动10像素，效果如图11-43所示。在第1帧创建传统补间动画，在第125帧按F5键插入帧，"时间轴"面板如图11-44所示。

图11-41　导入素材图像
并转换为元件

图11-42　设置"属
性"面板

图11-43　元件效果

图11-44　"时间轴"面板

**04** 新建"图层2"，在第45帧按F6键插入关键帧，导入素材图像"8402.jpg"，将该图像转换成"名称"为"图像2"的图形元件，如图11-45所示。在第60帧按F6键插入关键帧，选择第45帧上的元件，设置其Alpha值为0%，将该帧上的元件向左水平移动10像素，如图11-46所示。

图11-45　导入素材图像并
转换为元件

图11-46　元件效果

**05** 在第45帧创建传统补间动画。使用相同的制作方法，可以完成"图层3"中动画效果的制作，"时间轴"面板如图11-47所示。

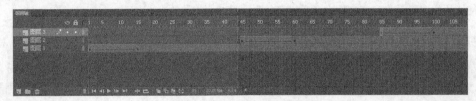

图11-47　"时间轴"面板

**06** 返回"场景1"编辑状态，将"图像动画"元件从"库"面板中拖入到舞台中，如图11-48所示。新建"图层2"，执行"文件>导入>打开外部库"命令，打开外部库"光盘/源文件/第11章/素材/素材84.fla"，如图11-49所示。

图11-48　拖入元件

图11-49　"外部库"面板

**07** 将"云烟动画"元件从"库-素材84. fla"面板拖入到舞台中，如图11-50所示。新建"图层3"，将"不规则遮罩"元件从"库-素材84.fla"面板拖入到舞台中，如图11-51所示。

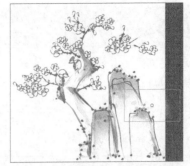

图11-50 拖入元件　　　　　图11-51 拖入元件

**08** 设置"图层3"为遮罩层，并设置"图层1"为被遮罩层，"时间轴"面板如图11-52所示。执行"文件>导入>导入到库"命令，将声音文件"光盘/源文件/第11章/素材/ sy8401.mp3"导入到"库"面板中，如图11-53所示。

**09** 新建"图层4"，单击第1帧，在"属性"面板中设置"名称"为sy8401.mp3，"同步"为"事件"，"声音循环"为"循环"，如图11-54所示，"时间轴"面板如图11-55所示。

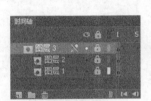

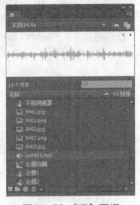

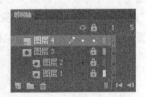

图11-52 "时间轴"面板　　图11-53 "库"面板　　图11-54 "属性"面板　　图11-55 "时间轴"面板

**10** 在场景中空白位置单击，在"属性"面板上设置舞台颜色为#F6F0DA，完成该动画效果的制作，执行"文件>保存"命令，将文件保存为"光盘/源文件/第11章/实例84.fla"，按Ctrl+Enter组合键，测试动画效果，如图11-56所示。

图11-56 测试动画效果

**Q** Flash支持哪些格式的音频？

**A** 在Flash CC中可以通过执行"文件>导入"命令，将外界各种类型的声音文件导入到动画场景中，Flash支持被导入的音频文件格式主要包括ASND、WAV、AIFF和MP3等。

**Q** 在Flash中使用音频文件需要注意什么？

**A** 由于音频文件本身比较大，为了避免占用较大的磁盘空间和内存，在制作动画时尽量选择效果相对较好、文件相对较小的声音文件。MP3音频数据是经过压缩处理的，所以比WAV或AIFF文件小。如果使用WAV或AIFF文件，要使用16位22 kHz单声。如果要向Flash中添加音频效果，最好导入16位音频；当然，如果内存有限，就尽可能地使用短的音频文件或11位音频文件。

## 实例 085 为按钮添加音效

● **源 文 件** | 光盘/源文件/第11章/实例85.fla
● **视 频** | 光盘/视频/第11章/实例85.swf
● **知 识 点** | 添加声音
● **学习时间** | 10分钟

### 操作步骤

**01** 新建Flash文档，新建一个"名称"为"按钮动画"的按钮元件，打开外部库"素材85.fla"，将"弹起动画"元件拖入到舞台中，并在"属性"面板中设置声音选项，如图11-57所示。

**02** 在"指针经过帧"按F7键插入空白关键帧，将"指针经过动画"元件拖入到舞台中，并为该帧添加声音，如图11-58所示。

图11-57 打开素材

图11-58 插入关键帧并拖入元件

**03** 返回"场景1"编辑状态，导入背景素材，新建"图层2"，拖入元件，如图11-59所示。

**04** 完成动画的制作，保存文件，测试动画效果，如图11-60所示。

图11-59 拖入元件　　　　图11-60 测试动画

**Q** Flash支持的音频类型包括哪些？

**A** Flash CC支持两种音频类型：事件音频和流式音频（音频流）。

● **事件音频**：必须等全部下载完毕才能开始播放，并且是连续播放，直到接受了明确的停止命令；可以把事件音频用作单击按钮的音频，也可以把它作为循环背景音乐。

● **流式音频**：只要下载了一定的帧数，就可以立即开始播放，而且音频的播放可以与时间轴上的动画保持同步。

**Q** 如何设置Flash中声音的同步选项？

**A** 为动画添加声音后，可以在"属性"面板上的"同步"选项区中设置声音的同步选项。在该选项区中包括"同步声音"下拉列表和"声音循环"下拉列表，它们可以用来设置音频与场景中的时间保持同步。在"同步声音"下拉列表中包括"事件""开始""停止"和"数据流"4个选项。

● **"事件"**：选择该选项，可以将声音和一个事件的发生过程同步起来；事件声音在它的起始关键帧开始播放，并独立于时间轴播放整个声音，即使影片停止也会继续播放；当发布动画时，事件声音会混合在一起播放。

● **"开始"**：该选项与"事件"选项相似，但如果声音正在播放，新声音则不会播放。

● **"停止"**：选择该选项可以使当前指定的声音停止播放。

● **"数据流"**：选择该选项，可以在互联网上同步播放声音，Flash可以协调动画和声音流，使动画与声音同步；如果Flash显示动画帧的速度不够快，Flash会自动跳过一些帧；与事件声音不同的是，如果声音过长而动画过短，声音流将随着动画的结束而停止播放；声音流的播放长度决不会超过它所占帧的长度。发布影片时，声音流会混合在一起播放。

## 实 例 086 制作网站视频广告

视频文件包含了许多种不同的格式，如果想在Flash中使用视频文件，就必须要了解Flash所支持的视频格式，然后再通过导入命令将需要的视频文件导入到Flash文档中。

- **源 文 件** | 光盘/源文件/第11章/实例86.fla
- **视 频** | 光盘/视频/第11章/实例86.swf
- **知 识 点** | 导入视频
- **学习时间** | 10分钟

### 实例分析

在本实例中使用Flash中的"导入视频"对话框，将外部的视频文件导入到Flash动画中，并对导入到Flash中的视频进行调整，最终完成动画效果的制作，如图11-61所示。

图11-61 元件效果

### 知识点链接

根据视频文件的大小及网络条件，可以采用3种方式将视频导入到Flash文档中，即渐进式下载、嵌入视频和流式加载视频。

### 操作步骤

**01** 执行"文件>新建"命令，弹出"新建文档"对话框，设置如图11-62所示，单击"确定"按钮，新建一个Flash文档。执行"文件>导入>导入到舞台"命令，将素材图像"光盘/源文件/第11章/素材/8601.jpg"导入到舞台中，如图11-63所示。

图11-62 设置"新建文档"对话框 图11-63 导入素材图像

**02** 新建"图层2"，将素材图像"光盘/源文件/第11章/素材/8602.jpg"导入到舞台中，如图11-64所示。执行"文件>导入>导入视频"命令，弹出"导入视频"对话框，如图11-65所示。

图11-64　导入素材图像

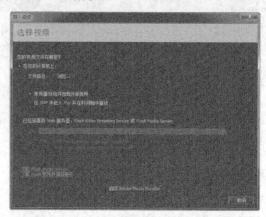

图11-65　"导入视频"对话框

**03** 单击"浏览"按钮，在弹出的对话框中选择需要导入的视频文件"光盘/源文件/第11章/素材/8603.flv"，对其他选项进行设置，如图11-66所示。单击"下一步"按钮，在对话框中选择一种播放器的外观，如图11-67所示。

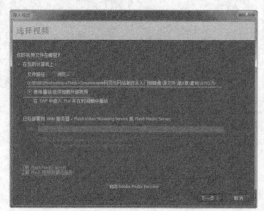

图11-66　设置"导入视频"对话框

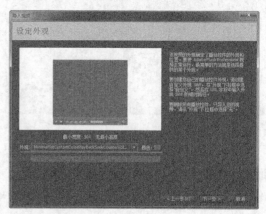

图11-67　设置"导入视频"对话框

**04** 设置完成后单击"下一步"按钮，显示完成视频导入选项，如图11-58所示。单击"完成"按钮，将视频导入到舞台中。使用"任意变形工具"调整视频的大小，并移动到相应的位置，如图11-69所示。

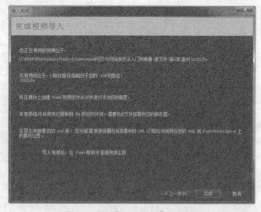

图11-68　"导入视频"对话框

图11-69　调整视频大小和位置

**05** 完成导入视频的制作，执行"文件>保存"命令，将动画保存为"光盘/源文件/第11章/实例86.fla"，按Ctrl+Enter组合键，测试动画效果，如图11-70所示。

图11-70 测试动画效果

**Q** Flash支持的视频格式有哪些?

**A** 在Flash CC中,可以导入多种视频文件格式,如果用户系统中安装了适用于Macintosh的Quick Time7,适用于Windows的Quick Time6.5,或者安装了DirectX 9或更高版本(仅限于Windows),则可以导入多种文件格式的视频剪辑,如MOV、AVI和MPG/MPEG等格式,还可以导入MOV格式的链接视频剪辑。可以将带有嵌入视频的Flash文档发布为SWF文件,如果使用带有链接的Flash文档,就必须以Quick Time格式发布。

**Q** 使用播放组件加载外部视频是什么意思?

**A** 在"导入视频"对话框中选择该选项,在导入视频时,并同时通过FLVPlayback 组件创建视频的外观,将Flash 文档作为SWF文件发布并将其上传到 Web 服务器时,还必须将视频文件上传到 Web 服务器或 Flash Media Server,并按照已上传视频文件的位置进行配置。

---

## 实例 087 动画中嵌入视频

- **源 文 件** | 光盘/源文件/ 第11章/实例87.fla
- **视 频** | 光盘/视频/第11章/实例87.swf
- **知 识 点** | 导入视频
- **学习时间** | 10分钟

### ▌操作步骤▐

**01** 新建Flash文档,导入背景素材图像,如图11-71所示。

**02** 新建一个"名称"为"视频动画"的影片剪辑的元件,导入视频文件,如图11-72所示。

图11-71 导入背景

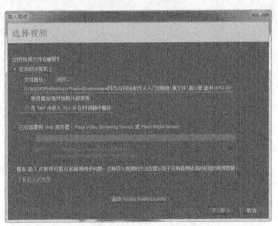

图11-72 导入视频

**03** 在第1110帧插入空白关键帧，在第245帧插入帧，新建"图层2"，打开外部素材库"素材87.fla"，将"光球动画"元件拖入到场景中，如图11-73所示。

**04** 返回"场景1"编辑状态，新建"图层2"，拖入"视频动画"元件，保存动画并测试效果，如图11-74所示。

图11-73　拖入元件

图11-74　测试动画

**Q** 在SWF中嵌入FLV并在时间轴中播放是什么意思？

**A** 在"导入视频"对话框中选择该选项，允许将FLV 或 F4V 嵌入到 Flash 文档中成为 Flash 文档的一部分，导入的视频将直接置于时间轴中，可以清晰地看到时间帧所表示的各个视频帧的位置。

**Q** 将视频嵌入到时间轴中播放有哪些优缺点？

**A** 当用户在时间轴中嵌入视频时，所有视频文件数据都将被添加到Flash文件中，这将导致Flash文件及随后生成的SWF文件比较大。视频被放置在时间轴中，方便查看在时间帧中显示的单独视频帧。由于每个视频帧都由时间轴中的一个帧表示，因此视频剪辑和SWF文件的帧速率必须一致。如果对SWF文件和嵌入的视频剪辑使用不同的帧速率，视频回放将不一致。

第 **12** 章

# 网页广告文字与按钮动画

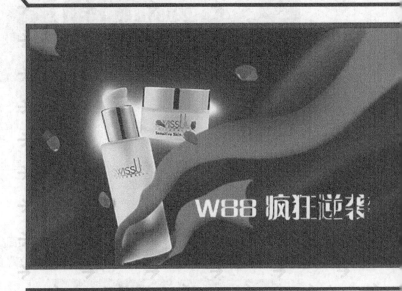

一个网站如果单纯只有普通的文字和静态图片的话，那么页面可想而知会显得非常枯燥、乏味，所以，在网页中制作出相应的文字和按钮动画，能够极大丰富页面的内容，使页面显得更加动感、更加精彩。本章通过制作不同类型的动画效果，为读者介绍使用Flash制作文字和按钮动画的方法与技巧。

## 实例 088 制作广告文字动画

使用Flash制作的广告文字动画，会给浏览者一种视觉的享受。这些文字动画有着丰富多彩的Flash动画效果，能够让整个Flash动画页面不至于过于呆板，使整个Flash动画的文字与画面给人一种很协调的感觉。

● 源 文 件 | 光盘/源文件/第12章/实例88.fla
● 视　　频 | 光盘/视频/第12章/实例88.swf
● 知 识 点 | 补间形状、遮罩动画
● 学习时间 | 10分钟

### 实例分析

在本案的制作过程中，首先在影片剪辑元件中制作出矩形从窄变宽的补间形状动画效果，接着将该"影片剪辑"元件作为文字的遮罩层，从而制作出广告文字动画效果，如图12-1所示。

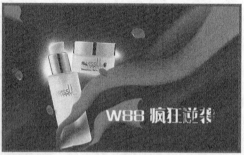

图12-1　页面效果

### 知识点链接

遮罩就像是一个窗口，将遮罩项目放置在需要用作遮罩的图层上，通过遮罩可以看到下面链接层的区域，而其余所有的内容都会被遮罩层的其余部分隐藏。

### 操作步骤

**01** 执行"文件>新建"命令，弹出"新建文档"对话框，设置如图12-2所示，单击"确定"按钮，新建一个空白文档。执行"插入>新建元件"命令，新建"名称"为"矩形动画"的"影片剪辑"元件，如图12-3所示。

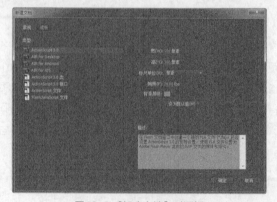

图12-2　"新建文档"对话框　　　　　图12-3　"创建新元件"对话框

**02** 使用"矩形工具"，在舞台中绘制"宽度"值为1像素，"高度"值为40像素的矩形。在第20帧插入关键帧，使用"任意变形工具"，调整该矩形宽度，如图12-4所示。在第1帧创建补间形状动画。新建"图层2"，在第20帧插入关键帧，在"动作"面板中输入脚本语言stop();，"时间轴"面板如图12-5所示。

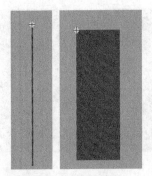
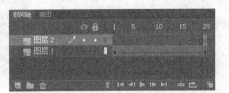

图12-4　舞台效果　　　　　　　图12-5　"时间轴"面板

**03** 新建"名称"为"整体矩形动画"的"影片剪辑"元件，如图12-6所示。将"矩形动画"元件从"库"面板中拖入到舞台中，在第50帧插入帧，新建"图层2"，在第2帧插入关键帧，将"矩形动画"元件从"库"面板中拖入到舞台中。如图12-7所示。

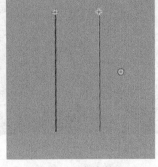

图12-6　"创建新元件"对话框　　　　图12-7　舞台效果

**04** 使用相同的方法制作出"图层3"到"图层31"的内容。新建"图层32"，在第50帧插入关键帧，在"动作"面板中输入脚本语言stop();，完成后的"时间轴"面板如图12-8所示。新建"名称"为"文字动画1"的"影片剪辑"元件，使用"文本工具"，在"属性"面板上对文字属性进行设置，如图12-9所示。

图12-8　"时间轴"面板　　　　　　图12-9　设置"属性"面板

**05** 在舞台中输入文字，执行两次"修改>分离"命令，将文本分离成图形，如图12-10所示。新建"图层2"，将"整体矩形动画"元件从"库"面板中拖入到舞台中。将"图层2"设置为"遮罩层"，创建遮罩动画效果，如图12-11所示。

图12-10　舞台效果　　　　　　图12-11　"时间轴"面板

**06** 使用相同的制作方法，完成"文字动画2"元件和"文字动画3"元件的制作，如图12-12所示。返回到"场景1"的编辑状态，将素材图像"光盘/源文件/第12章/素材/8801.jpg"导入到舞台中，在第300帧按F5键插入帧，如图12-13所示。

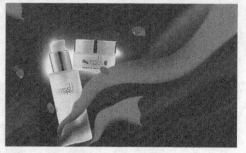

图12-12 舞台效果　　　　　　　　　　　图12-13 导入素材图像

**07** 新建"图层2"，将"文字动画1"元件从"库"面板中拖入到舞台中，如图12-14所示。在第100帧插入空白关键帧，将"文字动画2"元件拖入到舞台中。在第200帧插入空白关键帧，将"文字动画3"元件拖入到舞台中，如图12-15所示。

图12-14 拖入元件　　　　　　　　　　　图12-15 拖入元件

**08** 完成动画的制作，执行"文件>保存"命令，将文件保存为"光盘/源文件/第12章/实例88.fla"，测试动画效果，如图12-16所示。

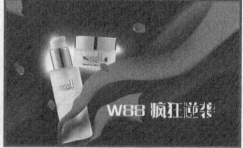

图12-16 测试动画效果

**Q** 在Flash中如何新建图层？

**A** 新建图层的方法很简单，将鼠标移至"时间轴"面板下方的"新建图层"按钮上，光标将会显示"新建图层"字样，单击即可插入一个新的图层。还可以执行"插入>时间轴>图层"命令，即可创建新图层。另外，在"时间轴"面板中的图层上单击鼠标右键，在弹出的菜单中选择"插入图层"命令也可以插入新图层。

**Q** Flash中图层组的作用是什么？

**A** 如果用户想将一些相关的图层放在一起，可以创建图层文件夹，将一些图层放入其中来组织和管理这些图层，即新建图层组。

将"时间轴"面板中的相关图层有规律地放入图层文件夹中可以使图层的组织更加有序，在图层文件夹中还可以嵌套多个图层文件夹，在图层文件夹中可以包含任意图层，包含的图层或图层文件夹将以缩进的方式显示。

**实例**
**089** 制作发光文字动画

- ● **源 文 件** | 光盘/源文件/第12章/实例89.fla
- ● **视　　频** | 光盘/视频/第12章/实例89.swf
- ● **知 识 点** | Alpha值、传统补间动画
- ● **学习时间** | 10分钟

**┃ 操作步骤 ┃**

**01** 新建一个"名称"为"文字动画"的影片剪辑元件，在舞台中输入文字并将文字转换为图形元件，如图12-17所示。

图12-17　输入文字并转换元件

**02** 在第20帧插入关键帧，对该帧上的元件进行调整，在第1帧创建传统补间动画。新建"图层2"，在第21帧插入关键帧，添加脚本代码stop();，如图12-18所示。

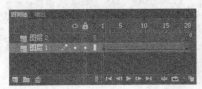

图12-18　插入关键帧

**03** 返回"场景1"，导入素材图像，新建图层，拖入"文字动画"元件，如图12-19所示。

**04** 完成动画的制作，测试动画效果，如图12-20所示。

图12-19　拖入元件　　　　　　　　　　图12-20　测试动画

**Q** 元件的Alpha值起到什么作用？

**A** 元件的Alpha值可以调整实例的透明度，如果需要设置元件的Alpha值，可以在"属性"面板上的"样式"下拉列表中选择Alpha选项，在该选项右侧的文本框中直接输入数值，或者通过调节左侧的滑杆来改变数值的大小。

**Q** 如何在"时间轴"面板中选择图层？

**A** 选择图层是对图层或文件夹以及各元素进行修改的前提，选择图层可以通过鼠标左键单击"时间轴"面板中的图层名称来实现。当某个图层被选中时，被选中的图层将被凸出并以黄底色显示出来，在该图层名称的右侧还将会出现一个铅笔图标，表示该图层当前正在被使用状态中，也就意味着，此时在场景中进行的任何操作都是针对该图层的。

## 实例 090 制作闪烁文字动画——改变文字色调

用Flash制作的闪烁文字动画能够较好地吸引浏览者的注意力，它在画面中不仅起着解释、说明该网页的作用，同时炫丽多彩的表现形式也丰富了页面效果。

- **源 文 件** | 光盘/源文件/第12章/实例90.fla
- **视　　频** | 光盘/视频/第12章/实例90.swf
- **知 识 点** | 引导层动画、引导层
- **学习时间** | 10分钟

### ▌实例分析 ▌

本实例主要是通过绘制正圆，并进行Alpha值的设置，进而使用渐变矩形作为遮罩层，从而制作出炫彩光点文字动画的，如图12-21所示。

图12-21　页面效果

### ▌知识点链接 ▌

在Flash CC中，任何图层都可以使用引导层。当一个图层作为引导层时，则该图层名称的左侧会显示引导线图标。

### ▌操作步骤 ▌

**01** 执行"文件>新建"命令，弹出"新建文档"对话框，设置如图12-22所示，单击"确定"按钮，新建一个空白文档。执行"插入>新建元件"命令，新建"名称"为"矩形动画"的影片剪辑元件，如图12-23所示。

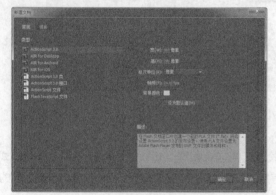

图12-22 "新建文档"对话框

图12-23 "创建新元件"对话框

**02** 使用"矩形工具"，设置"笔触颜色"为无，"填充颜色"为#FFFFFF，在场景中绘制"宽"为34像素，"高"为40像素的矩形，如图12-24所示。将矩形转换成"名称"为"矩形"的图形元件，如图12-25所示。

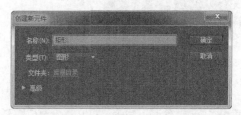

图12-24　绘制距形　　　　　　　　　　　图12-25　"创建新元件"对话框

**03** 分别在第10、20、30和40帧插入关键帧，分别设置第10帧和第30帧元件的Alpha值为0%，分别在第1、10、20、30帧位置创建传统补间动画，在第210帧插入帧，"时间轴"面板如图12-26所示。新建"名称"为"整体矩形"的影片剪辑元件，如图12-27所示。

图12-26　"时间轴"面板　　　　　　　　　图12-27　"创建新元件"对话框

**04** 在第35帧插入关键帧，将"矩形动画"元件从"库"面板中拖入到场景中，在第80帧插入帧，效果如图12-28所示。新建"图层2"，在第20帧插入关键帧，将"矩形动画"元件拖入到场景中，设置其高级属性，如图12-29所示。

图12-28　拖入元件　　　　　　　图12-29　"属性"面板

**05** 新建"图层3"，在第10帧插入关键帧，将"矩形动画"元件拖入到场景中，设置其高级属性，如图12-30所示。使用相同的方法，完成其他元件的制作，效果如图12-31所示。

图12-30　"属性"面板　　　　　　　　　图12-31　舞台效果

**06** 新建"名称"为"遮罩动画"的影片剪辑元件，如图12-32所示。将"整体矩形"元件从"库"面板中拖入到场景中，并调整到合适的位置，效果如图12-33所示。

图12-32 "创建新元件"对话框

图12-33 舞台效果

**07** 新建"图层2",使用"文本工具",在"属性"面板上对文字属性进行设置,在场景中输入文本,如图12-34所示。执行两次"修改>分离"命令,将文本分离成图形,并将"图层2"设置为"遮罩层",效果如图12-35所示。

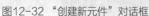

图12-34 输入文字

图12-35 舞台效果

**08** 返回到"场景1"的编辑状态,将图像"光盘\源文件\第12章\素材\9001.jpg"导入到场景中,效果如图12-36所示。新建"图层2",将"遮罩动画"元件从"库"面板中拖入到场景中,并调整到合适的大小和位置,效果如图12-37所示。

图12-36 导入素材

图12-37 拖入元件

**09** 完成动画的制作,执行"文件>保存"命令,将文件保存为"光盘\源文件\第12章\实例90.fla",测试动画效果,如图12-38所示。

图12-38 测试动画效果

**Q** 如何同时选择多个连续的图层？

**A** 在选择多个连续图层时，可以先选择最上方的图层，然后按住Shift键的同时再选择最下方的图层；也可以先选择最下方的图层，然后按住Shift键的同时再选择最上方的图层。

**Q** 帧与过渡帧是什么关系？

**A** 帧又分为"普通帧"和"过渡帧"。在影片制作的过程中，经常在一个含有背景图像的关键帧后面添加一些普通帧，使背景延续一段时间，在起始关键帧和结束关键帧之间的所有帧被称为"过渡帧"。

过渡帧是动画实现的详细过程，它能具体体现动画的变化过程，当鼠标单击过渡帧时，在舞台中可以预览这一帧的动画情况，过渡帧的画面由计算机自动生成，无法进行编辑操作。

---

**实例 091　制作霓虹闪烁文字动画**

- **源 文 件** | 光盘/源文件/第12章/实例91.fla
- **视　　频** | 光盘/视频/第12章/实例91.swf
- **知 识 点** | 遮罩动画、ActionScript脚本代码
- **学习时间** | 10分钟

**┃ 操作步骤 ┃**

**01** 新建一个"名称"为"矩形变色动画"的影片剪辑元件，在舞台中绘制矩形并将文字转换为图形元件，如图12-39所示。

**02** 分别在第15、30、45、60、94帧和第120帧插入关键帧，分对各关键帧上的元件进行设置，并创建传统补间动画。新建图层，添加相应的ActionScript脚本，如图12-40所示。

图12-39　将矩形转换为元件

图12-40　添加ActionScript脚本

**03** 新建"名称"为"整体动画"的"影片剪辑"元件，将"矩形变色动画"元件从"库"面板中拖入到舞台中。进行多次复制并排列，新建"图层2"，使用"文本工具"输入文字并进行设置，如图12-41所示。

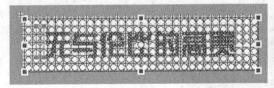

图12-41　输入文字并进行设置

**04** 返回"场景1"的编辑状态，导入素材图像。新建"图层2"，将"整体动画"元件从"库"面板中拖入到舞台中，保存文档，并测试动画效果，如图12-42所示。

图12-42　测试动画

**Q** 在关键帧中可以包含哪些对象?

**A** 关键帧中可以包含形状剪辑、组等多种类型的元素,但过渡帧中的对象只能是剪辑(影片剪辑、图层剪辑、按钮)或独立形状。两个关键帧的中间可以没有过渡帧,但过渡帧前后肯定有关键帧,因为过渡帧附属于关键帧。关键帧的内容可以修改,但过渡帧的内容无法修改。

**Q** 什么是帧频?

**A** 帧频就是动画播放的速度,以每秒钟所播放的帧数为度量。如果动画的帧频设置得太慢,会使该动画看起来没有连续感;如果动画的帧频设置得太快,会使该动画的细节变得模糊,看不清。一个动画标准的运动图像速率为每秒24帧。在Flash新建的文档中,默认的"帧频"设置为24 fps。

## 实例 092 制作按钮菜单动画

在网站中如果想要制作出精彩、独特的网页效果,那么就离不开Flash动态按钮的应用。Flash动态按钮是用户可以直接与Flash动画进行交互的途径。

● **源 文 件**|光盘/源文件/第12章/实例92.fla
● **视 频**|光盘/视频/第12章/实例92.swf
● **知 识 点**|按钮元件、文字工具
● **学习时间**|15分钟

### 实例分析

菜单按钮动画在网页中是十分实用的,该实例制作的是一个综合网站Flash按钮的动画,它能够体现该网站的鲜明特点。首先在制作动画的过程中需要完成各个元件的制作,其次要利用时间轴将动画组合到舞台中去,如图12-43所示。

图12-43 页面效果

### 知识点链接

要制作一个交互式按钮,可把该按钮元件的一个实例放在舞台上,然后给该实例指定动作。必须将动作指定给文档中按钮的实例,而不是指定给按钮时间轴中的帧。影片剪辑元件与按钮组件都可以创建按钮,可以添加更多的帧到按钮或添加更复杂的动画。

### 操作步骤

**01** 执行"文件>新建"命令,在弹出的"新建文档"对话框中进行设置,如图12-44所示,单击"确定"按钮,新建一个Flash文档。执行"插入>新建元件"命令,在弹出的"创建新元件"对话框中进行设置,如图12-45所示。

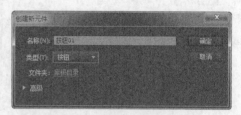

图12-44 "新建文档"对话框　　　　图12-45 "创建新元件"对话框

**02** 使用"椭圆工具"，在"属性"面板中进行相应的设置，如图12-46所示。在舞台中按住Shift键绘制正圆，舞台效果如图12-47所示。

**03** 在"时间轴"面板中的"点击"帧处，按F5键插入帧，如图12-48所示。新建"图层2"，使用"椭圆工具"，在"属性"面板中设置"笔触颜色"为无、"填充颜色"为#FF0066，在舞台中进行绘制，效果如图12-49所示。

图12-46　"属性"面板

图12-47　舞台效果

图12-48　"时间轴"面板

图12-49　舞台效果

**04** 在"时间轴"面板中的"点击"帧处，按F7键插入空白关键帧，如图12-50所示。新建"图层3"，使用"椭圆工具"，在"属性"面板中设置"笔触颜色"为无、"填充颜色"为渐变色，打开"颜色"面板，进行设置，如图12-51所示。

**05** 在舞台中按住Shift键绘制圆，并使用"颜料桶工具"调整渐变的角度，舞台效果如图12-52所示。在"时间轴"面板中的"点击"帧处，按F7键插入空白关键帧，如图12-53所示。

图12-50　"时间轴"面板

图12-51　"颜色"面板

图12-52　舞台效果

图12-53　"时间轴"面板

**06** 新建"图层4"，使用相同的制作方法，制作出"图层4"的内容，舞台效果如图12-54所示。新建"图层5"，使用相应的工具，在舞台中绘制出喇叭形状，效果如图12-55所示。

图12-54　舞台效果

图12-55　舞台效果

**07** 在"时间轴"面板中的"指针经过"帧处，按F6键插入关键帧，选择舞台中的图形，设置"填充颜色"的Alpha值为30%，效果如图12-56所示。在"点击"帧处，按F7键插入空白关键帧，"时间轴"面板如图12-57所示。

图12-56　舞台效果

图12-57　"时间轴"面板

**08** 新建"图层6",在"指针经过"帧处,按F6键插入关键帧,使用"文本工具",在"属性"面板中进行相应的设置,如图12-58所示。在舞台中输入文字,文字效果如图12-59所示。

图12-58 "属性"面板

图12-59 文字效果

**09** 执行两次"修改>分离"命令,将文字分离为图形,如图12-60所示。在"按下"帧处,按F6键插入关键帧,使用"任意变形工具"调整文字的大小,并在"点击"帧处,按F7键插入空白关键帧,效果如图12-61所示。

图12-60 舞台效果

图12-61 舞台效果

**10** 返回到"场景1"编辑状态,使用"矩形工具",进行相应的设置,在舞台中进行绘制,舞台效果如图12-62所示。新建"图层2",将"按钮 01"元件从"库"面板中拖入到舞台中,效果如图12-63所示。

图12-62 舞台效果

图12-63 拖入元件

**11** 根据"按钮 01"元件的制作方法,完成其他元件的制作,"库"面板如图12-64所示。分别将制作好的元件拖入到舞台中,并调整至合适的位置,舞台效果如图12-65所示。

图12-64 "库"面板

图12-65 舞台效果

**12** 完成按钮菜单动画的制作,执行"文件>保存"命令,将动画保存为"光盘/源文件/第12章/实例92.fla",按Ctrl+Enter组合键,测试动画,效果如图12-66所示。

图12-66 测试动画效果

**Q** 按钮元件在Flash动画中的作用是什么？

**A** Flash动画中的按钮元件是在影片中创建对鼠标事件（如单击和滑过）响应的互动按钮，制作按钮首先要制作与不同的按钮状态相关联的图形。为了使按钮有更好的效果，还可以在其中加入影片剪辑或音效文件。

**Q** 什么是静态文本？

**A** 静态文本是用来创建动画中一直不会发生变化的文本，例如，标题或说明性的文字等，在某种意义上它就是一张图片，尽管很多人将静态文本称为文本对象，但是，需要注意的是，真正的文本对象是指动态文本和输入文本。由于静态文本不具备对象的基本特征，没有自己的属性和方法，无法对其进行命名，因此，不能通过编程使用静态文本制作动画。

---

**实例 093** **制作表情按钮**

- ● **源 文 件**│光盘/源文件/第12章/实例93.fla
- ● **视　　频**│光盘/视频/第12章/实例93.swf
- ● **知 识 点**│反应区
- ● **学习时间**│5分钟

---

▌**操作步骤**▐

**01** 新建Flash文档，执行"插入>新建元件"命令，分别新建名为"按钮""表情"和"文字"的"图形"元件，并导入相应的素材图像，如图12-67所示。

图12-67 新建元件并导入素材

**02** 执行"插入>新建元件"命令，新建名为"感应区"的"按钮"元件，使用"椭圆工具"在舞台中进行绘制，在相应的位置插入帧，如图12-68所示。

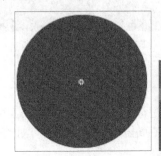 

图12-68 绘制圆形并插入帧

**03** 返回到"场景1"编辑状态中，新建图层，拖入相应的元件至舞台中的合适位置，创建动画，并添加相应的ActionScript脚本语言，如图12-69所示。

**04** 完成动画的制作，将动画保存，按Ctrl+Enter组合键，测试动画效果，如图12-70所示。

图12-69　创建动画

图12-70　测试动画

**Q** 什么是反应区？

**A** 反应区通常指的是按钮元件中的"点击"帧中的图形，在该帧中所绘制的图形只表示按钮的反应区域而不会被播放，也不会在最终导出的SWF动画中显示。

**Q** 如何修改Flash动画的帧频？

**A** 如果后期需要修改文档的帧频，在"属性"面板上的"帧频"文本框中输入合适的帧频即可；或者单击"属性"面板上的"编辑文档属性"按钮，在弹出的"文档属性"对话框中进行设置。

## 实例 094　制作游戏按钮动画

在任何一个游戏网站页面中，游戏按钮动画都是必不可少的组成部分，它在游戏网站的网页设计中占有举足轻重的位置。一个网站能否足够吸引玩家的注意力，以及怎样才能更加方便玩家在网页上进行操作，都与游戏按钮的制作效果有着紧密的联系。

- **源 文 件**｜光盘/源文件/第12章/实例94.fla
- **视　　频**｜光盘/视频/第12章/实例94.swf
- **知 识 点**｜逐帧动画、按钮元件
- **学习时间**｜10分钟

### 实例分析

本实例制作的是一个游戏按钮动画，如图12-71所示。以活泼的亮黄色作为按钮的背景，展现出独特的风格特点，能够将游戏画面的炫动感和立体感很好地体现出来，在游戏中能够起到画龙点睛的作用。

图12-71　页面效果

### 操作步骤

**01** 执行"文件>新建"命令，在弹出的"新建文档"对话框中进行相应的设置，如图12-72所示，单击"确定"按钮，新建一个Flash文档。执行"插入>新建元件"命令，在弹出的"创建新元件"对话框中进行设置，如图12-73所示。

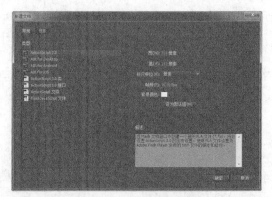

图12-72 "新建文档"对话框

图12-73 "创建新元件"对话框

**02** 单击"确定"按钮,执行"文件>导入"命令,导入素材图像"光盘/源文件/第12章/素材/ 9402.png",弹出 Flash提示对话框,如图12-74所示。单击"否"按钮,将素材图像导入到舞台中,如图12-75所示。

图12-74 提示对话框

图12-75 导入素材图像

**03** 执行"插入>新建元件"命令,在弹出的"创建新元件"对话框中进行相应的设置,如图12-76所示。单击 "确定"按钮,在"时间轴"中的第18帧位置,按F5键插入帧,将"库"面板中名为"圆球"的"图形"元件拖 入到舞台中,调整至合适的位置,如图12-77所示。

图12-76 "创建新元件"对话框

图12-77 拖入元件

**04** 在第3帧位置按F6键插入关键帧,导入素材图像"光盘/源文件/第12章/素材/ 9403.png",在弹出的提示对话 框中单击"否"按钮,将素材图像调整至合适的位置,效果如图12-78所示。使用相同方法,在相应的位置插入 关键帧,并分别导入素材图像,"时间轴"面板如图12-79所示。

**05** 新建"图层2",在第18帧位置,打开"动作"面板,输入脚本代码,如图12-80所示,完成后的"时间轴" 面板如图12-81所示。

图12-78 舞台效果

图12-79 "时间轴"面板

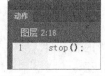

图12-80 "动作"面板

图12-81 "时间轴"面板

**06** 执行"插入>新建元件"命令，在弹出的"创建新元件"对话框中进行相应的设置，如图12-82所示。单击"确定"按钮，在第45帧位置按F5键插入帧，将"库"面板中名为"圆球"的"图形"元件拖入到舞台中，调整至合适的位置，舞台效果如图12-83所示。

**07** 新建"图层2"，执行"文件>导入到库"命令，在弹出的对话框中选择需要的素材图像，将素材导入到"库"面板中，如图12-84所示。在第17帧位置，按F6键插入关键帧，将"库"面板中的素材图像"9410.png"拖入到舞台中，调整至合适的位置，如图12-85所示。

图12-82 "创建新元件"对话框　　　　图12-83 舞台效果　　　　图12-84 "库"面板　　　　图12-85 拖入素材图像

**08** 在第112帧位置，按F6键插入关键帧，将"库"面板中的素材图像"9411.png"拖入到舞台中，调整至合适的位置，效果如图12-86所示。使用相同方法，在相应的位置插入关键帧，并分别拖入素材图像，调整至合适的位置，完成后的"时间轴"面板如图12-87所示。

图12-86 舞台效果　　　　　　　　图12-87 "时间轴"面板

**09** 在第212帧位置按F7键插入空白关键帧，"时间轴"面板如图12-88所示。执行"插入>新建元件"命令，在弹出的"创建新元件"对话框中进行设置，如图12-89所示。

图12-88 "时间轴"面板　　　　　　　　图12-89 "创建新元件"对话框

**10** 单击"确定"按钮，在"弹起"帧位置，拖入"库"面板中的"过光动画"元件，调整至合适的位置，如图12-90所示。在"指针经过"帧，按F7键插入空白关键帧，将"库"面板中的"旋转动画"元件拖入到舞台的相应位置。使用相同方法，分别在相应的帧位置拖入相应的元件，完成后的"时间轴"面板如图12-91所示。

图12-90 拖入元件　　　　　　　图12-91 "时间轴"面板

**11** 返回到"场景1"的编辑状态，导入素材图像"光盘/源文件/第12章/素材/ 9401.png"至舞台中，如图12-92所示。新建"图层2"，将"库"面板中的"按钮"元件拖入到舞台中的合适位置，如图12-93所示。

图12-92 导入素材图像　　　　　　　　图12-93 拖入元件

**12** 完成游戏按钮动画的制作，执行"文件>保存"命令，将动画保存为"光盘/源文件/第12章/实例94.fla"，按Ctrl+Enter组合键，测试动画，效果如图12-94所示。

图12-94　测试动画效果

**Q** 逐帧动画的缺点是什么？

**A** 逐帧动画在制作大型的Flash动画时，复杂的制作过程导致制作的效率降低，并且每一帧中的图形或者文字的变化要比渐变动画占用的空间大。

**Q** 如何导入图像序列？

**A** 当导入的素材图像文件名称为序列名称时，会弹出提示对话框。如果单击"是"按钮，则会自动以逐帧的方式将该序列的图像全部导入到Flash中；如果单击"否"按钮，则只会将选中的图像导入到Flash中。

## 实例 095 制作网页常见按钮动画

- **源 文 件**｜光盘/源文件/第12章/实例95.fla
- **视　　频**｜光盘/视频/第12章/实例95.swf
- **知 识 点**｜元件的"亮度"属性、按钮元件
- **学习时间**｜5分钟

┤ **操作步骤** ┣

**01** 新建一个空白Flash文档，执行"插入>新建元件"命令，分别制作相应的"图形""影片剪辑"和"按钮"元件，如图12-95所示。

图12-95 新建元件

**02** 返回到"场景1"的编辑状态，导入相应的素材图像，如图12-96所示。

**03** 将制作好的元件拖入到主舞台中，并调整至合适的位置，如图12-97所示。

图12-96 返回"场景1"

图12-97 拖入元件

**04** 完成网页常见按钮动画的制作，将动画保存，按Ctrl+Enter组合键测试动画效果，如图12-98所示。

图12-98 测试动画

**Q** 元件的"亮度"属性作用是什么？

**A** 选择需要调整亮度的元件，在"属性"面板上的"样式"下拉列表中选择"亮度"选项，该选项可以调整实例的明暗度。可以在选项右侧的文本框中输入数值，也可以通过左侧的滑杆来改变数值的大小，数值越大，亮度就会越高，如图12-99所示。

**Q** 元件的"色调"属性作用是什么？

**A** 选择需要调整色调的元件，在"属性"面板上的"样式"下拉列表中选择"色调"选项，该选项可以重新改变实例的颜色。单击"样式"选项右侧的颜色块，即可在弹出的"拾色器"窗口中选择需要的颜色，还可以在R、G、B文本框中直接输入数值来调节实例的RGB颜色，如图12-100所示。

图12-99 调整明暗度　　　图12-100 调整色调

第 **13** 章

# ActionScript脚本应用

在Flash动画的制作过程中，很多时候需要实现动画的交互性、数据处理以及其他功能，例如在动画中显示当前系统的时间，这些功能都需要使用ActionScript脚本来实现。本章向读者介绍ActionScript脚本在Flash动画中的应用。

## 实例 096 使用ActionScript 3.0控制元件缩放

在ActionScript 3.0中可以通过scaleX与scaleY属性，控制元件的大小尺寸，本实例就是通过这两个属性来实现对元件的缩放效果控制的。

- ● 源 文 件 | 光盘/源文件/第13章/ 实例96.fla
- ● 视 频 | 光盘/视频/第13章/实例96.swf
- ● 知 识 点 | scaleX与scaleY属性
- ● 学习时间 | 13分钟

### 实例分析

本实例首先制作出相应的按钮元件和影片剪辑元件，将相应的元件拖入到舞台中，为各元件设置相应的"实例名称"，添加相应的ActionScript 3.0脚本代码，实现通过单击按钮对元件进行缩放的动画效果，如图13-1所示。

图13-1　页面效果

### 知识点链接

在Flash中有两种写入ActionScript脚本代码的方法，一种是在时间轴的关键帧中添加ActionScript代码，另一种是在外面写成单独的ActionScript 3.0类文件，再和Flash库元件进行绑定，或者直接和FLA文件绑定。本实例是将ActionScript 3.0代码直接添加在时间轴的关键帧中。

### 操作步骤

**01** 打开Flash CC软件，执行"文件>新建"命令，弹出"新建文档"对话框，设置如图13-2所示。单击"确定"按钮，完成"新建文档"对话框的设置，如图13-3所示。

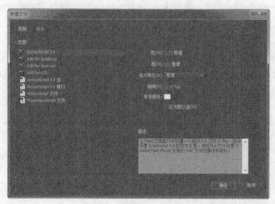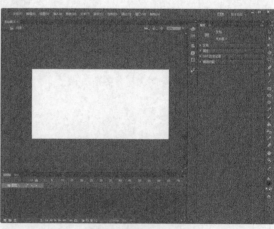

图13-2 "新建文档"对话框　　　　图13-3　新建的文档

**02** 执行"文件>导入>导入到库"命令，导入需要的素材图像，"库"面板如图13-4所示。按Ctrl+F8组合键，新建"名称"为"放大"的按钮元件，将素材图像"放大按钮.png"从"库"面板拖入到舞台中，如图13-5所示。

**03** 在"点击"帧处按F7键插入空白关键帧，使用"矩形工具"在舞台中绘制矩形，如图13-6所示。新建"名称"为"缩小"的按钮元件，使用相同方法，完成该按钮元件的制作，如图13-7所示。

图13-4　"库"面板　　　图13-5　拖入素材图像　　　图13-6　绘制矩形　　　图13-7　完成按钮制作

**04** 新建"名称"为"圣诞快乐"的影片剪辑元件，将素材图像"9602.png"从"库"面板拖入到舞台中，如图13-8所示。返回"场景1"编辑状态，将素材图像"9601.jpg"从"库"面板拖入到舞台中，如图13-9所示。

图13-8　拖入素材图像　　　　　图13-9　拖入素材图像

**05** 新建"图层2"，将"圣诞快乐"元件拖入到舞台中，如图13-10所示。在"属性"面板中对元件的"实例名称"进行设置，如图13-11所示。

图13-10　拖入元件　　　　　图13-11　"属性"面板

**06** 新建"图层3"，将"放大"元件和"缩小"元件拖入到舞台中，如图13-12所示。设置"放大"元件的"实例名称"为btnd，设置"缩小"元件的"实例名称"为btnx。新建"图层4"，打开"动作"面板，输入相应的脚本代码，如图13-13所示。

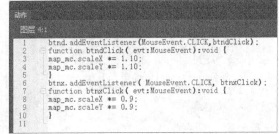

图13-12　拖入元件　　　　　图13-13　输入代码

**07** 执行"文件>保存"命令，将动画保存为"光盘/源文件/第13章/实例96.fla"，按Ctrl+Enter组合键。测试动画效果，如图13-14所示。

图13-14　测试动画效果

**Q** 什么是ActionScript？

**A** ActionScript（AS）是一种面向对象的编程语言，它基于ECMAScript脚本语言规范，是在Flash动画中实现交互的重要组成部分，也是Flash能够优于其他动画制作软件的主要因素。

**Q** ActionScript的特点是什么？

**A** ActionScript是Flash的脚本程序语言，简称AS。近年来，ActionScript脚本程序语言被广泛地应用于用户图形界面、Web交互制作、Flash游戏开发、Flash widget等多个方面，这使得Flash不再拘泥于动画制作，而是发展到包括互联网、产品应用、游戏和人机交互等多个领域。通过使用它，能够实现Flash程序开发，它具有如下特点。

1. 为Flash用户提供了简单、便捷的开发环境和方法。

2. 极大程度地丰富了Flash动画的交互性，使用户可以通过鼠标、键盘与Flash动画进行交互。

---

### 实例 097　使用ActionScript 3.0调用外部文件

- **源 文 件**｜光盘/源文件/第13章/实例97.fla
- **视　　频**｜光盘/视频/第13章/实例97.swf
- **知 识 点**｜Load类
- **学习时间**｜15分钟

---

**┃ 操作步骤 ┃**

**01** 新建文件，并制作影片剪辑元件和动态文本框，如图13-15所示。

**02** 创建一个AS文件，并输入脚本代码调用外部元件，如图13-16所示。

图13-15　制作元件和文本框　　　　　　　图13-16　脚本代码

**03** 新建主文件，并通过脚本实现对调入文件元件的控制，并分别为文本变量赋值，如图13-17所示。

**04** 测试动画效果，可以看到在主动画中显示外部文件中的元件，如图13-18所示。

图13-17　创建脚本

图13-18　测试动画

**Q** ActionScript 3.0有哪些改进？

**A** ActionScript 3.0 包含许多类似于 ActionScript 1.0 和 2.0 的类和功能。但是， ActionScript 3.0 在架构和概念上与早期的ActionScript 版本不同。ActionScript 3.0 中的改进包括新增的核心语言功能，以及能够更好地控制低级对象的改进 API。

**Q** 如何创建外部的ActionScript文件？

**A** 如果需要创建外部ActionScript文件，可以执行"文件>新建"命令，弹出"新建文档"对话框，在"类型"列表中选择需要创建的外部脚本文件的类型（ActionScript 3.0类、ActionScript 3.0接口、ActionScript文件、ActionScript通信文件、FlashJavaScript文件），单击"确定"按钮，即可在打开的脚本编辑窗口中直接输入ActionScript脚本代码。

---

**实例 098**　**使用ActionScript 3.0实现下雪动画效果**

- **源 文 件** | 光盘/源文件/第13章/ 实例98.fla
- **视　　频** | 光盘/视频/第13章/实例98.swf
- **知 识 点** | addChild()方法、Math.random()方法
- **学习时间** | 15分钟

**实例分析**

　　本实例首先制作出雪花飘动的影片剪辑元件，然后在场景中拖入背景，通过ActionScript 3.0控制雪花飘动的数量和速度，达到下雪动画的效果，如图13-19所示。

图13-19　页面效果

**知识点链接**

如果用户创建的是基于ActionScript 3.0的Flash文档，则只能够将ActionScript脚本代码添加到关键帧上，不可以在元件或其他对象上添加ActionScript脚本代码。

**操作步骤**

**01** 执行"文件>新建"命令，新建一个Flash文档，设置如图13-20所示。按Ctrl+F8组合键，新建"名称"为"雪花"的图形元件，打开"属性"面板，对舞台的"背景颜色"进行设置，如图13-21所示。

图13-20 "新建文档"对话框　　　　图13-21 "属性"面板

**02** 打开"颜色"面板，设置径向渐变颜色，如图13-22所示。使用"椭圆工具"，按住Shift键在舞台中绘制圆形，如图13-23所示。

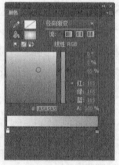

图13-22 "颜色"面板　　　图13-23 绘制圆形

**03** 按Ctrl+F8组合键，新建"名称"为"雪花飘动"的影片剪辑元件，将"雪花"元件拖入到舞台中，如图13-24所示。在第40帧处按F6键插入关键帧，在第1帧创建传统补间动画，如图13-25所示。

图13-24 拖入元件　　　　图13-25 "时间轴"面板

**04** 在"图层1"名称上单击鼠标右键，在弹出的菜单中选择"添加传统运动引导层"选项，为"图层1"添加引导层。使用"钢笔工具"，并设置"钢笔模式"为"平滑"，在舞台中绘制曲线，如图13-26所示。选择"图层1"的第40帧，移动该帧上元件的位置，如图13-27所示。

**05** 在"库"面板中选择"雪花飘动"元件，单击鼠标右键，在弹出的菜单中选择"属性"选项，弹出"元件属性"对话框，展开"高级"选项，设置如图13-28所示。返回"场景1"编辑状态，导入素材图像"光盘/源文件/第13章/素材/雪景.jpg"，如图13-29所示。

图13-26　绘制曲线

图13-27　移动元件位置

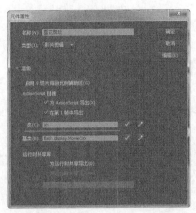
图13-28　"元件属性"对话框

图13-29　导入素材图像

**06** 新建"图层2"，打开"动作"面板，输入相应的脚本代码，如图13-30所示。执行"文件>保存"命令，将动画保存为"光盘/源文件/第13章/实例98.fla"，按Ctrl+Enter组合键测试动画效果，如图13-31所示。

图13-30　输入脚本代码

```
var i:int=1;
function xx(evt:Event) {
if (i<200) {
var mc:MovieClip=new xh();
mc.name="xh"+i;
mc.x=Math.random()*550;
mc.y=Math.random()*300;
mc.scaleX=mc.scaleY=Math.random()*0.6+0.4;
mc.alpha = 0.3+0.6*Math.random();
i++;
addChild(mc);
}
}
addEventListener(Event.ENTER_FRAME,xx);
```

图13-31　测试动画效果

**Q** 在ActionScript 2.0文档与ActionScript 3.0文档中添加脚本代码有什么不同？

**A** 如果创建的是基于ActionScript 3.0的Flash文档，则只能够将ActionScript脚本代码添加到关键帧上，不可以在元件或其他对象上添加ActionScript脚本代码。如果创建的是基于ActionScript 2.0的Flash文档，则可以在关键帧、按钮元件和影片剪辑元件上添加相应的ActionScript脚本代码。

**Q** 如何使用Flash中的脚本辅助功能？

**A** 在默认情况下，在Flash CC的"动作"面板中输入ActionScript脚本代码时，可以获得Flash对全局函数、语句和内置类的方法和属性的提示。这时，当用户输入一个关键字时，Flash会自动识别该关键字并自动弹出适用的属性或方法列表供用户选择。

---

**实例 099**

# 使用ActionScript 3.0制作动感遮罩

- **源 文 件**｜光盘/源文件/第13章/实例99.fla
- **视　　频**｜光盘/视频/第13章/实例99.swf
- **知 识 点**｜mask属性、遮罩对象
- **学习时间**｜15分钟

**┃操作步骤┃**

**01** 首先将背景图导入到场景中，将其转换为影片剪辑元件，并命名其"实例名称"为b，如图13-32所示。

**02** 创建一个图形放大的影片剪辑元件，并综合在一起制作一个多个图形放大的动画，如图13-33所示。

图13-32 导入背景

图13-33 创建元件

**03** 将放大的影片剪辑元件拖入到场景中，并设置其实例名称为a，如图13-34所示。

图13-34 拖入元件

**04** 添加脚本，测试动画效果，实现a元件对b元件的遮罩效果，如图13-35所示。

图13-35 测试动画

**Q 什么是代码片断？**

**A** 使用"代码片断"面板不需要ActionScript 3.0的知识，就可以轻松地将ActionScript 3.0代码添加到FLA文件以启用常用功能。这对于ActionScript新手，或者希望无须学习ActionScript语言，就能够添加简单的交互功能的设计者来说，是非常实用的一个功能。

执行"窗口>代码片断"命令，可以打开"代码片断"面板，在该面板中Flash CC预置了多种不同类型的ActionScript脚本代码，单击每个类别前面的三角形图标，可以展开该类型的代码，如图13-36所示。

图13-36 "代码片断"面板

---

**实例 100 使用ActionScript 3.0制作鼠标跟随动画**

在Flash动画中可以通过ActionScript脚本代码判断光标在Flash动画中的坐标位置，从而实现元件跟随鼠标的效果。

- **源 文 件** | 光盘/源文件/第13章/实例100.fla
- **视 频** | 光盘/视频/第13章/实例100.swf
- **知 识 点** | mouseX、mouseY、rotation
- **学习时间** | 13分钟

**实例分析**

本实例主要是通过ActionScript 3.0代码实现鼠标跟随动画效果。首先打开外部素材库，将制作好的元件拖入到场景中，并为元件设置相应的"实例名称"，其次在关键帧中添加相应的ActionScript 3.0脚本代码，从而实现鼠标跟随动画的效果，如图13-37所示。

图13-37　页面效果

**知识点链接**

Math类包含常用数学函数和值的方法和常数。使用此类的方法和属性可以访问和处理数学常数和函数。Math类的所有属性和方法都是静态的，并且必须使用Math.method(parameter)或Math.constant语法才能调用。

**操作步骤**

**01** 打开Flash CC软件，执行"文件>新建"命令，弹出"新建文档"对话框，设置如图13-38所示。执行"文件>导入>导入到库"命令，将"光盘/源文件/第13章/素材/10001.jpg"导入到"库"面板中，如图13-39所示。

**02** 执行"文件>导入>打开外部库"命令，打开外部库文件"光盘/源文件/第13章/素材/10002.fla"，如图13-40所示。将"10001.jpg"拖入到舞台中，如图13-41所示。

**03** 新建"图层2"，将"心动画"元件从"外部库"面板拖入到舞台中，如图13-42所示。在"属性"面板中设置其"实例名称"，如图13-43所示。

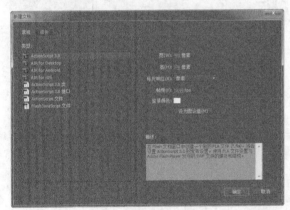

图13-38　"新建文档"对话框

图13-39　"库"面板

图13-40　"外部库"面板

图13-41　拖入素材图像

图13-42　拖入元件

图13-43　"属性"面板

**04** 新建"图层3"，打开"动作"面板，输入脚本代码，如图13-44所示。执行"文件>保存"命令，将文件保存为"光盘/源文件/第13章/实例100.fla"，按Ctrl+Enter组合键测试动画效果，如图13-45所示。

图13-44 输入脚本代码 图13-45 测试动画效果

**Q** 代码片断都是基于ActionScript 3.0的吗？

**A** 需要注意的是，所有这些附带的代码片断都是ActionScript 3.0的，ActionScript 3.0与ActionScript 2.0并不兼容。在Flash CC中新建的Flash文档都是基于ActionScript 3.0的文档，Flash CC已经不再支持ActionScript 2.0，这也是Flash CC与Flash CS6重要的区别之一。

**Q** ActionScript 3.0有哪几种界定符？

**A** ActionScript 3.0的界定符包括花括号、分号、圆括号3种，不同的界定符具有不同的作用。

● 花括号：ActionScript 3.0中的一组语句可以被一对花括号（{…}）括起来组成一个语句块。

● 分号：ActionScript 3.0 中的语句是由一个分号来结尾的，但也并不是必需的，即使语句结尾不加分号，Flash也可以对此进行成功的编译。

● 圆括号：在定义一个函数的时候，任何的参数定义都必须放在一对圆括号内。

---

### 实例 101 使用ActionScript 3.0制作幻灯片

● **源 文 件** | 光盘/源文件/第13章/实例101.fla

● **视 频** | 光盘/视频/第13章/实例101.swf

● **知 识 点** | addlistener()、addEventListener()

● **学习时间** | 15分钟

---

**操作步骤**

**01** 将制作幻灯动画所需要的图片导入到场景中，并分别放到不同帧上，如图13-46所示。

**02** 使用"公共库"中的按钮元件，并分别为其设置"实例名称"，如图13-47所示。

图13-46 导入图片 图13-47 导入按钮元件

**03** 新建图层，在第1帧上添加脚本，将按钮和功能连接在一起，如图13-48所示。

**04** 测试动画效果，可以看到常见的幻灯效果，如图13-49所示。

图13-48　添加脚本　　　　　　　　　　　图13-49　测试动画

**Q** 在ActionScript代码中区分大小写吗？

**A** 在ActionScript中，变量和对象都区分大小写，如果在书写关键字时没有正确使用大小写，程序将会出现错误。当在"动作"面板中启用语法突出显示功能时，用正确的大小写书写的关键字显示为蓝色。

**Q** ActionScript脚本中的点操作符是什么？

**A** 在Actionscript 3.0中，点（.）可以用来表示与某个对象相关的属性和方法，另外，它还可以用来表示变量的目标路径。点语法的表达式是以对象名开始的，然后是一个点，后面紧跟着的是要指定的属性、方法或者变量。

第 **14** 章

# 制作网站Flash动画元素

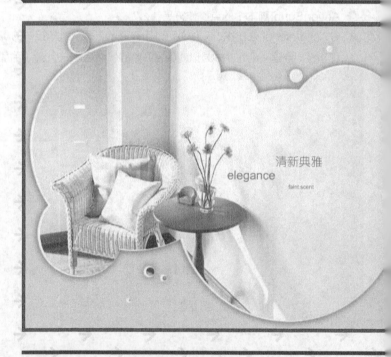

清新典雅
elegance
faint scent

Flash动画在网页中的应用最为广泛，常常可以在网站中看
到Flash按钮动画、Flash导航菜单、Flash广告动画以及
Flash开场动画等。前面几章已介绍了Flash中各种基础动
画和高级动画的制作方法，本章通过一些网站中常见Flash
动画的制作，使读者快速掌握网页中不同类型的Flash动画
的制作方法。

# 实例 102 制作Flash登录框

Flash组件是带参数的影片剪辑，它们的外观和行为可以修改。组件既可以是简单的用户界面控件，例如，单选按钮或复选框，也可以包含内容，例如，滚动窗格，还可以是不可视的。

- **源 文 件 |** 光盘/源文件/第14章/实例102.fla
- **视 频 |** 光盘/视频/第14章/实例102.swf
- **知 识 点 |** TextInput组件、Checkbox组件、Button组件
- **学习时间 |** 15分钟

## 实例分析

本实例是在Flash中制作登录框。通过使用Flash中自带的组件，可以轻松地制作出登录框的效果，如图14-1所示。在制作登录框的过程中主要使用的组件包括TextInput组件、Checkbox组件和Button组件。

图14-1 页面效果

## 知识点链接

TextInput组件实现的是文本输入框的效果，通过TextInput组件与Button组件相结合，可以很方便地在Flash中制作出登录框的效果。在本实例中主要通过组件实现Flash登录框效果，如果需要实现相应的功能，则还需要与ActionScript脚本相结合。

## 操作步骤

**01** 执行"文件>新建"命令，弹出"新建文档"对话框，设置如图14-2所示，单击"确定"按钮，新建一个空白的Flash文档。执行"文件>导入>导入到舞台"命令，导入素材图像"光盘/源文件/第14章/素材/10201.jpg"，如图14-3所示。

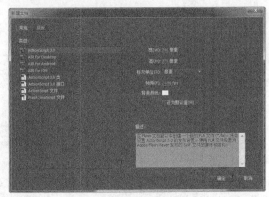

图14-2 "新建文档"对话框

图14-3 导入素材图像

**02** 新建"图层2"，使用"文本工具"，在"属性"面板中对相关属性进行设置，如图14-4所示。在舞台中输入相应的文字，如图14-5所示。

**03** 执行"窗口>组件"命令，打开"组件"面板，展开User Interface选项组，如图14-6所示。新建"图层3"，将TextInput组件拖入到舞台中，并调整到合适的大小和位置，如图14-7所示。

图14-4 设置文本属性

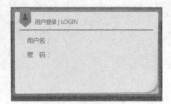

图14-5 输入文字

图14-6 "组件"面板

图14-7 拖入TextInput组件

**04** 使用相同方法，再拖入一个TextInput组件，如图14-8所示。选择"密码："后的TextInput组件，打开"属性"面板，在"组件参数"选项区中选中displayAsPassword选项，如图14-9所示。

**05** 在"组件"面板中将CheckBox组件拖入到舞台中，如图14-10所示。选择刚拖入的CheckBox组件，在"属性"面板上的"组件参数"选项区中设置label属性为"记住密码"，如图14-11所示。

图14-8 拖入TextInput组件

图14-9 设置"组件参数"

图14-10 拖入CheckBox组件

图14-11 设置"组件参数"

**06** 在"组件"面板中将Button组件拖入到舞台中，如图14-12所示。选择刚拖入的Button组件，在"属性"面板上的"组件参数"选项区中设置label属性为"登录"，效果如图14-13所示。

**07** 完成Flash登录框的制作，执行"文件>保存"命令，保存动画，按Ctrl+Enter组合键，预览动画效果，如图14-14所示。

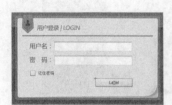

图14-12 拖入Button组件

图14-13 设置"组件参数"

图14-14 测试动画效果

**Q 什么是Flash组件？**

**A** 组件是包含有参数的复杂的动画剪辑，本质上是一个容器，包含有很多资源。Flash CC中的各种组件可以使画具备某种特定的交互功能。用户还可以自己扩展组件，从而拥有更多的Flash界面元素或动画资源。

使用组件，可以不用自己创建按钮、组合框和列表等，也可以不用深入了解ActionScript脚本语言，而是直接从"组件"面板中将组件拖到场景中，就可以设计出功能强大且具有一致外观和行为的应用程序。

每个组件都有预定义参数，还有一组独有的ActionScript方法、属性和事件，它们也称为API，即应用程序编程接口，用户可以通过该接口在运行时设置组件的参数和其他选项。

**Q** Flash CC主要包含哪几种类型的组件？

**A** 组件是面向对象技术的一个重要特征。在Flash CC中默认为用户提供了一些预设的组件，存放在"组件"面板中。

执行"窗口>组件"命令，打开"组件"面板，在Flash CC的"组件"面板中默认提供了两组不同类型的组件，单击每个组前面的三角形图标，可以展开相应类型中的组件。每个组件都有预定义参数，可以在制作Flash动画时设置这些参数，如图14-15所示。

图14-15　"组件"面板

## 实例 103　制作游戏按钮动画

在制作交互性动画的时候，"按钮"元件有很大的作用。按钮的效果可以千变万化，要制作效果丰富的按钮则需要使用影片剪辑，通过将漂亮的动画效果应用于按钮的"指针经过"状态，可以让按钮变得更加炫目。

- **源 文 件** | 光盘/源文件/第14章/实例103.fla
- **视　　频** | 光盘/视频/第14章/实例103.swf
- **知 识 点** | 影片剪辑元件、按钮元件、遮罩动画
- **学习时间** | 15分钟

### 实例分析

本实例制作的是一个游戏按钮动画。首先制作出按钮所需要的元件，并在影片剪辑元件中制作出按钮文字的遮罩动画效果；其次制作按钮元件，将制作好的影片剪辑元件拖入到按钮元件中并放置在"指针经过"帧；最后在主场景中拖入元件，完成该按钮动画的制作，效果如图14-16所示。

图14-16　页面效果

### 知识点链接

"库"面板可用于存放所有存在于动画中的元素，如元件、插图、视频和声音等，利用"库"面板，可以对库中的资源进行有效的管理。执行"窗口>库"命令或者按F14键，就能打开"库"面板。

在"库"面板中按列的形式显示"库"面板中的每个元件的信息。在正常情况下，它可以显示所有列的内容，读者也可以拖动面板的左边缘或者右边缘来调整"库"面板的大小。

### 操作步骤

**01** 打开Flash CC软件，执行"文件>新建"命令，弹出"新建文档"对话框，设置如图14-17所示，单击"确定"按钮，新建Flash文档。执行"插入>新建元件"命令，弹出"创建新元件"对话框，设置如图14-18所示。

图14-17 "新建文档"对话框

图14-18 "创建新元件"对话框

**02** 使用"椭圆工具"，打开"颜色"面板，设置一种从白色到白色透明的径向渐变，如图14-19所示。在舞台中拖动鼠标绘制一个圆形，如图14-20所示。

**03** 新建"名称"为"多个光点"的图形元件，将"光点"元件拖入到舞台中，并设置其Alpha值为80%，效果如图14-21所示。将"光点"元件多次拖入到舞台中，并分别调整到合适的大小和位置，并设置相应的Alpha值，效果如图14-22所示。

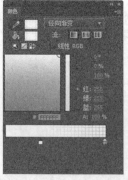

图14-19 设置渐变颜色

图14-20 绘制圆形

图14-21 元件效果

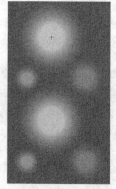

图14-22 元件效果

**04** 新建"名称"为"按钮背景动画"的影片剪辑元件，导入素材图像"光盘/源文件/第14章/素材/10301.png"，如图14-23所示，在第30帧位置按F5键插入帧。新建"图层2"，将"多个光点"元件拖入到舞台中，并使用"任意变形工具"调整其到合适的大小和位置，如图14-24所示。

图14-23 导入素材图像

**05** 在第30帧位置按F6键插入关键帧，将该帧上的元件垂直向上移动，如图14-25所示，在第1帧创建传统补间动画。新建"图层3"，使用"椭圆工具"，在舞台中合适的位置绘制一个圆形，如图14-26所示。将"图层3"设置为遮罩层，创建遮罩动画，"时间轴"面板如图14-27所示。

图14-24 拖入元件

图14-25 向上移动元件

图14-26 绘制圆形

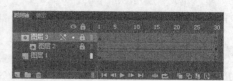

图14-27 "时间轴"面板

**06** 新建"名称"为"按钮文字动画"的影片剪辑元件，导入素材图像"光盘/源文件/第14章/素材/10302.png"，如图14-28所示。按F8键，将该图像转换成"名称"为"按钮文字"的图形元件，如图14-29所示。

**07** 分别在第3帧、第5帧和第7帧位置按F6键插入关键帧，选择第3帧上的元件，将该帧上的元件等比例缩小，如图14-30所示。选择第5帧上的元件，将该帧上的元件等比例放大，如图14-31所示。

图14-28　导入素材图像

图14-29　"创建新元件"对话框

图14-30　缩小元件

图14-31　放大元件

**08** 选择第7帧上的元件，在"属性"面板中对该帧上元件的"高级"属性进行设置，如图14-32所示，元件效果如图14-33所示。在第25帧位置按F5键插入帧，分别在第1帧、第3帧和第5帧创建传统补间动画，"时间轴"面板如图14-34所示。

图14-32　设置"高级"选项

图14-33　元件效果

图14-34　"时间轴"面板

**09** 新建"图层2"，在第7帧位置按F6键插入关键帧，使用"矩形工具"，在舞台中绘制一个矩形，为矩形填充从白色到白色透明的线性渐变，如图14-35所示。在第25帧处按F6键插入关键帧，将该帧上的矩形向右下方移动，如图14-36所示，在第7帧处创建补间形状动画。

图14-35　绘制矩形

图14-36　移动矩形位置

**10** 新建"图层3"，在第7帧位置按F6键插入关键帧，使用"文本工具"，在"属性"面板上进行设置，如图14-37所示。在舞台中输入文字，并将文字创建为轮廓，如图14-38所示。将"图层3"设置为遮罩层，创建遮罩动画，"时间轴"面板如图14-39所示。

图14-37　设置"属性"面板

图14-38　文字效果

图14-39　"时间轴"面板

**11** 新建"图层4"，在第25帧位置按F6键插入关键帧，打开"动作"面板，输入脚本代码，如图14-40所示，"时间轴"面板如图14-41所示。

**12** 新建"名称"为"按钮动画"的按钮元件，将"按钮背景动画"元件拖入到舞台中，如图14-42所示。在"点击"帧位置按F5键插入帧，"时间轴"面板如图14-43所示。

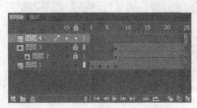

图14-40　输入脚本　　　图14-41　"时间轴"面板　　　图14-42　拖入元件　　　图14-43　"时间轴"面板
　　　　　代码

**13** 新建"图层2"，在"弹起"帧位置将"按钮文字"元件拖入到舞台中，在"指针经过"帧位置按F7键插入空白关键帧，将"按钮文字动画"元件拖入到舞台中，如图14-44所示。在"按下"帧位置按F7键插入空白关键帧，将"按钮文字"元件拖入到舞台中，在"点击"帧位置按F7键插入空白关键帧。使用"椭圆工具"在舞台中合适位置绘制圆形，如图14-45所示，"时间轴"面板如图14-46所示。

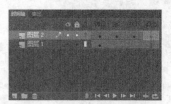

图14-44　拖入元件　　　图14-45　绘制圆形　　　图14-46　"时间轴"面板

**14** 返回"场景1"编辑状态，导入素材图像"光盘/源文件/第14章/素材/10303.jpg"，如图14-47所示。新建"图层2"，将"按钮动画"元件拖入到舞台中，调整到合适的位置，如图14-48所示。

图14-47　导入素材图像　　　　　图14-48　拖入元件

**15** 完成该游戏按钮动画的制作，执行"文件>保存"命令，将文件保存为"光盘/源文件/第14章/实例103.fla"，按Ctrl+Enter组合键，测试动画效果，如图14-49所示。

图14-49　测试动画效果

**Q** 如何对"库"面板中的项目进行重命名?

**A** 在"库"面板的资源列表中选中一个项目,单击右键,在弹出的菜单中选择"重命名"命令,输入新项目名称,按回车键即可,双击项目名称也可对其重命名。

**Q** Flash可以自动更新库项目吗?

**A** 可以,导入一张外部图片到"库"面板中,然后使用外部编辑器修改库中的该图片,Flash会自动更新其修改,如位图或声音等。当Flash没有自动更新时,用户可以手动更新,在选项菜单中选择"更新"命令,Flash就会把外部文件导入并覆盖库中文件。

---

**实 例**
# 104 制作游戏网站导航动画

导航动画在网络应用上是非常常见的,也是一个网站必备的组成部分。好的导航动画可以为网页加分,也可以为浏览者提供方便、快捷的导航作用。

- **源 文 件** | 光盘/源文件/第14章/实例104.fla
- **视 频** | 光盘/视频/第14章/实例104.swf
- **知 识 点** | 输入文字、ActionScript脚本、传统补间动画
- **学习时间** | 20分钟

---

**┃ 实例分析 ┃**

本实例制作的是一个游戏网站导航动画。首先在影片剪辑元件中制作出各子导航菜单动画,其次制作出主导航菜单动画,最后将制作好的影片剪辑元件拖入到主场景中,完成整个导航菜单动画的制作,效果如图14-50所示。

图14-50 页面效果

---

**┃ 知识点链接 ┃**

当把一个元件从"库"面板中拖动到场景中时,实际上并不是将元件本身放置到场景中,而是创建了一个副本(即实例),元件和实例关系紧密,一个元件可派生出多个实例。实例虽然来源于元件,但是每一个实例都有其自身的、独立于元件的属性,例如,可以改变某个实例的色调、透明度和亮度,重新定义实例的类型,设置图形实例内动画的播放模式,调整实例的大小比例或者使该实例进行旋转倾斜之类的操作等。

---

**┃ 操作步骤 ┃**

**01** 执行"文件>新建"命令,弹出"新建文档"对话框,设置如图14-51所示,单击"确定"按钮,新建Flash文档。按Ctrl+F8组合键,新建一个"名称"为"公告按钮"的按钮元件,使用"文本工具",在"属性"面板中进行设置,如图14-52所示。

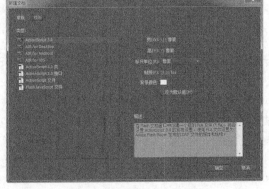

图14-51 "新建文档"对话框

图14-52 "属性"面板

**02** 在画布中输入文字，如图14-53所示。连续按两次Ctrl+B组合键，将文字分离为图形，如图14-54所示。

**03** 选择"指针经过"帧，按F6键插入关键帧，在"属性"面板中设置"填充颜色"为#FFFFFF，效果如图14-55所示。在"按下"帧和"点击"帧处分别按F6键插入关键帧，选中"点击"帧，使用"矩形工具"在画布中绘制矩形，如图14-56所示。

图14-53 输入文字

图14-54 将文字分离为图形

图14-55 填充效果

图14-56 绘制矩形

**04** 使用相同方法，完成按钮"活动按钮"和"新闻按钮"元件的制作，元件效果如图14-57所示。

**05** 按Ctrl+F8组合键，新建"名称"为"炫舞资讯动画"的影片剪辑元件，执行"文件>导入>打开外部库"命令，打开外部库文件"光盘/源文件/第14章/素材/菜单背景.fla"，如图14-58所示。将"图形"元件从"库-菜单背景.fla"面板中拖入到舞台中，如图14-59所示。

图14-57 "活动"按钮效果

图14-58 "库-菜单背景.fla"面板

图14-59 元件效果

**06** 在第15帧位置按F5键插入帧，新建"图层2"，在舞台中输入文本，并将文本分离为图形，如图14-60所示。新建"图层3"，将"音符动画"元件从"库-菜单背景.fla"面板中拖入到舞台中，如图14-61所示。

**07** 新建"图层4"，在第3帧位置按F7键插入空白关键帧，将"圆角矩形"元件从"库-菜单背景.fla"面板中拖入到舞台中，并调整大小，如图14-62所示。分别在第8帧和第10帧位置按F6键插入关键帧，使用"任意变形工具"对第3帧上的元件进行调整，如图14-63所示。

图14-60 输入文字

图14-61 拖入元件

图14-62 拖入元件

图14-63 调整元件大小

**08** 选择第8帧，对该帧上的元件进行相应的调整，如图14-64所示。分别在第3帧和第8帧上创建传统补间动画，如图14-65所示。

**09** 新建"图层5"，在第8帧位置按F7键插入空白关键帧，将"公告按钮"元件从"库"面板中拖入到舞台中，如图14-66所示。使用相同方法，完成"图层6"和"图层7"的制作，如图14-67所示。

**10** 新建"图层8"，在第15帧位置按F6键插入关键帧，在"动作"面板中输入stop();，"时间轴"面板如图14-68所示。使用相同方法，制作出"首页动画""初入舞林动画""炫舞特色动画""舞林靓影动画"和"炫舞论坛动画"元件，如图14-69所示。

图14-64　调整元件大小

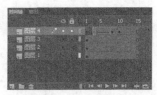
图14-65　"时间轴"面板

图14-66　拖入元件

图14-67　输入脚本代码

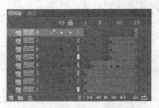
图14-68　元件效果

图14-69　"时间轴"面板

**11** 新建"名称"为"反应区"的按钮元件，在"点击"帧位置按F7键插入空白关键帧，使用"矩形工具"，在舞台中绘制矩形，如图14-70所示。返回"场景1"中，导入相应素材图像，在第7帧处按F5键插入帧，如图14-71所示。

图14-70　绘制矩形

图14-71　拖入素材图像

**12** 新建"图层2"，在第2帧位置按F7键插入空白关键帧，将"首页动画"元件拖入到舞台中，如图14-72所示。依次在第3帧至第7帧处按F7键插入空白关键帧，并分别将相应的影片剪辑元件拖入到舞台中，如图14-73所示。

图14-72　拖入元件

图14-73　拖入元件

**13** 新建"图层3"，将"反应区"元件拖入到舞台中，并调整到合适的大小和位置，如图14-74所示。使用相同方法，新建图层，分别拖入"反应区"元件，如图14-75所示。

图14-74　拖入元件

图14-75　拖入其他反应区元件

**14** "时间轴"面板如图14-76所示。在"属性"面板中分别设置各"反应区"元件的"实例名称"为btn1至btn6，如图14-77所示。新建"图层9"，打开"动作"面板，输入相应的脚本代码，如图14-78所示。

图14-76　拖入元件　　　　　图14-77　"属性"面板　　　　　图14-78　输入脚本代码

**15** 完成该动画的制作，执行"文件>保存"命令，将动画保存为"光盘/源文件/第14章/实例104.fla"，按Ctrl+Enter组合键，测试动画效果，如图14-79所示。

图14-79　测试动画效果

**Q** 在Flash中使用了特殊字体的文字为什么需要分离？

**A** 如果在Flash中使用了特殊字体的文字，则需要将文字分离为图形，因为操作系统中默认的中文字体只有常用的几种，而其他的特殊字体都没有，如果使用特殊的字体，当浏览者的计算机中并没有安装该特殊字体时，则所使用的字体将会被替换。将文字分离后，就不再具有文字的相关属性，而只是普通的图形。

**Q** 元件的注册点是什么？

**A** 当用户为元件创建了一个实例时，在场景中可以看到一个黑色的十字形图标，该图标就是元件的注册点，是对象本身在场景中所处位置的参考点，根据该坐标就可以在"属性"面板中直观、清晰地看到对象的位置。也可以在"属性"面板中进行修改，即在"属性"面板的"位置和大小"选项区中对注册点的$x$、$y$坐标进行设置。

## 实例 105　制作跟随鼠标的蝴蝶效果

在Flash动画中常常可以看到跟随鼠标的星星或文字等鼠标跟随效果，这样的效果都是通过ActionScript脚本判断当前光标指针在Flash动画中的位置，再将所判断的位置赋予相应的元件所实现的。

- ● **源 文 件** | 光盘/源文件/第14章/实例105.fla
- ● **视　　频** | 光盘/视频/第14章/实例105.swf
- ● **知 识 点** | ActionScript 3.0脚本
- ● **学习时间** | 15分钟

**实例分析**

本实例制作的是跟随鼠标的蝴蝶飞舞效果，首先在影片剪辑元件中制作出蝴蝶翅膀煽动的动画效果，其次将该影片剪辑元件拖入到舞台中并设置"实例名称"，最后添加相应的ActionScript脚本代码实现跟随鼠标的效果，如图14-80所示。

图14-80 页面效果

**知识点链接**

通过使用"任意变形工具"调整翅膀元件，在关键帧之间创建传统补间动画，从而制作出蝴蝶翅膀的动画效果。

**操作步骤**

**01** 打开Flash CC软件，执行"文件>新建"命令，弹出"新建文档"对话框，设置如图14-81所示。单击"确定"按钮，完成"新建文档"对话框的设置，如图14-82所示。

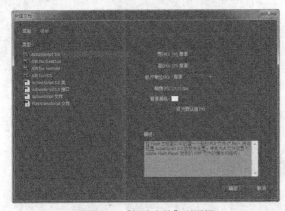

图14-81 "新建文档"对话框　　　　图14-82 新建的文档

**02** 执行"文件>导入>导入到库"命令，将素材图像导入到"库"面板中，如图14-83所示。按Ctrl+F8组合键，新建"名称"为"蝴蝶动画"的影片剪辑元件，在第50帧处按F5键插入帧，将"10503.png"拖入到画布中，如图14-84所示。

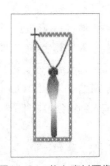

图14-83 "库"面板　　　图14-84 拖入素材图像

**03** 新建"图层2"，将"10502.png"拖入舞台中，如图14-85所示。按F8键，将其转换成"名称"为"翅膀"的图形元件，分别在第3帧和第5帧位置按F6键插入关键帧，选择第3帧上的元件，使用"任意变形工具"调整元件大小，如图14-86所示。

**04** 分别在第1帧和第3帧上创建传统补间动画，在第10帧位置按F6键插入关键帧，调整元件大小，如图14-87所示。在第15帧处按F6键插入关键帧，调整该帧上元件的大小，如图14-88所示，在第10帧上创建传统补间动画。

图14-85 拖入素材图像

图14-86 调整元件大小

图14-87 调整元件大小

图14-88 调整元件大小

**05** 新建"图层3"，将"翅膀"元件从"库"面板拖入到舞台中，执行"修改>变形>水平翻转"命令，将其水平翻转并调整到合适的位置，如图14-89所示。在第3帧位置按F6键插入关键帧，调整该帧上元件的大小，如图14-90所示。

**06** 在第5帧位置按F6键插入关键帧，调整该帧上元件的大小，如图14-91所示。在第10帧位置按F6键插入关键帧，调整该帧上元件的大小，如图14-92所示。

图14-89 调整元件位置

图14-90 调整元件大小

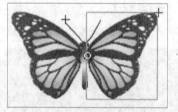
图14-91 调整元件大小

图14-92 调整元件大小

**07** 在第15帧位置按F6键插入关键帧，调整该帧上元件的大小，如图14-93所示。分别在第1帧、第3帧、第10帧上创建传统补间动画，"时间轴"面板如图14-94所示。

图14-93 调整元件大小

图14-94 "时间轴"面板

**08** 按Ctrl+F8组合键，新建"名称"为"整体蝴蝶动画"的影片剪辑元件，将"蝴蝶动画"元件从"库"面板拖入到舞台中，调整元件的位置，如图14-95所示。返回"场景1"，将素材图像"10501.jpg"从"库"面板拖入到舞台中，如图14-96所示。

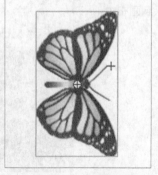
图14-95 调整元件位置

图14-96 拖入素材图像

**09** 新建"图层2"，将"整体蝴蝶动画"元件从"库"面板拖入到舞台中，如图14-97所示。设置该元件的"实例名称"为fly_mc，新建"图层3"，打开"动作"面板，输入相应的脚本代码，如图14-98所示。

图14-97　拖入元件

图14-98　输入脚本代码

**10** 完成该动画效果的制作，执行"文件>保存"命令，将文件保存为"光盘/源文件/第14章/实例105.fla"，按Ctrl+Enter组合键，测试动画效果，如图14-99所示。

图14-99　测试动画效果

**Q** 在Flash中如何对对象进行变形操作？有哪些方法？

**A** 对对象进行变形操作的方法有3种，一种是单击工具箱中的"任意变形工具"按钮进行变形；另一种是执行"修改>变形"命令，在弹出的子菜单中选择相应的选项进行变形；还有一种就是执行"窗口>变形"命令，打开"变形"面板，通过"变形"面板对对象进行相应的变形操作。

**Q** 什么是元件的中心点？

**A** 单击"工具箱"中的"任意变形工具"按钮，在场景中单击选中相应的对象，便会在该对象的周围显示变换框，在变换框中即可进行缩放、倾斜、旋转等操作。位于变换框中央位置的白色圆点即是该对象的中心点，中心点可以随意移动，并且在对对象进行旋转或者按Alt键调整大小等操作时都可以以中心点作为基准。

## 实例 106　制作艺术片头动画

在Flash中基础动画类型非常实用，通过各种基础动画的综合运用可以制作出许多精美的动画效果。本实例所制作的艺术片头动画就是通过形状补间动画和遮罩动画相结合来实现的。

- **源 文 件** | 光盘/源文件/第14章/实例106.fla
- **视　　频** | 光盘/视频/第14章/实例106.swf
- **知 识 点** | 形状补间、遮罩动画
- **学习时间** | 20分钟

## 实例分析

本实例首先利用遮罩完成了对元件的制作，然后回到场景将所需的图像素材导入到场景，利用简单的动画效果完成场景的制作，再将前面制作好的元件依次拖入到场景，放置在相应的位置，完成最终的制作，效果如图14-100所示。

图14-100 页面效果

## 知识点链接

在制作遮罩动画时，遮罩对象不但可以是基本图形、图形元件，还可以是影片剪辑元件，在本实例中将通过使用影片剪辑元素来创建遮罩动画。

## 操作步骤

**01** 执行"文件>新建"命令，弹出"新建文档"对话框，设置如图14-101所示，单击"确定"按钮，新建一个空白的Flash文档。新建"名称"为"文字1遮罩动画"的"影片剪辑"元件，将图像"光盘/源文件/第14章/素材/10601.png"导入到场景中，如图14-102所示。

图14-101 "新建文档"对话框　　　　图14-102 导入图像

**02** 在第80帧位置插入关键帧，新建"图层2"，使用"钢笔工具"，在场景中绘制路径，使用"颜料桶工具"，填充颜色#FF6600，并将笔触删除，如图14-103所示。在第8帧位置插入关键帧，使用"任意变形工具"，对图形进行单方向拖拽，如图14-104所示。

**03** 在第1帧创建传统补间动画，新建"图层3"，在第9帧位置插入关键帧，相同的方法在场景中绘制图形，如图14-105所示。在第13帧位置插入关键帧，使用"任意变形工具"对图形进行相应的拖拽，如图14-106所示。

图14-103 图形效果　　　图14-104 绘制图形　　　图14-105 绘制图形　　　图14-106 场景效果

**04** 在第8帧创建传统补间动画，根据"图层2"和"图层3"的制作方法，完成其他图层中动画的制作，"时间轴"面板如图14-107所示。场景效果如图14-108所示。新建"图层17"，在第80帧位置插入关键帧，在"动作"面板输入中stop ();脚本代码，并将"图层1"删除。

图14-107　"时间轴"面板　　　　　　　　　　　　　　图14-108　场景效果

**05** 新建"名称"为"文字2遮罩"的"影片剪辑"元件，使用"椭圆工具"，设置"颜色"面板如图14-109所示。在场景中绘制正圆如图14-110所示。并将其转换成"名称"为"圆"的"图形"元件。

**06** 分别在第10帧和第45帧位置插入关键帧，依次选择第1帧和第45帧上的元件设置其Alpha值为0%，选择第10帧上的元件，使用"任意变形工具"将元件等比例扩大，如图14-111所示。在第1帧和第10帧创建传统补间动画，在第58帧位置插入帧，如图14-112所示。

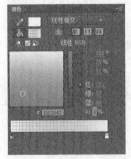

图14-109　"颜色"面板　　　图14-110　绘制图形　　　图14-111　元件效果　　　图14-112　元件效果

**07** 根据"图层1"的制作方法，完成"图层2"中动画效果的制作，如图14-113所示。新建"图层3"，在第58帧位置插入关键帧，在"动作"面板中输入stop ();脚本代码。新建"名称"为"文字组合"的"影片剪辑"元件，将图像"10601.png"从"库"面板中拖入到场景中，如图14-114所示，在第105帧位置插入帧。

**08** 新建"图层2"，将"文字1遮罩动画"元件从"库"面板中拖入到场景中，如图14-115所示，并设置该层为遮罩层。新建"图层3"，将"文字2遮罩"元件从"库"面板中拖入到场景中，如图14-116所示。新建"图层4"，在第105帧位置插入帧，在"动作"面板中输入stop ();脚本代码。

图14-113　场景效果　　　图14-114　拖入图像　　　图14-115　拖入元件　　　图14-116　拖入元件

**09** 根据前面元件的制作方法，完成"船遮罩动画1""船遮罩动画2""船组合遮罩动画"　"花遮罩动画"和"遮罩3动画"的制作，返回到"场景1"的编辑状态，将图像"10603.png"导入到场景中，如图14-117所示，并将其转换成"名称"为"背景"的"图形"元件。

**10** 分别在第10帧和第77帧位置插入关键帧，选择第1帧上的元件，设置其Alpha值为0%，选择第10帧上的元件，设置"属性"面板如图14-118所示，元件效果如图14-119所示。分别在第1帧和第10帧创建传统补间动画，在第510帧位置插入帧。

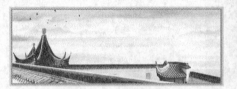

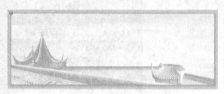

图14-117　导入图像　　　　　　　图14-118　"属性"面板　　　　　　图14-119　元件效果

**11** 新建"图层2"，使用"矩形工具"在场景中绘制矩形，如图14-120所示，并将其转换成"名称"为"遮罩1"的"图像"元件，在第10帧位置插入帧，将元件放大，如图14-121所示。在第1帧创建传统补间动画，并将该图层设置为遮罩层。

图14-120　矩形效果　　　　　　　　　　　图14-121　元件效果

**12** 新建"图层3"，在第203帧位置插入关键帧，将"文字组合"元件从"库"面板中拖入到场景中，如图14-122所示。根据前面的制作方法，完"图层4"至"图层6"的制作，场景效果如图14-123所示。新建"图层7"，在第510帧位置插入关键帧，在"动作"面板输入stop ();脚本代码。

图14-122　拖入元件　　　　　　　　　　　图14-123　场景效果

**13** 完成艺术片头动画的制作，执行"文件>保存"命令，将动画保存为"光盘/源文件/第14章/实例106.fla"，测试动画效果如图14-124所示。

图14-124　测试动画效果

**Q** 如何将元件实例分离？

**A** 元件实例来源于元件，是由元件派生出来的，因此当元件发生改变时，该元件的实例也会随着变化，如果想让实例不随着元件发生改变，可以分离实例，也就是使实例与元件分离。

在场景中选择一个元件，执行"修改>分离"命令，也可以选中场景中的一个元件，单击鼠标右键，在弹出的菜单中选择"分离"命令即可。此操作将该实例分离成若干个组成该实例的图形元素，此时即可使用工具箱中的一些工具进行操作。

制作场景切换开场动画

开场动画是网站中非常常见的一种动画形式，它不仅能够用来展示企业形象和产品信息，还能够达到吸引浏览者的目的，避免了枯燥的文字内容。

- **源 文 件** | 光盘/源文件/第14章/实例107.fla
- **视 频** | 光盘/视频/第14章/实例107.swf
- **知 识 点** | 遮罩动画
- **学习时间** | 20分钟

## 实例分析

本实例主要向读者讲解了一种利用遮罩完成的片头动画的制作方法和技巧，在制作的过程中读者要注意遮罩的变化和间隔的时间，其实片头动画可以利用很多不同的方式来实现，效果如图14-125所示。

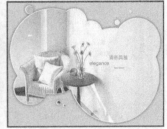

图14-125 页面效果

## 知识点链接

在创建动态的遮罩动画时，对于不同的对象需要使用不同的方法；如果是对于填充的对象，则可以使用补间形状；如果是对于文字、影片剪辑或者图形对象，则可以使用补间动画或传统补间动画。

## 操作步骤

**01** 执行"文件>新建"命令，弹出"新建文档"对话框，设置如图14-126所示，单击"确定"按钮，新建一个空白的Flash文档。在第30帧位置插入关键帧，将图像"光盘/源文件/第14章/素材/10701.png"导入到场景中，如图14-127所示。

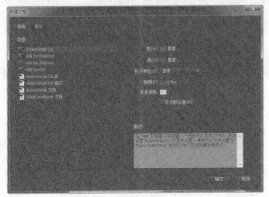

图14-126 "新建文档"对话框

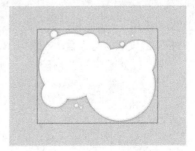

图14-127 导入素材图像

**02** 并将其转换成"名称"为"框"的"图形"元件，设置其Alpha值为0%，在第40帧位置插入关键帧，使用"任意变形工具"将元件等比例放大，并修改其Alpha值为70%，如图14-128所示。在第45帧位置插入关键帧，使用"任意变形工具"，将元件等比例缩小，并修改其"颜色"样式为无，如图14-129所示。

图14-128 元件效果

图14-129 元件效果

**03** 分别在第30帧和第40帧创建传统补间动画，在第1050帧插入帧，新建"图层2"，打开外部库"光盘/源文件/第14章/素材14-10.fla"，将"圆动画"元件从"库-素材14-10.fla"面板中拖入到场景中，在第47帧位置插入空白关键帧，如图14-130所示。新建"图层3"，在第97帧位置插入帧，将图像"10702.png"导入到场景中，如图14-131所示。

图14-130 拖入元件

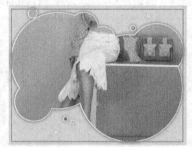
图14-131 导入素材图像

**04** 在第256帧位置插入空白关键帧，新建"图层4"，在第97帧位置插入关键帧，使用"椭圆工具"在场景中绘制正圆，并将其转换成"名称"为"圆"的"图形"元件，如图14-132所示，分别在第130帧和第145帧位置插入关键帧，选择第30帧上的元件，将元件移动到图14-133所示的位置。

图14-132 元件效果

图14-133 元件效果

**05** 选择第145帧上的元件，使用"任意变形工具"将元件扩大，为第97帧和第130帧创建传统补间动画，在第256帧插入空白关键帧，并将该层设置为遮罩层，如图14-134所示。根据"图层3"和"图层4"的制作方法，完成"图层5"和"图层6"的制作，如图14-135所示。

图14-134 元件效果

图14-135 场景效果

**06** 新建"图层7",在第250帧位置插入关键帧,使用"文本工具"在场景中输入文字,并将其转换成"名称"为"文字4"的"图形"元件,如图14-136所示。在第274帧位置插入关键帧,将元件水平向左移动,如图14-137所示。

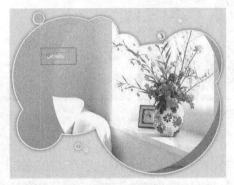

图14-136 元件效果

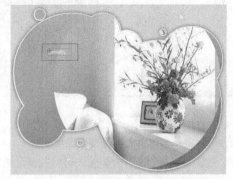

图14-137 移动元件

**07** 选择第250帧上的元件,设置其Alpha值为0%,并为第1帧创建传统补间动画,在第395帧位置插入空白关键帧,新建"图层8",在第264帧位置插入关键帧,使用"文本工具"在场景中输入文字,并将其转换成"名称"为"文字6"的"图形"元件,如图14-138所示。在第2104帧位置插入关键帧,将元件水平向右移动,如图14-139所示。

图14-138 元件效果

图14-139 元件效果

**08** 选择第264帧上的元件,设置其Alpha值为0%,并为其创建传统补间动画,在第395帧插入空白关键帧,相同的制作方法,完成"图层9"和"图层10"的制作,如图14-140所示。根据前面的制作方法,完成"图层14"到"图层41"的制作,场景效果如图14-141所示。新建"图层42",在第1050帧插入关键帧,打开"动作"面板,输入ActionScript脚本代码,如图14-142所示。

图14-140 场景效果

图14-141 场景效果图

14-142 输入脚本代码

**09** 完成网站场景切换开场动画的制作,执行"文件>另存为"命令,将动画保存为"光盘/源文件/第14章/实例107.fla",按Ctrl+Enter组合键,测试动画效果,如图14-143所示。

  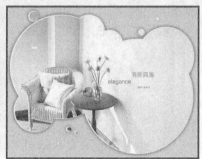

图14-143 测试动画效果

**Q** 如何在舞台中锁定单个对象而不是整个图层?

**A** 要锁定单个对象而不是锁定整个图层,可以在舞台选定某个对象,按Ctrl+Alt+L组合键进行锁定;如果想要取消单个对象的锁定状态,可以再次按Ctrl+Alt+L组合键;如果意外地拖动了未锁定的图层中的某些内容,可以按Ctrl+Z组合键撤销更改。

**Q** 将图层以轮廓显示有什么好外?

**A** 当场景中的对象较多时,可以将图层中的对象以轮廓线的形式显示,则查看该对象时,图层中的元素将以颜色的轮廓方式显示。使用轮廓线的方式显示图层有助于用户更好地区分不同的图层,便于更改图层中的对象,如果在编辑或测试动画时使用这种方法显示,还可以加速动画的显示。

第 **15** 章

# Photoshop图像
# 处理基础

Photoshop CC具有强大的图像编辑功能,几乎可以编辑所
有的图像格式并且能够实现对图像的复制粘贴、调整大小、
色彩调整等基本功能。随着网络的普及,对于网页制作的
需要也越来越多,所以Photoshop除了可以处理制作网页
所需的图片外,还适应潮流增加很多和网页设计相关的处
理功能。

安装Photoshop CC

Photoshop CC推出了很多全新的功能，使得Photoshop的图像处理能力和效率大大提高，但同时软件对系统的要求也有了很大的提高，要想完全发挥Photoshop CC的功能，需要较高的硬件配置。

- ● **源 文 件**｜无
- ● **视　　频**｜光盘/视频/第15章/实例108.swf
- ● **知 识 点**｜安装Photoshop CC
- ● **学习时间**｜5分钟

## 实例分析

本实例在Windows 7操作系统中向读者介绍如何安装Photoshop CC软件，Adobe公司全系列软件的安装方法都是相同的，如图15-1所示。

图15-1　页面效果

## 知识点链接

Photoshop CC提供了两种安装程序，一种是在Windows系统下；另一种则是在Mac OS下。

## 操作步骤

**01** 启动Photoshop CC安装程序，自动进入初始化安装程序界面，如图15-2所示。初始化完成后进入"欢迎"界面，可以选择安装和试用，如图15-3所示。

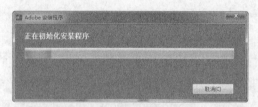

图15-2　"初始化安装程序"界面

图15-3　"欢迎"界面

**02** 单击"试用"按钮，进入Adobe 软件许可协议界面，如图15-4所示。单击"接受"按钮，进入"Adobe ID"界面。如果不需要输入ID则单击"下一步"按钮，进入"选项"界面，勾选要安装的选项，并指定安装的路径，如图15-5所示。

**03** 单击"安装"按钮，进入"安装"界面，显示安装进度，如图15-6所示。安装完成后，进入"安装完成"界面，显示已安装内容，如图15-7所示。

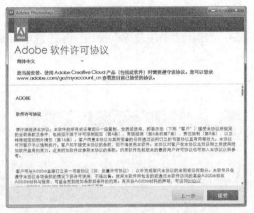

图15-4　"Adobe 软件许可协议"界面

图15-5　"选项"界面

图15-6　"安装"界面

图15-7　"安装完成"界面

**Q** 安装Photoshop CC的系统要求是什么？

**A** Photoshop CC在Windows操作系统中运行的系统要求如下。

- 处理器：Intel Pentium4或AMD Athlon 64处理器（2 GHz或更快）。
- 操作系统：Microsoft Windows 7（已安装Service Pack 1）、Windows 8或Windows 8.1。
- 内存：1 GB以上内存。
- 硬盘空间：2.5 GB可用硬盘空间用于安装；安装过程中需要额外的可用空间（无法安装在可移动闪存设备上）。
- 显示器：具备OpenGL 2.0、16位色彩和512 MB显存（建议使用1 GB）的显卡，1280×1024的显示分辨率（建议使用1280×800）。
- 产品激活：在线服务需要宽带Internet连接。

**Q** 安装与试用有什么区别？

**A** 如果安装时没有产品的序列号，可以选择"试用"选项，这样就不用输入序列号即可安装，并能正常使用软件30天。30天过后则再次需要输入序列号，否则将不能正常使用。

## 实例 109 卸载Photoshop CC

- **源 文 件** | 无
- **视　　频** | 光盘/视频/第15章/实例109.swf
- **知 识 点** | 卸载Photoshop CC
- **学习时间** | 5分钟

**操作步骤**

**01** 打开"控制面板"窗口，单击"程序和功能"按钮，打开"卸载或更改程序"窗口，单击选中需要卸载的Photoshop CC，单击"卸载"按钮，如图15-8所示。

**02** 弹出"卸载选项"对话框，显示卸载选项，如图15-9所示。

图15-8 "卸载或更改程序"窗口

图15-9 卸载选项

**03** 单击"卸载"按钮，显示Photoshop CC的卸载进度，如图15-10所示。

**04** 完成Photoshop CC的卸载，显示"卸载完成"对话框，如图15-11所示。

图15-10 卸载进度

图15-11 "卸载完成"对话框

**Q** 为什么需要卸载Photoshop CC?

**A** 在Photoshop的使用过程中，如果出现系统文件丢失则会导致Photoshop无法启动或在操作过程中出现问题，这时就需要将Photoshop卸载后重新安装。

**Q** Photoshop的应用领域有哪些?

**A** 从功能上看，Photoshop可分为图像编辑、图像合成、校色调色以及特效制作等部分。随着Photoshop CC版本的推出，功能的日益强大，它涉及的领域也更加广泛了。从平面设计到网页设计，从三维贴图绘制到动画设计，这些都成为了Photoshop展现能力的舞台。Photoshop的应用领域包括平面设计、网页设计、插画艺术设计、UI设计、数码照片后期处理、效果图后期处理、三维贴图绘制或处理、动画与CG设计等。

## 实例 110 新建一个网页尺寸文档

在用Photoshop设计、处理图像之前，首先需要新建文档。文档的新建、打开以及保存等操作，都是软件的基础操作，都需要熟练掌握。

● **源 文 件** | 无

● **视　　频** | 光盘/视频/第15章/实例110.swf

● **知 识 点** | 启动Photoshop CC、新建文档

● **学习时间** | 5分钟

## ▎实例分析 ▎

在Photoshop中新建文档时，软件已预设了一些常用规格的文档，包括Web、移动设备、照片等，通过选择预设的选项可以快速创建所需要的文档，如图15-12所示。

图15-12　页面效果

## ▎知识点链接 ▎

在Photoshop中进行创作，就像在生活中绘画一样，首先需要画纸。执行"文件>新建"命令，弹出"新建"对话框，为Photoshop创建"画布"。在"新建"对话框中可以设置文件的名称、大小、分辨率、颜色模式和背景内容等。

## ▎操作步骤 ▎

**01** 安装Photoshop CC后，单击桌面左下角的"开始"按钮，在打开的菜单中选择"所有程序"，单击"Adobe Photoshop CC"选项，如图15-13所示，软件启动界面如图15-14所示。

图15-13　"开始"菜单　　　　　　　图15-14　启动界面

**02** 稍等一会儿，即可进入Photoshop CC工作界面，如图15-15所示。执行"文件>新建"命令，弹出"新建"对话框，如图15-16所示。

图15-15　Photoshop CC工作界面　　　　　　图15-16　"新建"对话框

**03** 在"预设"下拉列表中选择Web选项，如图
15-17所示。在"大小"下拉列表中选择"1280
×1204"选项，如图15-18所示。

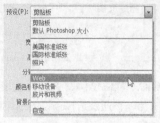

图15-17 选择"Web"选项　　　　图15-18 选择像素选项

**04** 其他选项使用默认设置，如图15-19所示。单击"确定"按钮，即可新建一个尺寸为1280 像素×1024像素的
网页大小空白文档，如图15-20所示。

图15-19 "新建"对话框　　　　　　图15-20 网页大小空白文档

**Q** 如何在Photoshop中打开文档?

**A** 执行"文件>打开"命令，弹出"打开"对话框，选择一个图像文件，如果要同时打开多张图像，可按住Ctrl键
单击它们同时选中，单击"打开"按钮，即可打开图像文件。

使用Ctrl+O组合键，或者直接在Photoshop窗口灰色位置双击，都可以弹出"打开"对话框，完成图像的打
开操作。

**Q** "存储"命令与"存储为"命令有什么区别?

**A** 需要保存正在编辑的文件，可执行"文件>存储"命令，或者按Ctrl+S组合键对文件进行保存，图像会按照原
有的格式存储；如果是新建的文件，则会自动弹出"存储为"对话框。

如果要将文件保存为新的名称和其他格式，或者存储到其他位置，可执行"文件>存储为"命令，或者按
Shift+Ctrl+S组合键，弹出"存储为"对话框将文件另存。

## 实例 111 复制、粘贴网页内容

● **源 文 件** | 无
● **视　　频** | 光盘/视频/第15章/实例111.swf
● **知 识 点** | 在Photoshop中粘贴已复制的网页内容
● **学习时间** | 3分钟

**┃ 操作步骤 ┃**

**01** 打开IE浏览器，浏览需要复制的网页。按键盘上的PrtSc SysRq键，截取计算机屏幕图像。按Ctrl+C组合键，
复制所截取的屏幕图像，如图15-21所示。

**02** 在Photoshop中，执行"文件>新建"命令，弹出"新建"对话框，使用默认设置，如图15-22所示。

图15-21 截取计算机屏幕图像

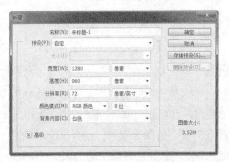

图15-22 "新建"对话框

**03** 单击"确定"按钮,新建空白文档,如图15-23所示。

**04** 执行"编辑>粘贴"命令或按Ctrl+V组合键,即可将截取的图像粘贴到Photoshop中,如图15-24所示。

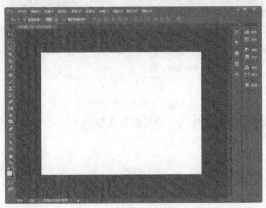

图15-23 新建空白文档

图15-24 图像粘贴到Photoshop中

**Q** 在Photoshop中可以将文档保存为哪些格式?

**A** 文件的格式决定了图像数据的存储方式(位图或者矢量图)、压缩方式、支持什么样的Photoshop功能以及文件是否与一些应用程序兼容。使用"存储"或者"存储为"命令对文件进行保存时,都可以在弹出的对话框中选择文件的保存格式,如图15-25所示。

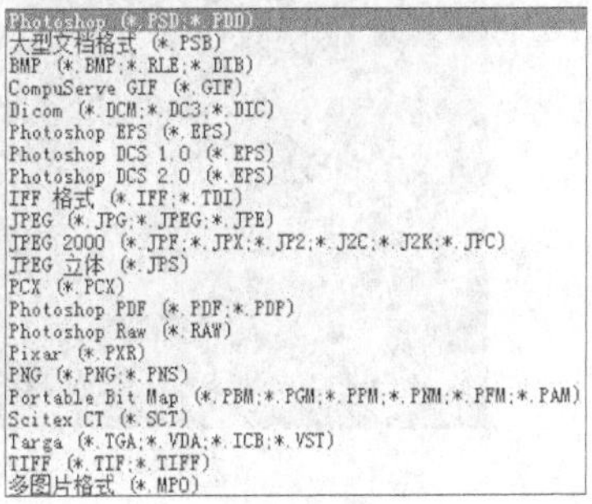

**Q** 在Photoshop中关闭文件有哪几种操作?

**A** 在Photoshop中可采取以下几种操作关闭文件。

● 关闭文件:执行"文件>关闭"命令,或者按Ctrl+W组合键以及单击文档窗口右上角的"关闭"按钮 ×,都可以关闭当前的图像文件。

图15-25 保存格式

● 关闭全部文件:如果要关闭Photoshop中打开的多个文件,可以执行"文件>关闭全部"命令,关闭所有文件。

● 关闭并转到Bridge:执行"文件>关闭并转到Bridge"命令,可以关闭当前文件,并运行Bridge。

● 退出程序:执行"文件>退出"命令,或者单击程序窗口右上角的"关闭"按钮 ×,可以关闭文件并退出Photoshop,如果有文件没有进行保存,Photoshop会自动弹出一个对话框,询问是否保存该文件。

**实例 112 修改图像大小**

在设计过程中常常需要对素材图像的尺寸大小进行修改从而适应所设计的文档,在Photoshop中可以通过"图像大小"对话框对图像的尺寸大小进行修改。

● **源 文 件** | 光盘/源文件/第15章/实例112.psd
● **视　　频** | 光盘/视频/第15章/实例112.swf
● **知 识 点** | "图像大小"对话框
● **学习时间** | 5分钟

## 实例分析

　　本实例通过"图像大小"对话框修改图像素材的尺寸大小，如图15-26所示。修改图像的像素大小不但会影响图像在屏幕上的视觉效果，还会影响图像的质量，同时也决定了其占用的存储空间的大小。

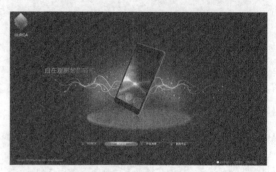

图15-26　页面效果

## 知识点链接

　　如果需要修改一个现有图像的尺寸大小、分辨率和打印尺寸，可以执行"图像>图像大小"命令，弹出"图像大小"对话框，通过输入数值达到调整图像大小的目的。在修改图像大小时，需要注意像素大小、文档大小以及分辨率尺寸的设置。

## 操作步骤

**01** 执行"文件>打开"命令，打开图像"光盘/源文件/第15章/素材/11201.jpg"，效果如图15-27所示。执行"图像>图像大小"命令，弹出"图像大小"对话框，如图15-28所示。

图15-27　图像效果

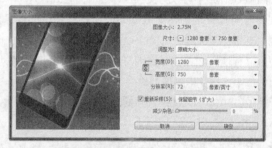

图15-28　"图像大小"对话框

**02** 修改图像的宽度为1000像素，则图像的高度会自动进行修改，设置如图15-29所示。设置完成后，单击"确定"按钮，可以看到图像效果，如图15-30所示。

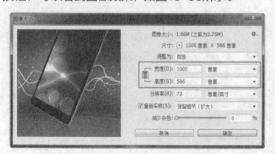

图15-29　设置"图像大小"对话框

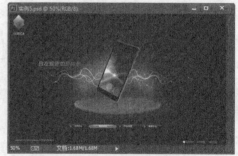

图15-30　图像效果

**Q** "图像大小"对话框中各选项的作用是什么？

**A** "图像大小"对话框中各选项的作用如下。

● **图像大小**：该选项用于显示当前图像的容量大小，当对图像尺寸进行修改后，可以看到修改前后图像容量大小的对比。

● **尺寸**：该选项用于显示当前图像的尺寸大小，单击该选项后的三角形按钮，可以在弹出菜单中选择图像尺寸大小的单位，默认为像素单位。

● **宽度和高度**：这两个选项用于设置图像的宽度和高度尺寸，可以直接在选项文本框中输入尺寸大小数值。

● **分辨率**：该选项用于设置图像的分辨率，在该选项后的下拉列表中可以选择分辨率单位，包括"像素/英寸"和"像素/厘米"两个选项，默认为"像素/英寸"。

● **重新采样**：勾选该复选框后，在修改图像尺寸时图像像素不会改变，缩小图像的尺寸会自动增加分辨率，反之，增加分辨率也会自动缩小图像的尺寸。在该选项的下拉列表中包含了7个选项。

● **减少杂色**：该选项用于设置减少图像中的杂色，取值范围为0%至1500%。

**Q** 可不可以将一幅小尺寸的图像改成大尺寸的图像？

**A** 可以，但将一幅小尺寸的图像改成大尺寸的图像，图像的清晰度会降低。如果一幅图像的分辨率较低且画面模糊，想通过增加分辨率让其变得清晰是不可行的，这是因为，Photoshop只能在原始数据的基础上进行修改，无法生成新的原始数据。

---

**实例 113　制作网页背景图像**

● **源　文　件**｜光盘/源文件/第15章/实例113.psd
● **视　　　频**｜光盘/视频/第15章/实例113.swf
● **知　识　点**｜填充渐变颜色、拖入素材
● **学习时间**｜5分钟

**┃操作步骤┃**

**01** 执行"文件>新建"命令，弹出"新建"对话框，新建一个空白文档。使用"油漆桶工具"为画布填充颜色为RGB（117、16、20），如图15-31所示。

图15-31　新建文档

**02** 新建"图层1"，使用"渐变工具"，打开"渐变编辑器"对话框，设置渐变颜色，在画布上填充径向渐变，如图15-32所示。

图15-32　填充渐变

**03** 打开并拖入图像素材"光盘/源文件/第15章/素材/11301.png",设置"不透明度"为40%,如图15-33所示。

图15-33 拖入素材并设置"不透明度"

**04** 使用相同方法,拖入其他素材,完成该网页背景图像的制作,如图15-34所示。

图15-34 完成背景图像的制作

**Q** 前景色和背景色分别起什么作用?

**A** 前景色和背景色在Photoshop中有多种定义方法。在预设情况下,前景色和背景色分别为黑色和白色。前景色决定了使用"绘画工具"绘制图像及使用"文字工具"创建文字时的颜色;背景色则决定了背景图像区域为透明时所显示的颜色,以及增加画布的颜色。

**Q** 如何填充颜色?

**A** 使用"油漆桶工具",可以在选区、路径和图层内的区域填充指定的颜色和图案。如果在图像中创建了选区,使用"油漆桶工具"填充的区域为所选的区域;如果在图像中没有创建选区,使用此工具则会填充与光标单击处像素相似的、相邻的像素区域。

## 实例 114 重新定义图像的分辨率

在网页中使用的图像分辨率需为72像素/英寸,颜色模式为RGB。如果收集的素材图像分辨率过高,直接插入到网页中,该图像在网页中是无法正常显示的,所以在使用之前,就必须将素材图像的分辨率修改为72像素/英寸。

● **源 文 件** | 光盘/源文件/第15章/实例114.psd

● **视 频** | 光盘/视频/第15章/实例114.swf

● **知 识 点** | 重新定义图像分辨率

● **学习时间** | 5分钟

### 实例分析

本实例向读者介绍如何修改图像的分辨率,通过对图像分辨率的修改,可以使素材图像适合在网页中使用,如图15-35所示。

图15-35 页面效果

### 知识点链接

分辨率是指图像中每英寸的像素数。较低的分辨率会导致图像的像素看上去大而粗糙；较高的分辨率会使文件较大，在输出时降低输出速度。在网页中使用的图像分辨率要求为72像素/英寸。

### 操作步骤

**01** 执行"文件>打开"命令，打开图像"光盘/源文件/第15章/素材/11401.jpg"，效果如图15-36所示。执行"图像>图像大小"命令，弹出"图像大小"对话框，如图15-37所示。

图15-36　图像效果

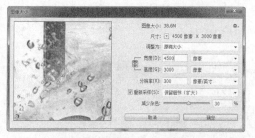

图15-37　"图像大小"对话框

**02** 将"分辨率"设置为72像素/英寸，"宽度"和"高度"分别设置为1080像素和720像素，如图15-38所示。单击"确定"按钮，即可改变图像的分辨率，效果如图15-39所示。

图15-38　修改图像分辨率

图15-39　改变分辨率后的图像效果

**Q** 什么是图像分辨率？

**A** 图像分辨率就是指每英寸图像含有多少个点或像素，分辨率的单位为像素/英寸，英文缩写为dpi，例如72 dpi就表示该图像1英寸含有72个点或像素。在Photoshop中也可以用厘米为单位来计算分辨率。

在数字化图像中，分辨率的大小直接影响图像的品质。分辨率越高，图像越清晰，所生成的文件也就越大，在工作中所需的内存也就越大、CPU处理时间也就越多。所以在制作图像时，不同品质的图像需要设置适当的分辨率，才能最经济、有效地制作出作品。例如用于打印输出的图像，分辨率就要高一些；如果只是在屏幕上显示的图像，如多媒体图像或网页图像等，分辨率就可以低一些，以便计算机运行和快速处理图像。

**Q** 网页与平面印刷对分辨率的要求分别是什么？

**A** 出版印刷可以选择分辨率大于或等于300像素/英寸，色彩模式为CMYK，文件存储为TIF格式。网页图像的分辨率可以小于或等于72像素/英寸，色彩模式为RGB，文件存储为jpg、gif或者png格式。

---

**实例**
# 115　在Photoshop中查看网页图像

● 源 文 件 | 无

● 视　　频 | 光盘/视频/第15章/实例115.swf

● 知 识 点 | 屏幕模式

● 学习时间 | 3分钟

**操作步骤**

**01** Photoshop CC提供了3种不同的屏幕模式。执行"视图>屏幕模式"命令，在其下级菜单中有 3种屏幕模式可供选择，如图15-40所示。

**02** 在默认情况下，采用"标准屏幕模式"，如图15-41所示。

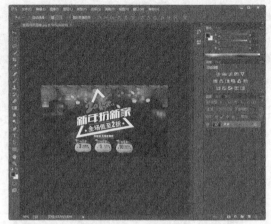

图15-40　3种屏幕模式

图15-41　标准屏幕模式

**03** 带有菜单栏的全屏模式：在Photoshop中显示"菜单"栏和50%灰色背景，无"标题"栏和滚动条的全屏窗口，如图15-42所示。

**04** 全屏模式：显示只有黑色背景，无"标题"栏、"菜单"栏和滚动条的全屏窗口，如图15-43所示。

图15-42　带有菜单栏的全屏模式

图15-43　全屏模式

**Q** 如何在Photoshop中同时查看多个图像？

**A** 如果在Photoshop中同时打开了多个图像，则可以执行"窗口>排列"命令，在其下级菜单中选择相应的命令来控制各个文档窗口的排列方式，如图15-44所示。

**Q** 在Photoshop中如何对图像进行缩放操作？

**A** 单击工具箱中的"缩放工具"按钮，然后在图像上单击，就可以调整图像的显示比例了，在该工具的"选项"栏中可以对相关选项进行设置。

图15-44　窗口的排列方式

**实例 116　使用"裁剪工具"裁剪图像**

　　在处理图像时，有时会出现构图不合理，或者只是需要图像中的某一部分，使用"裁剪工具"可以解决这些问题。

● **源 文 件**┃光盘/源文件/第15章/实例116.psd

● **视　　频**┃光盘/视频/第15章/实例116.swf

● **知 识 点**┃缩放工具、裁剪工具

● **学习时间**┃5分钟

**┃实例分析┃**

　　本实例是一张网页设计素材，背景为简单的纯色背景，因为页面的内容较少所以显得很空，使用"裁剪工具"对该网页图像进行裁剪操作，使裁剪后的构图显得更加完整，如图15-45所示。

图15-45　页面效果

**┃知识点链接┃**

　　使用"裁剪工具"对图像进行裁剪时，可以在其"选项"栏中对"裁剪工具"的相关选项进行设置，其中，在"预设"下拉列表中可以选择预设的裁剪大小选项，如图15-46所示。

　　● **原始比例**：用户在图像上拖出的裁剪区域将保持原图像的宽高比例。

　　● **预设尺寸**：可以在图像中创建与预设的尺寸大小相同的裁剪区域。

　　● **存储预设和删除预设**：用户在图像上创建一个裁剪区域，通过选择"存储预设"选项，可以将其自定义为一个裁剪预设尺寸；通过选择"删除预设"选项，可以删除用户自定义的裁剪预设尺寸。

　　● **大小和分辨率**：选择该选项，将弹出"裁剪图像大小和分辨率"对话框，通过该对话框，可以设置裁剪图像的大小和分辨率，如图15-47所示。

　　● **旋转裁剪框**：选择该选项，可以使在图像上绘制的裁剪框进行纵向与横向旋转。

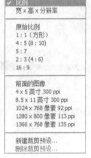

图15-46　"预设"下拉列表

图15-47　"裁剪图像大小和分辨率"对话框

**┃操作步骤┃**

**01** 执行"文件>打开"命令，打开图像"光盘/源文件/第15章/素材/11601.jpg"，效果如图15-48所示。使用"缩放工具"，将光标移至画布中，此时光标会变成 🔍 状，在画布中单击则会放大图像的显示比例，图像效果如图15-49所示。

图15-48　图像效果

图15-49　放大图像后的效果

**02** 单击工具箱中的"裁剪工具"按钮，在图像上显示裁剪区域，如图15-50所示。在"选项"栏上显示"裁剪工具"的相关设置选项，如图15-51所示。

图15-50　显示裁剪区域

图15-51　"裁剪工具"的"选项"栏

**03** "选项"栏使用默认设置，在图像的裁剪框上拖动鼠标，调整裁剪区域，如图15-52所示。双击裁剪区域，或者单击"选项"栏上的"提交当前裁剪操作"按钮，即可对图像进行裁剪，如图15-53所示。

图15-52　调整裁剪区域

图15-53　图像裁剪后的效果

**04** 完成图像的裁剪操作，执行"文件>存储为"命令，将裁剪后的图像保存为"光盘/源文件/第15章/实例116.psd"。

**Q** 如何按固定尺寸裁剪图像？

**A** 使用"裁剪工具"，在图像中显示出裁剪框，可以在该工具"选项"栏上的"设置裁剪比例"的两个文本框中分别输入需要裁剪区域的宽度和高度，从而创建一个固定尺寸的裁剪区域。

**Q** 如何隐藏裁剪区域以外的图像，而不是删除裁剪区域以外的图像？

**A** 在使用"裁剪工具"裁剪图像时，在其"选项"栏上有一个"删除裁剪的像素"选项。选中"删除裁剪的像素"复选项，对图像进行裁剪操作后，将扔掉裁剪区域以外的内容；如果不勾选该复选框，对图像进行裁剪操作后，将隐藏裁剪区域以外的内容，可以通过移动图像来使隐藏区域可见，或者重新使用"裁剪工具"，同样可以显示裁剪前的图像。

**实例 117**　校正倾斜图像

- 源 文 件 | 光盘/源文件/第15章/实例117.psd
- 视　　频 | 光盘/视频/第15章/实例117.swf
- 知 识 点 | 裁剪工具、拉直工具
- 学习时间 | 3分钟

**┨ 操作步骤 ┠**

**01** 执行"文件>打开"命令，打开图像"光盘/源文件/第15章/素材/11701.jpg"，如图15-54所示。

**02** 使用"裁剪工具"，在图像中显示裁剪框，单击"选项"栏上的"拉直"按钮 ，在图像中原来应该水平的位置按住鼠标左键不放，拖动鼠标绘制拉直线，如图15-55所示。

图15-54　打开素材　　　　　　　　　　　　　　图15-55　绘制拉直线

**03** 释放鼠标左键，Photoshop CC会根据所绘制的拉直线自动计算照片的旋转角度并创建裁剪区域，如图15-56所示。

**04** 单击"选项"栏上的"提交当前裁剪操作"按钮 ，对图像进行裁剪，完成倾斜图像的校正，如图15-57所示。

图15-56　创建裁剪区域　　　　　　　　　　　　图15-57　完成图像校正

**Q** 如何使裁剪后的图像呈现出透视效果？

**A** Photoshop CC提供了"透视裁剪工具"，单击工具箱中的"透视裁剪工具"按钮 ，在图像上显示透视裁剪框，通过对透视裁剪框进行调整，可以使裁剪后的图像呈现出透视的效果。

**Q** 如何快速裁切图像空白边？

**A** 在Photoshop CC中，执行"图像>裁切"命令，弹出"裁切"对话框，在该对话框中进行相应的设置，可以去除图像多余的空白边，如图15-58所示。

图15-58　"裁切"对话框

**实例 118**　制作图像的镜面投影效果

　　图像的镜面投影效果在广告设计制作中非常常见，它可以使产品图像更加具有立体感和质感，突出表现产品。

- 源 文 件 | 光盘/源文件/第15章/实例118.psd
- 视　　频 | 光盘/视频/第15章/实例118.swf
- 知 识 点 | 变换图像、图层蒙版
- 学习时间 | 150分钟

本实例制作的是一个网页中常见的促销宣传广告，在该广告中为产品图像制作镜面投影效果，使产品的表现更加突出。在本实例的制作过程中，读者需要掌握镜面投影效果的制作方法，如图15-59所示。

图15-59　页面效果

┃ 知识点链接 ┃

执行"编辑>变换"命令，可以对图像进行相应的变换操作。"变换"命令可以将变换应用于整个图层、单个图层和多个图层或图层蒙版中，但不能应用于只有"背景"图层的图像。

┃ 操作步骤 ┃

**01** 执行"文件>打开"命令，打开图像"光盘/源文件/第15章/素材/11801.jpg"，效果如图15-60所示。执行"文件>打开"命令，打开图像"光盘/源文件/第15章/素材/11802.png"，效果如图15-61所示。

图15-60　图像效果　　　　　　　　　　　　图15-61　图像效果

**02** 单击工具箱中的"移动工具"按钮 ，将11802.png图像拖至11801.jpg图像中，并调整至合适的位置，如图15-62所示。打开"图层"面板，看到自动创建了"图层1"，如图15-63所示。

**03** 拖动"图层1"至"图层"面板的"创建新图层"按钮 上，如图15-64所示，复制"图层1"得到"图层1拷贝"图层，如图15-65所示。

　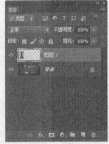　　

图15-62　拖入素材图像　　图15-63　"图层"　　图15-64　拖动　　图15-65　"图层"
　　　　　　　　　　　　　　　　面板　　　　　"图层1"　　　　　面板

**04** 选择"图层1拷贝"图层，执行"编辑>变换>垂直翻转"命令，将图像垂直翻转并向下移至合适的位置，如图15-66所示。执行"编辑>变形"命令，显示自由变换框，对图像进行适当的变形操作，如图15-67所示。

| 图15-66　垂直翻转并下移后的图像 | 图15-67　变形图像 |

**05** 单击"图层"面板上的"添加图层蒙版"按钮 ，为"图层1拷贝"添加图层蒙版，如图15-68所示。单击工具箱中的"渐变工具"按钮 ，打开"渐变编辑器"对话框，设置从黑色到白色的渐变颜色，如图15-69所示。

| 图15-68　添加蒙版 | 图15-69　设置渐变颜色 |

**06** 完成渐变颜色的设置后，在图层蒙版中拖动鼠标填充黑白线性渐变，图像效果如图15-70所示，"图层"面板如图15-71所示。

| 图15-70　图像效果 | 图15-71　"图层"面板 |

**07** 在"图层"面板中设置"图层1拷贝"的"不透明度"为30%，如图15-72所示，完成图像镜面投影效果的制作。执行"文件>存储为"命令，将该文件保存为"光盘/源文件/第15章/实例118.psd"，最终效果如图15-73所示。

| 图15-72　"图层"面板 | 图15-73　最终效果图 |

**Q** "自由变换"命令与"变换"命令有什么区别?

**A** 执行"编辑>自由变换"命令,显示自由变换框,可以任意调整图像的大小和角度。执行"编辑>变换"命令,在该命令的下级菜单中包含了"缩放""旋转""斜切""扭曲""透视""变形"等多个特殊的变换操作命令,执行相应的命令,可以对图像进行特定的变换操作,如图15-74所示。

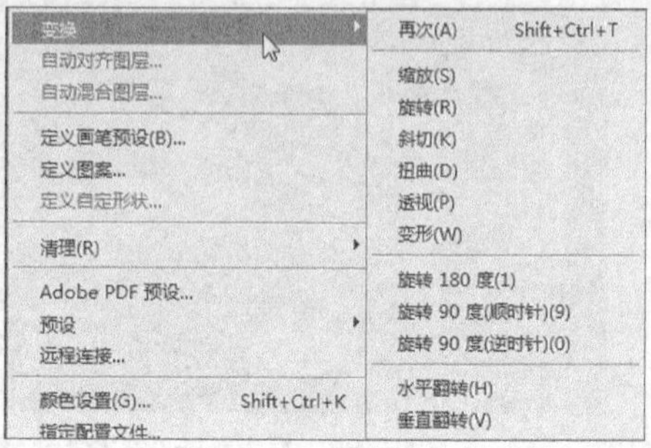

**Q** 如何使用渐变填充?

**A** 渐变填充在Photoshop中的应用非常广泛,它不仅可以用来填充图像,还可以用来填充图层蒙版、快速蒙版和通道。使用"渐变工具",可以在整个画布或选区中填充渐变颜色。

图15-74 变换命令

---

**实例 119** 内容识别去除图像不需要内容

- **源 文 件** | 光盘/源文件/第15章/实例119.psd
- **视　　频** | 光盘/视频/第15章/实例119.swf
- **知 识 点** | 内容识别填充
- **学习时间** | 5分钟

**┃ 操作步骤 ┃**

**01** 打开图像"光盘/源文件/第15章/素材/11901.jpg",复制"背景"图层,得到"背景拷贝"图层,如图15-75所示。

**02** 单击工具箱中的"套索工具"按钮,在图像中不需要的部分创建选区,如图15-76所示。

图15-75 打开素材

图15-76 创建选区

**03** 执行"编辑>填充"命令,弹出"填充"对话框,在"使用"下拉列表中选择"内容识别"选项,如图15-77所示。

**04** 单击"确定"按钮,完成"填充"对话框的设置,可以看到去除了图像中不需要内容后的效果,如图15-78所示。

图15-77 "填充"对话框

图15-78 图片效果

**Q** 什么是"内容识别"填充?

**A** 通过使用"内容识别"功能,Photoshop会自动对选区与选区周围的图像进行识别,并对选区中的图像进行修复,可以快速清除图像中不需要的内容。

**Q** 如果对修复的结果不满意怎么办?

**A** "内容识别"填充会随机合成相似的图像内容,如果对填充的结果不满意,可以执行"编辑>还原填充"命令,然后应用其他的内容进行识别填充。

## 实例 120 绘制网站欢迎页面

网站的欢迎页面在许多企业网站中都能见到。欢迎页面的布局通常比较简单,通过简洁的图形与文字表现出网站的主题,引导浏览者进入网站主页面。

- **源　文　件**|光盘/源文件/第15章/实例120.psd
- **视　　　频**|光盘/视频/第15章/实例120.swf
- **知　识　点**|自定义图案、图案填充
- **学习时间**|155分钟

### 实例分析

本实例将设计一个网站欢迎页面,效果如图15-79所示。在该欢迎页面的设计过程中主要通过图案填充,填充自定义的图案,并设置相应的图层混合模式,制作出页面的背景效果,再通过"画笔工具"和其他工具相结合,完成该网站欢迎页面的制作。

图15-79　页面效果

### 知识点链接

执行"编辑>填充"命令,弹出"填充"对话框,在该对话框中可以对当前图层进行不同方式的颜色填充,并且在填充的同时可进行填充混合模式及不透明度的设置。

- **使用**:在该选项的下拉列表中可以选择相应的选项作为填充内容,该选项下拉列表如图15-80所示。
- **自定图案**:如果在"使用"下拉列表中选择"图案"选项,则该选项可用,在该选项的下拉列表中可以选择相应的填充图案,如图15-81所示。

图15-80　"使用"下拉列表

图15-81　"自定图案"下拉列表

- **保留透明区域**:勾选该选项,只对图层中包含像素的区域进行填充,不会影响透明区域。

### 操作步骤

**01** 执行"文件>新建"命令,弹出"新建"对话框,设置如图15-82所示。设置"前景色"为RGB(2、14、53),按Alt+Delete组合键,为画布填充前景色,如图15-83所示。

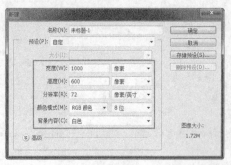

图15-82 设置"新建"对话框

图15-83 画布效果

**02** 执行"文件>打开"命令，打开图像"光盘/源文件第/15章/素材/12001.jpg"，效果如图15-84所示。执行"编辑>定义图案"命令，弹出"图案名称"对话框，设置如图15-85所示。单击"确定"按钮，定义图案。

图15-84 图像效果

图15-85 设置"图案名称"对话框

**03** 返回新建的文档中，新建"图层1"。执行"编辑>填充"命令，弹出"填充"对话框，在"使用"下拉列表中选择"图案"选项，在"自定图案"列表中选择刚定义的图案，如图15-86所示。单击"确定"按钮，使用自定义图案填充画布，效果如图15-87所示。

图15-86 设置"填充"对话框

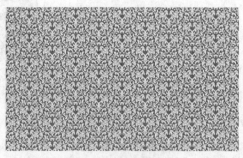

图15-87 图案填充效果

**04** 在"图层"面板中设置"图层1"的"混合模式"为"柔光"，"不透明度"为10%，如图15-88所示，图像效果如图15-89所示。

图15-88 "图层"面板

图15-89 图像效果

**05** 单击工具箱中的"画笔工具"按钮，在"选项"栏上打开"画笔预设"选取器，设置如图15-90所示。设置"前景色"为白色，新建"图层2"，在画布中单击进行绘制，如图15-91所示。

图15-90　"画笔预设"选取器　　　　　　　　图15-91　图像效果

**06** 设置"图层2"的"混合模式"为"柔光"，如图15-92所示，图像效果如图15-93所示。

图15-92　"图层"面板　　　　　　　　　图15-93　图像效果

**07** 打开并拖入素材图像"光盘/源文件/第15章/素材/12002.png"，得到"图层3"，如图15-94所示。复制"图层3"得到"图层3拷贝"图层，执行"编辑>变换>垂直翻转"命令，将图像垂直翻转，并调整至合适的位置，如图15-95所示。

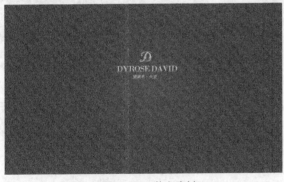

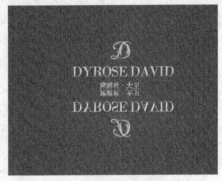

图15-94　拖入素材　　　　　　　　　　图15-95　图像效果

**08** 为"图层3拷贝"添加图层蒙版，使用"渐变工具"在蒙版中拖动鼠标填充黑白线性渐变，"图层"面板如图15-96所示，图像效果如图15-97所示。

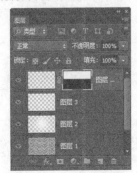

图15-96　"图层"面板　　　　　　　　　图15-97　图像效果

**09** 打开并拖入素材图像"光盘/源文件/第15章/素材/12003.png",如图15-98所示。选择"图层4",单击"添加图层样式"按钮 *fx.*，在弹出的菜单中选择"投影"选项，弹出"图层样式"对话框，设置如图15-99所示。

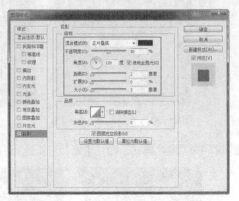

图15-98 拖入素材图像　　　　　　　　　　　图15-99 设置"图层样式"对话框

**10** 单击"确定"按钮，完成"图层样式"对话框的设置。单击工具箱中的"横排文字工具"按钮 T，打开"字符"面板，设置如图15-100所示。在画布中单击输入文字，如图15-101所示。

**11** 使用相同的制作方法，可以完成该网站欢迎页面的制作。执行"文件>存储为"命令，将该页面保存为"光盘/源文件/第15章/实例120.psd"，效果如图15-102所示。

图15-100 "字符"面板　　　　　图15-101 输入文字　　　　　　　　　图15-102 最终效果图

**Q** "柔光"混合模式能产生什么样的效果?

**A** "柔光"混合模式是以当前图层中的颜色决定图像是变亮还是变暗，衡量的标准以50%的灰色为准，高于这个比例则图像变亮，低于这个比例则图像变暗，效果与发散的聚光灯照在图像上相似。混合后的图像色调比较温和。

**Q** 在使用"画笔工具"时如何控制笔触的大小?

**A** 如果需要设置画笔的笔触大小，可以在使用"画笔工具"时，打开"画笔预设"选取器，设置"大小"选项即可；还可以在使用"画笔工具"时，按"]"键增大画笔笔触，或按"["键缩小画笔笔触。

---

**实 例 121** 网页图像的旋转和缩放操作

● 源 文 件 | 光盘/源文件/第15章/实例121.psd

● 视 频 | 光盘/视频/第15章/实例121.swf

● 知 识 点 | 变换图像

● 学习时间 | 2分钟

**┃ 操作步骤 ┃**

**01** 执行"文件>打开"命令，打开图像"光盘/源文件/第15章/素材/12101.jpg"，复制"背景"图层得到"背景拷贝"图层，将"背景"图层隐藏，如图15-103所示。

图15-103　打开素材并隐藏"背景"图层

**02** 执行"编辑>自由变换"命令，或者按Ctrl+T组合键显示定界框，将光标放置在定界框外靠近中间位置的控制点处，光标会变成 ↻ 状，单击并拖动鼠标即可旋转对象，如图15-104所示。

图15-104　旋转对象

**03** 将光标放置在定界框四周的控制点上，光标会变成 ↖↘ 状，单击并拖动鼠标即可缩放对象，在缩放的同时按住Shift键可等比例缩放，如图15-105所示。

图15-105　等比例缩放

**Q** 在Photoshop中对图像的变换操作包括哪些？

**A** 在Photoshop中对图像的变换操作主要包括"缩放""旋转""斜切""扭曲""透视""变形"等，执行"编辑>变换"命令，在该菜单的下级菜单中提供了多种对图像进行变换操作的命令。

**Q** 如何对选区进行变换操作？

**A** 选区的变换操作可以通过"变换选区"命令实现，主要有"旋转""缩放"。在图像中创建选区，然后执行"选择>变换选区"命令，在选区外侧出现选区变换框，即可对选区进行相应的变换操作，如图15-106所示。

图15-106　变换命令

第 **16** 章

# 使用Photoshop
# 处理网页文本

文字是设计作品的重要组成部分，它不仅可以传达信息，还能起到美化版面、强化主题的作用。Photoshop提供了多个用于创建文字的工具，文字的编辑方法也非常灵活。

## 实例 122　制作淘宝促销广告

在各大购物网站中，有各种各样的促销广告，让人眼花缭乱。如何才能让促销广告吸引消费者的注意力呢？方法可谓是五花八门，其中使用绚丽的色彩与文字合理搭配，可以更好地吸引消费者的眼球。

- **源 文 件**｜光盘/源文件/第16章/实例122.psd
- **视　　频**｜光盘/视频/第16章/实例122.swf
- **知 识 点**｜自定形状工具、横排文字工具
- **学习时间**｜10分钟

### 实例分析

本实例是一则笔记本促销广告，它从整体到局部都给人一种较强的感染力，其中文字的说明更起到了画龙点睛的效果，如图16-1所示。

图16-1　页面效果

### 知识点链接

打开"自定形状工具"按钮，在"选项"栏的"形状"下拉列表中可以选择自定义的形状。除了可以使用系统提供的形状外，在Photoshop中还可以将自己绘制的图形创建为自定义形状。方法是将自己绘制的路径图形选中，执行"编辑>定义自定形状"命令，即可将其保存为自定义形状。

### 操作步骤

**01** 执行"文件>新建"命令，在弹出的"新建"对话框中进行设置，如图16-2所示，单击"确定"按钮，新建一个空白文档。使用"渐变工具"，在"渐变编辑器"对话框中设置渐变色，在"背景"图层中填充径向渐变，填充效果如图16-3所示。

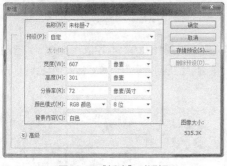

图16-2　"新建"对话框

图16-3　填充效果

**02** 新建图层组并重命名为one，在该组中新建"图层1"，使用"画笔工具"，设置"前景色"为RGB（221、116、70），设置相应的画笔不透明度，在画布中进行绘制，效果如图16-4所示。使用相同的方法，完成该组中其他图层的制作，图像效果如图16-5所示。

图16-4　图像效果　　　　　　　　　　　　　　图16-5　图像效果

**03** 打开并拖入素材图像"光盘/源文件/第16章/素材/logo.png"，调整至合适的位置，如图16-6所示。使用"横排文字工具"，打开"字符"面板进行设置，如图16-7所示。

图16-6　拖入素材　　　　　　　　　　图16-7　"字符"面板

**04** 在画布中输入文字，双击该文字图层，弹出"图层样式"对话框，选择"颜色叠加"选项，设置如图16-8所示，单击"确定"按钮，文字效果如图16-9所示。

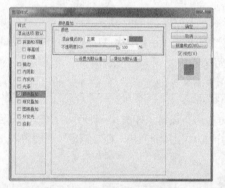

图16-8　"图层样式"对话框　　　　　　　　图16-9　文字效果

**05** 新建图层组并重命名为two，打开并拖入素材图像"光盘/源文件/第16章/素材/12201.png"，自动生成"图层7"，调整至合适的位置，如图16-10所示。复制"图层7"得到"图层7拷贝"，按Ctrl+T组合键，将该图层进行垂直翻转操作，调整至合适位置，效果如图16-11所示。

图16-10　拖入图像　　　　　　　　　　图16-11　图像效果

**06** 将"图层7 拷贝"的"不透明度"设置为30%，效果如图16-12所示，为"图层7拷贝"添加图层蒙版，使用"渐变工具"在蒙版中填充黑白线性渐变，效果如图16-13所示。

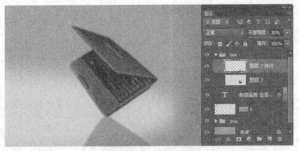

图16-12　图像效果

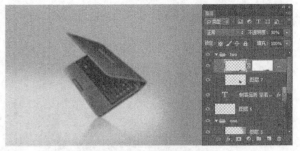

图16-13　图像效果

**07** 使用相同方法，完成相似内容的制作，图像效果如图16-14所示。设置"前景色"为RGB（233、56、110），使用"自定形状工具"在"选项"栏中进行相应的设置，在画布中绘制形状图形，效果如图16-15所示。

图16-14　图像效果

图16-15　图像效果

**08** 使用"钢笔工具"，在"选项"栏中进行设置，在画布中绘制形状，图像效果如图16-16所示。设置"前景色"为RGB（70、119、33），使用"矩形工具"在画布中绘制矩形，并进行相应的变换操作，图像效果如图16-17所示。

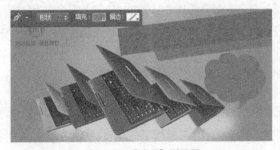

图16-16　"选项"栏设置

图16-17　图像效果

**09** 双击"图层12"，弹出"图层样式"对话框，选择"渐变叠加"选项，设置如图16-18所示，单击"确定"按钮，可以看到图像效果，如图16-19所示。

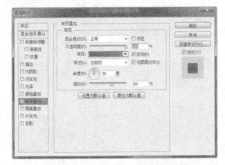

图16-18　"图层样式"对话框

图16-19　图像效果

**10** 使用"横排文字工具",在"字符"面板中进行设置,在画布中输入文字,文字效果如图16-20所示。双击该文字图层,弹出"图层样式"对话框,选择"投影"选项,设置如图16-21所示。

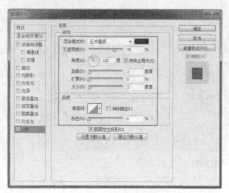

图16-20 文字效果　　　　　　图16-21 "图层样式"对话框

**11** 单击"确定"按钮,可以看到文字效果,如图16-22所示。使用相同方法,完成其他文字的制作,完成淘宝促销广告的制作,最终效果如图16-23所示。执行"文件>存储为"命令,将文件存储为"光盘/源文件/第16章/实例122.psd"。

图16-22 文字效果　　　　　　图16-23 最终效果

**Q** 在Photoshop CC中使用"横排文字工具"时,"字符"面板都有哪些使用方法和技巧?

**A** 在Photoshop中,"字符"面板主要用于设置文本字体、字号和颜色等属性。单击"字符"面板右上角的三角形按钮,即可在弹出菜单中选择"复位字符"命令,可以将面板中的字符恢复到原始的设置状态,在画布中的文本也将恢复到原始的输入状态。

Photoshop CC的"字符"面板中具有 Open Type功能,该功能主要用于设置文字的各种特殊效果。

**Q** 在Photoshop CC中,对文字进行编辑时通常会使用哪几种方法?

**A** 用户可以使用的对文字的编辑方法有很多种,其中包括载入文字选区、将文字转换为路径、将文字转换为形状、拼写检查、查找和替换等编辑方法。在将文字创建为工作路径后,可以对文字应用"填充"和"描边"等操作,或者通过对锚点的调整对文字进行变形操作,需要注意的是这些操作都需要新建图层。

## 实例 123 输入广告文字

● **源 文 件** | 光盘/源文件/第16章/实例123.psd

● **视　　 频** | 光盘/视频/第16章/实例123.swf

● **知 识 点** | 直排文字工具

● **学习时间** | 5分钟

**┃ 操作步骤 ┃**

**01** 打开素材图像"光盘/源文件/第16章/素材/12301.jpg",如图16-24所示。

**02** 单击工具箱中"横排文字工具"按钮 T,打开"字符"面板,进行相应的设置,如图16-25所示。

图16-24　打开素材　　　　　　　　　　图16-25　"字符"面板

**03** 在画布中合适位置单击并输入横排文字，如图16-26所示。

**04** 单击工具箱中"直排文字工具"按钮，使用相同方法，在图像中输入直排文字，如图16-27所示。

图16-26　输入横排文字　　　　　　　　图16-27　输入直排文字

**Q** 输入相应的文字后，如何切换文本方向？

**A** 在设计文档中选择需要切换文本方向的文字图层，单击"选项"栏中的"切换文本取向"按钮，即可将直排文字切换成横排文字，或者将横排文字切换成直排文字，这样就省去了用户不断输入的麻烦，可以节省时间，操作起来也很方便。

**Q** 点文本和段落文本是如何相互转换的？

**A** 点文本和段落文本是可以相互转换的。如果当前文本为点文本，执行"文字>转换为段落文本"命令，即可将其转换为段落文本；如果是段落文本，执行"文字>转换为点文本"命令，即可将其转换为点文本。

将段落文本转换为点文本时，所有溢出定界框的字符都会被删除，因此，为了避免丢失文字，应首先调整定界框，使所有文字在转换前都显示出来。

## 实例 124　制作变形广告文字

利用Photoshop CC中的文字变形功能，能够让广告上的文字更具有吸引力，从而增强广告的宣传效果。文字和图片位于不同的图层，这样更加方便用户的编辑制作，能够让广告增色不少。

- **源 文 件**▎光盘/源文件/第16章/实例124.psd
- **视　　频**▎光盘/视频/第16章/实例124.swf
- **知 识 点**▎文字变形
- **学习时间**▎15分钟

## 实例分析

本实例中的文字使用的暖色调颜色，使得该广告画面显得温暖，很符合这个床上用品的广告要表达的效果；同时文字采用了"旗帜"变形，典雅中带着点活泼，使广告的宣传效果变得更好，能够给人留下深刻的印象，如图16-28所示。

图16-28 页面效果

## 知识点链接

执行"类型>文字变形"命令，在弹出的"变形文字"对话框中"样式"选项的下拉菜单中，可以选择15种不同的变形样式，分别是扇形、下弧、上弧、拱形、凸起、贝壳、花冠、旗帜、波浪、鱼形、增加、鱼眼、膨胀、挤压、扭转。

## 操作步骤

**01** 打开素材图像"光盘/源文件/第16章/素材/12401.jpg"，效果如图16-29所示。新建"图层1"，设置"前景色"为RGB（255、241、141），使用"矩形选框工具"在画布中绘制选区，按Alt+Delete组合键，为选区填充前景色，取消选区，效果如图16-30所示。

图16-29 图像效果

图16-30 图像效果

**02** 为"图层1"添加图层蒙版，使用"渐变工具"在蒙版中填充黑白对称渐变，效果如图16-31所示。使用"横排文字工具"，打开"字符"面板进行相应的设置，在画布中输入文字，文字效果如图16-32所示。

图16-31 图像效果

图16-32 文字效果

**03** 单击"选项"栏中的"创建文字变形"按钮，弹出"变形文字"对话框，设置如图16-33所示。单击"确定"按钮，完成"变形文字"对话框的设置，效果如图16-34所示。

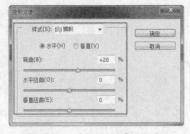

图16-33 "变形文字"对话框

图16-34 文字效果

**04** 为该文字图层添加"内阴影"图层样式，在弹出的"图层样式"对话框中进行相应的设置，如图16-35所示。选择"光泽"和"渐变叠加"选项，分别进行相应的设置，如图16-36所示。

图16-35 "图层样式"对话框　　　　　　　　　　　图16-36 "图层样式"对话框

**05** 单击"确定"按钮，完成"图层样式"对话框的设置，可以看到文字效果，如图16-37所示。使用"横排文字工具"，打开"字符"面板，设置如图16-38所示。

图16-37 文字变形效果　　　　　　　　　　　图16-38 "字符"面板

**06** 在画布中单击并输入文字，效果如图16-39所示。使用相同的制作方法，输入其他文字，效果如图16-40所示。

图16-39 文字效果　　　　　　　　　　　图16-40 文字效果

**07** 打开并拖入素材"光盘/源文件/第16章/素材/12402.png"，调整至合适的位置，生成"图层2"，如图16-41所示。复制该素材图像，调整至合适的大小和位置，并添加相应的图层样式，图像效果如图16-42所示。

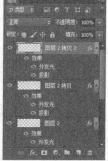

图16-41 图像效果　　　　　　　　　　　图16-42 图像效果

**08** 使用相同的制作方法，拖入其他素材图像，从而完成网页变形文字的制作，图像最终效果如图16-43所示。执行"文件>存储为"命令，将文件存储为"光盘/源文件/第16章/实例124.psd"。

图16-43 最终效果图

**Q** 在Photoshop中，创建变形文字时，通常需要对哪些选项进行设置？

**A** 输入文字后，单击"选项"栏中的"创建文字变形"按钮，即可在弹出的"变形文字"对话框中进行设置。设置的选项包括"样式""水平/垂直""弯曲""水平扭曲""垂直扭曲"5种，其中在"样式"的下拉列表中包含了15种不同的样式供用户使用。

**Q** "重置变形"和"取消变形"的使用方法和技巧是什么？

**A** 使用"横排文字工具"和"直排文字工具"创建的文本，在没有将其栅格化或转换为形状前，可以随时重置与取消变形。

重置变形：选择一种文字工具，单击"选项"栏中的"创建文字变形"按钮，或者执行"类型>文字变形"命令，即可弹出"变形文字"对话框，修改对话框中的变形参数，或者在"样式"下拉列表中选择另外一种样式，即可重置文字变形。

取消变形：在"文字变形"对话框的"样式"下拉列表中选择"无"，然后单击"确定"按钮，关闭对话框，即可取消文字变形。

## 实例 125 制作路径文字

● **源 文 件** | 光盘/源文件/第16章/实例125.psd
● **视 频** | 光盘/视频/第16章/实例125.swf
● **知 识 点** | 钢笔工具、路径文字
● **学习时间** | 10分钟

**┃ 操作步骤 ┃**

**01** 打开素材图像，使用"横排文字工具"按钮，打开"字符"面板进行设置，如图16-44所示。

图16-44 打开图像并设置

**02** 在画布中单击并输入相应文字，如图16-45所示。
**03** 使用"钢笔工具"，在"选项"栏上的"工具模式"下拉列表中选择"路径"选项，在画布中绘制路径，如图16-46所示。

图16-45　输入文字　　　　　　　　　图16-46　绘制路径

**04** 使用"横排文字工具"按钮，将鼠标指针放置在路径上，当其变为 ↓ 光标时，输入文字，完成路径文字的输入，如图16-47所示。

图16-47　路径文字输入

**Q** 路径文字的概念是什么？

**A** 路径文字是指创建在路径上的文字，这种文字会沿着路径进行排列，而且在改变路径形状时，文字的排列方式也会随之变化。通常，路径文字功能都是矢量软件才具有的，自从在Photoshop中增加了路径文字的功能后，文字的处理方式就变得更加灵活了。

**Q** 如何对路径文字进行编辑操作？

**A** 用户不仅可以对路径文字进行移动和翻转操作，还可以对文字路径进行直接编辑，可以通过直接修改路径的方向来影响文字的排列方式，其方法是：使用"直接选择工具"，单击路径，显示锚点，移动锚点或者调整路径的形状，文字就会沿着修改后的路径重新排列了。

---

**实例 126　使用3D命令制作立体文字**

在网页设计中，特别是网页广告中，3D文字的应用比较常见。使用Photoshop提供的强大3D功能，就可以轻松制作出网页中的3D文字效果。

● **源 文 件**｜光盘/源文件/第16章/实例126.psd
● **视　　频**｜光盘/视频/第16章/实例126.swf
● **知 识 点**｜3D面板、创建3D对象
● **学习时间**｜20分钟

**┃ 实例分析 ┃**

本实例使用Photoshop中的3D功能制作3D广告文字效果。首先在画布中输入文字，通过文字创建 3D模型，对3D文字进行相应的设置；其次将制作好的3D文字栅格化，对立体文字进行美化处理；最后完成3D广告文字效果的制作，效果如图16-48所示。

图16-48　效果图

## 知识点链接

在Photoshop中，可以通过多种方式创建出3D对象，既可以通过3D菜单中的命令，也可以使用"3D"面板来创建3D对象。如果当前选中的并不是3D图层，执行"窗口>3D"命令，打开3D面板，效果如图16-49所示。

图16-49　3D面板

● **源**：该选项用于设置创建3D对象的源，可以从该选项的下拉列表中选择相应的选项，包括"选中的图层""工作路径""当前选区"和"文件"。

● **3D明信片**：设置"源"为"选中的图层"选项时，该选项可用；选中该选项，将创建出3D明信片。

● **3D模型**：选择该选项，将创建出3D模型对象。

● **从预设创建网格**：设置"源"为"选中的图层"选项时，该选项可用；选择该选项，将激活该选项的下拉列表，在下拉列表中可以选择相应的预设选项，即可创建出相应的3D对象。

● **从深度映射创建网格**：设置"源"为"选中的图层"选项时，该选项可用；选择该选项，将激活该选项的下拉列表，在下拉列表中可以选择相应的选项，即可创建出相应的3D对象。

● **3D体积**：设置"源"为"选中的图层"选项时，该选项可用；选择该选项，可以创建3D体积对象；注意，必须同时选中多个图层，才可以创建3D体积对象。

## 操作步骤

**01** 执行"文件>打开"命令，打开素材图像"光盘/源文件/第16章/素材/12601.jpg"，效果如图16-50所示。使用"横排文字工具"，在"字符"面板中进行设置，在画布中单击并输入文字，效果如图16-51所示。

图16-50　图像效果

图16-51　文字效果

**02** 打开3D面板，对相关选项进行设置，如图16-52所示。单击"创建"按钮，创建3D文字，效果如图16-53所示。

图16-52　设置"3D"面板

图16-53　创建3D凸出文字

**03** 使用"移动工具"，选择刚创建的3D文字，如图16-54所示。打开"属性"面板，对相关选项进行设置，效果如图16-55所示。

图16-54 选中3D文字

图16-55 3D文字效果

**04** 复制该3D文字图层，将复制得到的图层栅格化，并将原3D文字图层隐藏，如图16-56所示，效果如图16-57所示。

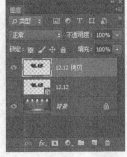

图16-56 "图层"面板

图16-57 图像效果

**05** 使用"魔术棒工具"，在图像上单击创建选区，如图16-58所示。新建"图层1"，使用"渐变工具"，打开"渐变编辑器"对话框，设置渐变颜色，如图16-59所示。

图16-58 创建选区

RGB(183、92、5)

RGB(243、208、169)

图16-59 设置渐变颜色

**06** 在选区中拖动鼠标填充线性渐变，如图16-60所示。取消选区，选择"12.12拷贝"图层，使用"魔术棒工具"在图像上创建选区，如图16-61所示。

图16-60 填充线性渐变

图16-61 创建选区

**07** 新建"图层2"，使用"渐变工具"，打开"渐变编辑器"对话框，设置渐变颜色，如图16-62所示。在选区中拖动鼠标填充线性渐变，如图16-63所示。

图16-62 设置渐变颜色　　　　图16-63 填充线性渐变

**08** 取消选区，设置"图层2"的"不透明度"为75%。使用相同的制作方法，可以完成相似效果的制作，如图16-64所示，"图层"面板如图16-65所示。

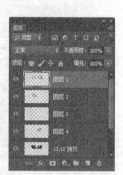

图16-64 图像效果　　　　图16-65 "图层"面板

**09** 在"图层1"上方新建"图层5"，使用"椭圆选框工具"在画布中绘制椭圆形选区，如图16-66所示。执行"选择>修改>羽化"命令，设置"羽化半径"为40像素，为选区填充白色，如图16-67所示。

图16-66 绘制椭圆形选区　　　　图16-67 填充颜色

**10** 取消选区，按Ctrl+T组合键，对图像进行旋转处理。载入"图层1"选区，按Ctrl+Shift+I组合键，反向选择选区。选择"图层5"，将选区中的图像删除，取消选区。设置"图层5"的"混合模式"为"叠加"，如图16-68所示，图像效果如图16-69所示。

图16-68 "图层"面板　　　　图16-69 图像效果

**11** 使用"横排文字工具"，在"字符"面板中进行设置，在画布中输入相应的文字，如图16-70所示。使用相同的制作方法，创建3D文字，并完成其文字效果的制作，如图16-71所示。

图16-70　输入文字　　　　　　　　　　　　　　　　　图16-71　文字效果

**12** 打开并拖入素材图像"光盘/源文件/第16章/素材/12602.jpg"，设置该图层的"混合模式"为"叠加"，"不透明度"为70%，如图16-72所示，图像效果如图16-73所示。

图16-72　"图层"面板　　　　　　　　图16-73　图像效果

**13** 为"图层9"添加图层蒙版，使用"画笔工具"，设置"前景色"为黑色，在蒙版中进行相应的涂抹处理，如图16-74所示，图像效果如图16-75所示。

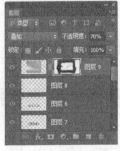

图16-74　"图层"面板　　　　　　　　图16-75　图像效果

**14** 完成该3D立体文字的制作，执行"文件>存储为"命令，将其保存为"光盘/源文件/第16章/实例126.psd"，最终效果如图16-76所示。

图16-76　最终效果图

**Q** 如何制作3D立体文字？

**A** 在Photoshop中可以通过"3D模型"功能轻松创建出3D文字效果。创建出3D文字后，可以通过为3D对象贴图的方式处理3D文字效果，也可以将3D文字栅格化后，运用各种Photoshop功能对3D文字进行处理。

**Q** 在Photoshop CC中经常会使用到"字符样式"和"段落样式"，其优势在哪里？

**A** 在Photoshop CC中新增了"字符样式"和"段落样式"面板，用户可以在"窗口"菜单下执行相应的命令打开这两个面板。

用户在这两个面板中创建字符样式和段落样式，将常用的字符或字符串的各项参数设置创建为一个文件，方便以后反复选用。这样可以大大提高工作效率，减轻用户的压力。

---

## 实例 127 图层样式制作网站文字

● **源 文 件 |** 光盘/源文件/第16章/实例127.psd

● **视　　频 |** 光盘/视频/第16章/实例127.swf

● **知 识 点 |** "渐变叠加"图层样式、"投影"图层样式

● **学习时间 |** 10分钟

---

**| 操作步骤 |**

**01** 打开素材图像，使用"横排文字工具"，在"字符"面板中进行设置，在画布中输入文字，如图16-77所示。

图16-77　输入文字

**02** 双击该文字图层，弹出"图层样式"对话框，选择"渐变叠加"选项，进行设置，如图16-78所示。

**03** 选择"投影"的选项，进行相应的设置，如图16-79所示。

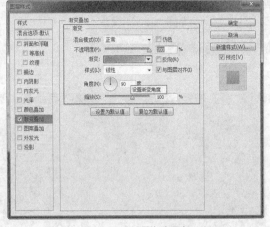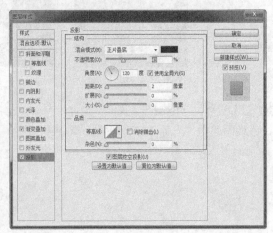

图16-78　设置渐变叠加　　　　　　　　图16-79　设置投影

**04** 使用相同的制作方法，输入其他文字，从而完成该广告文字的制作，如图16-80所示。

图16-80　广告效果

**Q** 如何获得并安装字体？

**A** 用户在安装系统时，通常只安装了黑体、宋体这些常用的字体，在后期进行设计制作时，它们往往满足不了用户的需求。解决这一问题的方法是用户通过购买获得更多漂亮的字体文件，并将这些字体文件安装到Windows/Font菜单下，这样启动Photoshop后，新字体即可出现在"字符"面板的"字体"下拉列表中。

**Q** Photoshop CC中的"类型"菜单如何使用？

**A** "类型"菜单是Photoshop中新增的菜单，Photoshop将之前版本分散在各处的、与文本输入与编辑有关的命令重新整合后统一放置在了"类型"菜单下，便于用户检索使用。在该菜单中，包括Open Type、"创建3D文字""栅格化文字图层""字体预览大小""语言选项""更新所有文字图层"和"粘贴Lorem Ipsum"等功能。

第 **17** 章

# 使用Photoshop
# 处理网站图片

一般在网站页面中出现的广告图片都非常精美、漂亮，但许多最初拍摄出来的图片效果并不能够达到这一标准，因此需要后期在Photoshop中进行相应的处理。在Photoshop CC中，用户不仅可以对图像的形状、背景等内容进行修改，还可以对图像的颜色进行修改。通过细致的处理之后，即可使图像更加完美地呈现在浏览者眼前，达到更好的宣传效果。本章为读者详细介绍使用Photoshop对网站图片进行处理的方法和技巧。

**实 例**
## 128　调整网站广告的颜色

　　一个网站页面，除了图片和文字是其主要的构成元素外，颜色也是很重要的一个环节。适宜的网站颜色不仅要与页面的整体布局相匹配，还要与页面中产品的风格相搭配，这样，才能将一个更好的页面呈现在浏览者眼前。

- ● **源 文 件**│光盘/源文件/第17章/实例128.psd
- ● **视　　频**│光盘/视频/第17章/实例128.swf
- ● **知 识 点**│匹配颜色
- ● **学习时间**│10分钟

### 实例分析

　　网站页面中的图像经常会出现颜色不匹配的现象，Photoshop CC提供了对图像颜色进行调整的功能。本实例中，就是将一张颜色呈灰色调的广告图片调整为彩色的效果，如图17-1所示。

图17-1　页面效果

### 知识点链接

　　通过使用"匹配颜色"命令可以快速改变图像的色调，使图像呈现出另一种效果。"匹配颜色"对话框中包括目标、明亮度、颜色强度、渐隐、中和、源等选项的设置，用户可以通过相应的设置，改变图像的色调。

### 操作步骤

**01** 执行"文件>打开"命令，打开素材文件"光盘/源文件/第17章/素材/12801.psd"，效果如图17-2所示。使用相同方法，打开素材图像"光盘/源文件/第17章/素材/12802.jpg"，效果如图17-3所示。

图17-2　打开素材

图17-3　打开素材图像

**02** 选中需要调整颜色的"图层1"，复制"图层1"得到"图层1拷贝"图层，"图层"面板如图17-4所示。执行"图像>调整>匹配颜色"命令，弹出"匹配颜色"对话框，如图17-5所示。

**03** 在"源"下拉列表框中选择12802.jpg选项，并对相应的选项进行设置，如图17-6所示。单击"确定"按钮，完成"匹配颜色"对话框的设置，图像效果如图17-7所示。执行"文件>存储为"命令，将文件存储为"光盘/源文件/第17章/实例128.psd"。

图17-4 "图层"面板

图17-5 "匹配颜色"对话框

图17-6 "匹配颜色"对话框

图17-7 图像效果

**Q** 如何使用目标选区计算调整？

**A** 如果在目标图像中创建选区，勾选"使用目标选区计算调整"选项，可使用选区内的图像颜色来计算调整；取消勾选，则使用整个图像中的颜色来计算调整。

**Q** "匹配颜色"可以匹配哪些对象？

**A** "匹配颜色"命令可以将一幅图像（原图像）中的颜色与另外一幅图像（目标图像）中的颜色相匹配，它比较适用于使多幅图片的颜色保持一致；此外，该命令还可以匹配多个图层和选区之间的颜色。

## 实例 129 调整网站广告的亮度

● **源 文 件** | 光盘/源文件/第17章/实例129.psd

● **视 频** | 光盘/视频/第17章/实例129.swf

● **知 识 点** | 亮度/对比度

● **学习时间** | 5分钟

**┃操作步骤┃**

**01** 执行"文件>打开"命令，打开素材文件"光盘/源文件/第4章/素材/12901.psd"，如图17-8所示。

**02** 在"图层"面板中选中需要调整亮度的"背景"图层，如图17-9所示。

图17-8 打开素材

图17-9 选中"背景"图层

**03** 执行"图像>调整>亮度/对比度"命令，弹出"亮度/对比度"对话框，在对话框中进行相应的设置，如图17-10所示。

**04** 单击"确定"按钮，完成"亮度/对比度"对话框的设置，如图17-11所示。

图17-10　"亮度/对比度"对话框

图17-11　页面效果

**Q** "亮度"选项和"对比度"选项怎么设置？

**A** 亮度和对比度的值为负值，图像亮度和对比度下降；如果为正值，则图像亮度和对比度增加；当值为0时，图像不发生任何变化。

**Q** 使用"亮度/对比度"命令的优点有哪些？

**A** "亮度/对比度"命令主要用来调整图像的亮度和对比度，其参数设置非常直观。Photoshop CC对"亮度/对比度"命令做了进一步的完善，在对话框中加入了"自动"按钮，方便用户更加快速地校正图像亮度和对比度。

---

## 实例 **130** 调整网站广告的色调

　　如果用户需要对页面中广告图像的色调进行调整，可以在Photoshop中使用"色相/饱和度"命令来进行，直至达到满意的效果为止。

● **源 文 件** | 光盘/源文件/第17章/实例130.psd
● **视　　频** | 光盘/视频/第17章/实例130.swf
● **知 识 点** | 色相/饱和度
● **学习时间** | 10分钟

### ▌实例分析 ▌

　　本实例通过对广告图像的"色相/饱和度"进行调整，改变了广告的整体色调，使得整个广告更加符合宣传的主题和风格，给人一种优雅、有气质的感觉，如图17-12所示。

图17-12　页面效果

### ▌知识点链接 ▌

　　Photoshop提供了4种调整HDR色调的方法，包括"曝光度和灰度系数""高光压缩""色调均化直方图"以及"局部适应"。其中，"曝光度和灰度系数"方法包含两个选项，"高光压缩"和"色调均化直方图"这两种方法没有选项，选项最全的是"局部适应"方法。

### ▌操作步骤 ▌

**01** 执行"文件>打开"命令，打开素材文件"光盘/源文件/第17章/素材/13001.psd"，如图17-13所示。打开"图层"面板，选中需要调整色调的图层，如图17-14所示。

图17-13　打开素材

图17-14　"图层"面板

**02** 执行"图像>调整>色相/饱和度"命令，如图17-15所示。在弹出的"色相/饱和度"对话框中进行相应的设置，如图17-16所示。

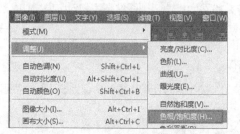

图17-15　"色相/饱和度"命令

图17-16　"色相/饱和度"对话框

**03** 单击"确定"按钮，完成"色相/饱和度"对话框的设置，效果如图17-17所示。执行"文件>存储为"命令，将文件存储为"光盘/源文件/第17章/实例130.psd"。

图17-17　图像效果

**Q** "色相/饱和度"对话框有哪些设置？

**A** "色相/饱和度"对话框中有6项设置，分别为预设、编辑范围、色相/饱和度/明度、图像调整工具、吸管工具和颜色条。

**Q** "色相/饱和度"命令的作用是什么？

**A** "色相/饱和度"命令可以调整图像中特定范围颜色的色相、饱和度和亮度，或者同时调整图像中所有颜色的色相、饱和度和亮度。该命令尤其适用于微调CMYK图像中的颜色，以便这些颜色处在输出设备的色域内。

**实例 131　使用替换颜色替换图像颜色**

● **源 文 件** | 光盘/源文件/第17章/实例131.psd

● **视　　频** | 光盘/视频/第17章/实例131.swf

● **知 识 点** | 替换颜色

● **学习时间** | 10分钟

**操作步骤**

**01** 打开素材文件"光盘/源文件/第17章/素材/13101.jpg"，如图17-18所示。

**02** 复制"背景"图层得到"背景拷贝"图层，如图17-19所示。

图17-18　打开素材

图17-19　复制"背景"图层

**03** 执行"图像>调整>替换颜色"命令，弹出"替换颜色"对话框，使用"吸管工具"在图像中吸取需要替换的颜色，通过使用相应的选项，确定需要替换的颜色范围，如图17-20所示。

图17-20　"替换颜色"对话框

**04** 单击"确定"按钮，完成"替换颜色"对话框的设置，完成为广告图像进行的替换颜色操作，如图17-21所示。

图17-21　页面效果

**Q** "替换颜色"中"选区"选项预览区域显示蒙版中颜色所表达的是什么信息？

**A** 选择"选区"选项，可在预览区域显示蒙版，其中黑色代表未选择的区域，白色代表所选区域，灰色代表被部分选择的区域。如果选择"图像"，则预览区中显示图像。

**Q** "替换颜色"对话框中的吸管工具如何使用？

**A** 用吸管工具在图像上单击，可以选中光标下面的颜色（"颜色容差"选项下面的缩览图中，白色代表了选中的颜色）；用添加的取样工具在图像中单击，可以添加新的颜色；用从取样中的减去工具在图像中单击，可以减少颜色。

---

**实例 132　使用调整边缘抠图**

在网页中，许多广告图片都是经过处理的，而抠图就是处理图像的方式之一。在Photoshop CC中，抠图的方法有很多种，其中，使用"调整边缘"的方法进行抠图，是非常快捷、方便的。

- **源 文 件**|光盘/源文件/第17章/实例132.psd
- **视 频**|光盘/视频/第17章/实例132.swf
- **知 识 点**|调整边缘
- **学习时间**|10分钟

## 实例分析

网页中的广告常常会将一些本不是一个场景里的事物放置在一起，这样不仅能够丰富广告页面的内容，还能够使其更具吸引力。本实例就是使用相关的技术，将人物抠选出来，并将其放置到一个漂亮的背景中，使得广告更精美、更有真实性，如图17-22所示。

图17-22 页面效果

## 知识点链接

"调整边缘"对话框中的"视图"下拉菜单中包括闪烁虚线、叠加、黑底、白底、黑白、背景图层和显示图层7种选项，按F键可以循环显示各个视图，按X键可以暂时停止所用视图。在"调整边缘"对话框中，用户可以进行相应的设置，从而细致地将人物单独抠选出来。

## 操作步骤

**01** 执行"文件>打开"命令，打开素材图像"光盘/源文件/第17章/素材/13201.jpg"，如图17-23所示。使用"快速选择工具"，在画布中创建人物部分大致的选区，如图17-24所示。

图17-23 打开素材图像

图17-24 创建大致选区

**02** 执行"选择>调整边缘"命令，弹出"调整边缘"对话框，在"视图"下拉列表中选择"黑底"选项，效果如图17-25所示。勾选"智能半径"选项，并对"半径"参数进行设置，如图17-26所示。

图17-25 图像效果

图17-26 "调整边缘"对话框

**03** 使用"调整半径工具"对人物的头发进行涂抹，涂抹完成后，在"选项"栏中单击"涂除调整工具"按钮 ，对缺失的图像进行修补，效果如图17-27所示。在"调整边缘"对话框中设置"羽化"为1像素，并勾选"净化颜色"复选框，如图17-28所示。

图17-27　图像效果　　　　　　　　　　图17-28　"调整边缘"对话框

**04** 单击"确定"按钮，完成"调整边缘"对话框的设置，抠出人物图像，效果如图17-29所示，"图层"面板如图17-30所示。

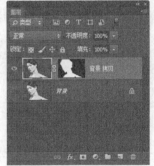

图17-29　图像效果　　　　　　　　　　图17-30　"图层"面板

**05** 打开素材文件"光盘/源文件/第17章/素材/13202.psd"，如图17-31所示。将抠出的人物图像拖曳至该文档中，放置在合适的位置，并调整相应的图层顺序，最终效果如图17-32所示。完成该文件的制作，执行"文件>存储为"命令，将文件存储为"光盘/源文件/第17章/实例132.psd"。

图17-31　打开素材文件　　　　　　　　　　图17-32　最终效果图

**Q** "调整边缘"命令有哪些作用？

**A** "调整边缘"命令可以消除选区边缘周围的背景色、改进蒙版，以及对选区进行扩展、收缩、羽化等处理，尤其是在选择图像中的主体景物时，可以准确、快速地将主体景物与背景区分出来。

**Q** "调整边缘"对话框中的"调整边缘"选项组中各种设置的作用是什么？

**A** "调整边缘"对话框中的"调整边缘"选项组中"平滑"是用于减少选区边界中的不规则区域，创建更加平滑的轮廓；"羽化"是可以为选区设置羽化，范围为0～1000像素；"对比度"是可以锐化选区边缘，并去除模糊、不自然感；"移动边缘"是用来收缩或扩展选区边界的。

**实例 133** 合成技术制作广告图片

- **源 文 件** | 光盘/源文件/第17章/实例133.psd
- **视 频** | 光盘/视频/第17章/实例133.swf
- **知 识 点** | 混合模式、图层蒙版
- **学习时间** | 5分钟

## ┃ 操作步骤 ┃

**01** 新建文档，使用"渐变工具"，在"背景"图层中填充线性渐变，使用柔角画笔在画布中进行绘制，拖入素材，添加蒙版进行相应处理，如图17-33所示。

**02** 新建文档，制作出镜头光晕效果，拖入该文档中，设置相应的"混合模式"，添加蒙版进行处理。拖入素材，设置"混合模式"，绘制图像并进行处理，如图17-34所示。

图17-33　处理后效果

图17-34　绘制图像并处理

**03** 使用"横排文字工具"，打开"字符"面板进行设置，在画布中输入文字，并为部分文字添加相应的图层样式，如图17-35所示。

**04** 使用相同方法，拖入相应的素材，完成使用合成技术制作的网站广告图片，如图17-36所示。

图17-35　输入文字

图17-36　网页效果

**Q** "混合模式"中有多少个模式组？

**A** "混合模式"中有6个模式组，分别是组合模式组、加深模式组、减淡模式组、对比模式组、比较模式组和色彩模式组。

**Q** 图层蒙版中的颜色各有什么含义？

**A** 蒙版中的纯白色区域可以遮盖下面图层中的内容，只显示当前图层中的图像；蒙版中的纯黑色区域可以遮盖当前图层中的图像，显示出下面图层中的内容；蒙版中的灰色区域会根据其灰度值使当前图层中的图像呈现不同层次的透明效果。

**实例 134　制作精美网站促销广告**

当用户在浏览网站页面的时候，经常会看到商家为了推销产品而做出的一些促销广告，这些促销广告有利于增加产品的销售量。通过在Photoshop中进行细致的处理操作，能够让广告起到更好的宣传效果。

- **源 文 件|** 光盘/源文件/第17章/实例134.psd
- **视　　频|** 光盘/视频/第17章/实例134.swf
- **知 识 点|** 图层样式、形状图层
- **学习时间|** 15分钟

**| 实例分析 |**

本实例制作的是冬季鞋子的促销广告，效果如图17-37所示。整体颜色采用了大红色，给人一种视觉上的冲击感，暖色调的颜色，充满了动感和活泼的气息，加入白色的文字，使画面的层次感更强，能够较强地吸引浏览者的眼球，有利于产品的宣传。

图17-37　网页效果

**| 知识点链接 |**

为图层应用图层样式的方法除了可以单击"图层"面板下的"添加图层样式" fx 按钮和执行"图层>图层样式"命令两种方法外，还可以在需要添加样式的图层名称外侧区域双击。

**| 操作步骤 |**

**01** 行"文件>新建"命令，在弹出的"新建"对话框中进行设置，如图17-38所示，单击"确定"按钮，新建一个空白文档。打开并拖入素材图像"光盘/源文件/第17章/素材/13401.jpg"，自动生成"图层1"，将素材图像调整至合适的位置，效果如图17-39所示。

图17-38　"新建"对话框

图17-39　拖入素材图像

**02** 新建名称为"产品"的图层组，打开并拖入素材图像"光盘/源文件/第17章/素材/13402.jpg"，自动生成"图层2"，将素材图像调整至合适的位置，效果如图17-40所示。为该图层添加"投影"图层样式，对相关选项进行设置，如图17-41所示。

**03** 单击"确定"按钮，完成图层样式对话框设置，效果如图17-42所示。使用相同的制作方法，打开并拖入其他素材图像，调整至合适的位置，并通过复制图层进行垂直翻转的方法制作出图像的镜面投影效果，如图17-43所示。

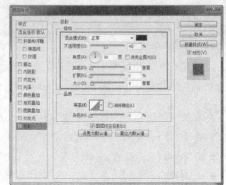

图17-40　拖入素材图像　　　　　　　　　　　　图17-41　"图层样式"对话框

图17-42　图像效果　　　　　　　　　　　　　　图17-43　图像效果

**04** 使用"横排文字工具"，在"字符"面板上设置相关选项，并在画布中输入相应的文字，效果如图17-44所示。使用相同的制作方法，输入其他文字，文字效果如图17-45所示。

图17-44　文字效果　　　　　　　　　　　　　　图17-45　文字效果

**05** 使用"钢笔工具"，在"选项"栏中设置"工具模式"为"形状"，"填充"为RGB（229、0、79），在画布中绘制形状图形，如图17-46所示。使用相同的制作方法，绘制图形并输入相应的文字，为相应的图形添加图层样式，效果如图17-47所示。

图17-46　绘制形状图形　　　　　　　　　　　　图17-47　图像效果

**06** 新建名称为"功效"的图层组,使用"圆角矩形工具",在"选项"栏中设置"半径"为10像素,在画布中绘制白色的圆角矩形,如图17-48所示。复制"圆角矩形1"图层得到"圆角矩形1拷贝"图层,修改复制得到图形的填充颜色为RGB(241、198、211),将该图形等比例缩小,调整合适的位置和大小,如图17-49所示。

**07** 使用相同的制作方法,复制圆角矩形并缩比例缩小,修改填充颜色为白色,效果如图17-50所示。打开并拖入相应的素材图像,调整至合适的位置,效果如图17-51所示。

图17-48 绘制圆角矩形

图17-49 复制图形并调整

图17-50 复制图形并调整

图17-51 拖入素材图像

**08** 执行"图层>创建剪贴蒙版"命令,为该图层创建剪贴蒙版,效果如图17-52所示。使用"横排文字工具",在画布中输入文字,效果如图17-53所示。

图17-52 图像效果

图17-53 文字效果

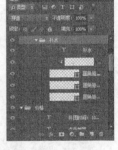

**09** 使用相同的制作方法,完成相似图形的制作,效果如图17-54所示。使用"自定形状工具",在"选项"栏上的"形状"下拉面板中选择合适的形状,在画布中绘制形状图形,并使用"直接选择工具"对所绘制的形状图形进行调整,效果如图17-55所示。

图17-54 图像效果

图17-55 绘制形状并调整

**10** 完成网站精美促销广告的制作,图像的最终效果如图17-56所示。执行"文件>存储为"命令,将文件存储为"光盘/源文件/第17章/实例134.psd"。

图17-56 最终效果图

**Q** 在为相应的图层添加图层样式时，如何显示与隐藏样式的效果？

**A** 在"图层"面板中，图层样式"效果"前面的眼睛图标■是用来控制效果的可见性的。如果用户想隐藏一个效果，可以单击该效果名称前的眼睛图标；如果想要隐藏该图层所有的效果，则可以单击该图层"效果"前的眼睛图标。

如果用户要隐藏文档中所有图层的效果，可以执行"图层>图层样式>隐藏所有样式"命令，隐藏效果后眼睛图标会变暗；再次执行该命令，即可重新显示效果。用户也可以在图层样式上单击鼠标右键，在弹出的菜单中完成该操作。

**Q** 如何对图层样式进行复制与粘贴操作？

**A** 选择想要复制图层样式的图层，执行"图层>图层样式>复制图层样式"命令，即可将该图层的所有图层样式进行复制，然后选择需要添加图层样式的图层，执行"图层>图层样式>粘贴图层样式"命令，即可以将效果粘贴到该图层中。

用户也可以在图层样式上单击鼠标右键，在弹出的菜单中完成复制、粘贴图层样式的操作。

## 实例 135　制作网站广告图片

- **源 文 件** | 光盘/源文件/第17章/实例135.psd
- **视　　频** | 光盘/视频/第17章/实例135.swf
- **知 识 点** | 画笔工具、图层蒙版、羽化选区
- **学习时间** | 10分钟

### ▌操作步骤▐

**01** 新建一个空白文档，填充背景，使用"椭圆选框工具"在"选项"栏中设置相应的羽化值，在画布中绘制选区，并填充颜色，如图17-57所示。

图17-57　绘制选区并填充颜色

**02** 打开并拖入相应的素材，为其添加图层蒙版，并使用柔角画笔进行处理，如图17-58所示。

**03** 使用相应的工具在画布中进行绘制，并做出相应的调整，如图17-59所示。

图17-58　拖入素材并处理　　　　　　　　　图17-59　绘制并调整图形

**04** 使用"横排文字工具",打开"字符"面板进行相应的设置,在画布中输入相应的文字,完成该网站广告的制作,如图17-60所示。

图17-60　网页效果

**Q** 如何很好地使用羽化选区工具?

**A** 羽化是通过建立选区和选区周围像素之间的转换边界来模糊边缘的,这种模糊方式会丢失选区边缘的一些图像细节。

用户可以使用不同的方法羽化选区。第一,使用创建选区工具创建选区,然后执行"选择>修改>羽化"命令,即可在弹出的"羽化选区"对话框中设置合适的"羽化半径"。除了执行"羽化"命令外,很多创建选区的工具选项栏中都有"羽化"选项,如果使用熟练,用户可以在创建选区时就设置其羽化值,这样能够提高工作效率。

**Q** 如何使用柔角画笔工具绘制图像的背景?

**A** 用户在使用"画笔工具"绘制图像时,可以对画笔的基本样式进行相应的设置。用户可以在打开的"画笔预设选取器"面板中设置画笔的笔触大小、画笔的硬度等选项,在"选项"栏中还可以设置画笔的绘制"流量"和"不透明度"。除此之外,用户还可以自定义画笔笔触,通过不同的设置,用户可以绘制出丰富的图像背景。

## 实例 136　制作网站GIF动画

GIF动画是在网页中经常出现的一种动画形式。一个好的网站,单单有静态的图片是不够的,还要有动画。动画的增加能够使网站页面更加生动、活泼,更富有吸引力。

- **源　文　件** | 光盘/源文件/第17章/实例136.gif
- **视　　　频** | 光盘/视频/第17章/实例136.swf
- **知　识　点** | "时间轴"面板
- **学习时间** | 10分钟

### 实例分析

本实例制作的是网站的一个GIF动画,效果如图17-61所示。暖色调的橙色使页面更加有活力,使浏览者觉得温馨又不失个性。白色的文字和人物的运用,突出了动画的主题。

图17-61　网页效果

### 知识点链接

GIF动画是在特定的时间内显示的一系列图像或帧。当每一帧较前一帧都有轻微的变化时,连续、快速地显示这些帧就会产生运动或其他变化的视觉效果,也就是产生了动态画面效果。在Photoshop中,主要使用"时间轴"面板来制作GIF动画。

### 操作步骤

**01** 执行"文件>打开"命令,打开素材图像"光盘/源文件/第17章/素材/13601.jpg",如图17-62所示。执行"窗口>时间轴"命令,打开"时间轴"面版,单击"创建帧动画"按钮,设置如图17-63所示。

图17-62　打开素材图像　　　　　　　　　　图17-63　"时间轴"面板

**02** 执行"文件>打开"命令，打开素材文件"光盘/源文件/第17章/素材/13602.png"，将该素材图像拖入到设计文档中，得到"图层1"，如图17-64所示。使用"横排文字工具"，打开"字符"面板，设置不同的字体大小和字体颜色，在画布中输入文字，文字效果如图17-65所示。

图17-64　拖入素材图像

中国五大大型运动金牌运动队 独家授权

图17-65　文字效果

**03** 使用相同方法，输入其他文字，效果如图17-66所示。

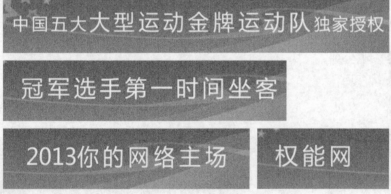

图17-66　文字效果

**04** 隐藏除"背景"图层以外的所有图层，单击"时间轴"面板下方的"复制所选帧"按钮 ，添加一个动画帧，如图17-67所示。在"图层"面板中显示"图层1"，"时间轴"面板如图17-68所示。

图17-67　"时间轴"面板　　　　　　　　　图17-68　"时间轴"面板

**05** 使用相同的制作方法，添加一个动画帧，隐藏"图层1"，只显示"背景"图层，"时间轴"面板如图17-69所示。设计文档中的图像效果，如图17-70所示。

图17-69 "时间轴"面板

图17-70　图像效果

**06** 使用相同的制作方法，完成相应帧的制作，"时间轴"面板如图17-71所示。此时，设计文档中的图像效果，如图17-72所示。

图17-71 "时间轴"面板

图17-72　图像效果

**07** 继续添加动画帧，在"图层"面板中隐藏"图层1"，显示相应的文字图层，文字效果如图17-73所示，"时间轴"面板如图17-74所示。

图17-73　文字效果

图17-74 "时间轴"面板

**08** 继续添加动画帧，在"图层"面板中显示相应的文字图层，文字显示效果如图17-75所示，"时间轴"面板如图17-76所示。

图17-75　文字效果

图17-76 "时间轴"面板

**09** 使用相同的制作方法，完成其他帧的制作，"时间轴"面板如图17-77所示。此时最后一帧的文字效果如图17-78所示。完成GIF动画的制作，执行"文件>存储为"命令，将文件存储为"光盘/源文件/第17章/实例136.psd"。

图17-77 "时间轴"面板

图17-78　文字效果

**10** 执行"文件>存储为Web所用格式"命令，弹出"存储为Web所用格式"对话框，如图17-79所示。单击"播放动画"按钮 ▶，预览动画效果，如图17-80所示。

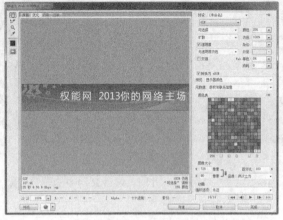

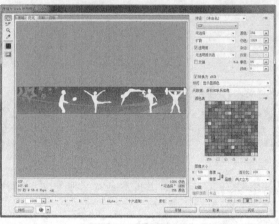

图17-79 "存储为Web所用格式"对话框　　　　图17-80 预览动画效果

**11** 单击"存储"按钮，在弹出的"将优化结果存储为"对话框中设置相应选项，如图17-81所示。单击"保存"按钮，即可导出GIF图片动画。在IE浏览器中打开刚导出的GIF图片动画，可以看到所制作的GIF动画效果，如图17-82所示。

图17-81 "将优化结果存储为"对话框　　　　图17-82 在网页中查看Gif动画

**Q** 优化Web图像有什么样的必要性？

**A** 当用户创建切片后，需要对图像进行优化处理，以减小文件的大小。在Web上发布图像时，较小的文件可以使Web服务器更加高效地存储和传输图像，用户则能够更快地下载图像。

执行"文件>存储为Web所用格式"命令，在弹出的"存储为Web所用格式"对话框中进行设置，使用该对话框中的优化功能，即可对图像进行优化和输出。

**Q** 创建GIF动画的原理是什么？

**A** 在Photoshop CC中制作动画，主要是通过"时间轴"面板来实现的。执行"窗口>时间轴"命令，即可打开"时间轴"面板。在该面板中会显示动画中帧的缩览图，使用面板底部的工具可浏览各个帧、设置循环选项、添加和删除帧以及预览动画。

## 实例 137　创建切片并输出网页

● **源 文 件** | 光盘/源文件/第17章/实例137.html

● **视　　频** | 光盘/视频/第17章/实例137.swf

● **知 识 点** | 切片工具、输出网页

● **学习时间** | 10分钟

**操作步骤**

**01** 打开素材图像，单击工具箱中的"切片工具"按钮 ，在网页图像上相应的位置单击并拖动鼠标创建一个切片。使用相同的方法完成其他切片的创建，如图17-83所示。

**02** 在切片05上单击鼠标右键，在弹出的菜单中选择"编辑切片选项"选项，对相关选项进行设置，单击"确定"按钮。使用相同方法完成其他切片的设置，如图17-84所示。

图17-83　创建切片　　　　　　　　　　　　　　图17-84　设置切片选项

**03** 完成该文件的制作，执行"文件>存储为Web所用格式"命令，在弹出的"存储为Web所用格式"对话框中进行相应的设置。使用同样的方法，完成其他切片的设置，并进行保存操作，如图17-85所示。

**04** 双击生成的"实例137.html"，可以在浏览器中看到该网页的效果，如图17-86所示。

图17-85　保存操作　　　　　　　　　　　　　　图17-86　网页效果

**Q** Photoshop中切片的类型主要有哪几种？

**A** Photoshop中的切片类型根据其创建方法的不同而不同，常见的有3种，分别是"用户切片""自动切片"和"基于图层的切片"。其中，"用户切片"和"基于图层的切片"由实线定义，而"自动切片"则由虚线定义。"基于图层的切片"包括图层中的所有像素数据。如果移动图层或编辑图层内容，切片区域将自动调整，切片也随着像素的大小而变化。

**Q** 在"切片选项"对话框中，需要设置哪些选项？

**A** 在"切片选项"对话框中，用户需要对以下选项进行设置，包括"切片类型""名称"、URL、"目标""信息文本""Alt标记""尺寸""切片背景类型"。

用户在创建切片后，为了防止"切片工具"和"切片选择工具"修改切片，可以执行"视图>锁定切片"命令，将所有切片进行锁定。再次执行可以取消锁定。

第 **18** 章

# 使用Photoshop
# 制作网站主要元素

一个完美的网站页面除了需要有好的布局和信息内容外，还
需要有好的美工，网页元素的制作就是美工工作的重点。一
般的网页元素包括页面背景、网页按钮、精美图标、网站
Logo等。本章通过制作各种不同的网页元素，向读者介绍
Photoshop中的相关知识点。

**实例 138** 设计网站水晶质感按钮

制作一个网站，网站中的网页按钮是不可或缺的一部分。大多数人喜欢在清新的网页环境中寻找他们所需的信息，简单、精巧的按钮设计，将使信息获取变得更加方便、快捷。下面，我们就来设计一款精美的水晶质感按钮。

● 源 文 件 | 光盘/源文件/第18章/实例138.psd
● 视　　频 | 光盘/视频/第18章/实例138.swf
● 知 识 点 | 圆角矩形工具、图层样式
● 学习时间 | 10分钟

**实例分析**

本实例制作的是一个网站页面上常用的水晶按钮，该按钮使用黄绿色，给人以温馨、静雅的感觉。通过在按钮上进行相应的处理，使其产生了很强的立体感，效果如图18-1所示。

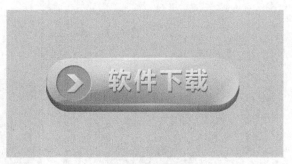

图18-1　页面效果

**知识点链接**

使用"圆角矩形工具"可以绘制圆角矩形。单击工具箱中的"圆角矩形工具"按钮，在画布中单击并拖动鼠标即可绘制圆角矩形。在"圆角矩形工具"的"选项"栏上有一个"半径"选项，该选项用来设置所绘制的圆角矩形的圆角半径，该选项的值越高，圆角越广。

**操作步骤**

**01** 执行"文件>新建"命令，在弹出的"新建"对话框中进行相应的设置，如图18-2所示，单击"确定"按钮，即可新建一个空白文档。为画布填充颜色为RGB（251、185、167）。使用"圆角矩形工具"，在"选项"栏上设置"半径"为75像素，在画布中进行绘制黑色圆角矩形，如图18-3所示。

图18-2　"新建"对话框

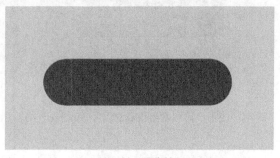

图18-3　图像效果

**02** 为"圆角矩形1"图层添加"内发光"图层样式，对相关选项进行设置，如图18-4所示。继续添加"渐变叠加"图层样式，对相关选项进行设置，如图18-5所示。

**03** 单击"确定"按钮，图像效果如图18-6所示。使用相同的制作方法，完成相似图形效果的制作，效果如图18-7所示。

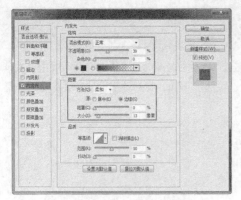

图18-4 设置"内发光"图层样式

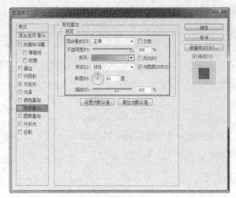

图18-5 设置"渐变叠加"图层样式

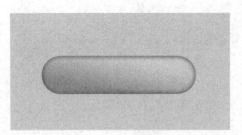

图18-6 图像效果

图18-7 图像效果

**04** 使用"钢笔工具",设置"前景色"为黑色,在画布中绘制形状图形,效果如图18-8所示。为"形状1"图层添加"渐变叠加"图层样式,对相关选项进行设置,如图18-9所示。

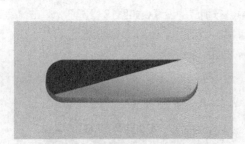

图18-8 图像效果

图18-9 设置"渐变叠加"图层样式

**05** 单击"确定"按钮,可以看到图像效果,如图18-10所示。设置"形状1"图层的"填充"为0%,效果如图18-11所示。

图18-10 图像效果

图18-11 图像效果

**06** 使用"钢笔工具"，在画布中绘制一个黑色形状图形，如图18-12所示。为该图层添加"渐变叠加"图层样式，对相关选项进行设置，如图18-13所示。

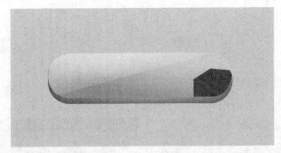

图18-12　图像效果

图18-13　设置"渐变叠加"图层样式

**07** 设置完成后，单击"确定"按钮，设置该图层的"填充"为0%，效果如图18-14所示。使用相同的制作方法，可以绘制出相似的图形效果，如图18-15所示。

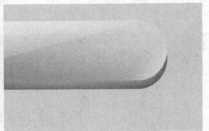

图18-14　图像效果

图18-15　图像效果

**08** 使用"椭圆工具"，在画布中绘制一个黑色正圆形，如图18-16所示。为该图层添加"内阴影"图层样式，对相关选项进行设置，如图18-17所示。

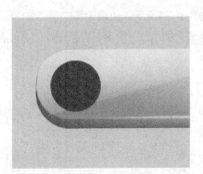

图18-16　图像效果

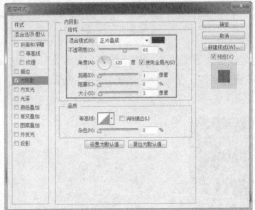

图18-17　设置"内阴影"图层样式

**09** 继续添加"渐变叠加"图层样式，对相关选项进行设置，如图18-18所示。继续添加"投影"图层样式，对相关选项进行设置，如图18-19所示。

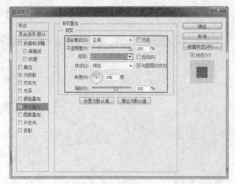 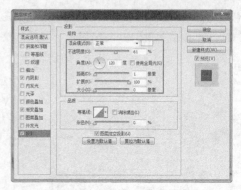

图18-18 设置"渐变叠加"图层样式　　　　图18-19 设置"投影"图层样式

**10** 设置完成后，单击"确定"按钮，效果如图18-20所示。使用"自定形状工具"，在"选项"栏上进行设置，在画布中绘制形状图形，如图18-21所示。

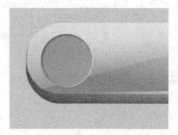 

图18-20 图像效果　　　　图18-21 绘制图形

**11** 为该图层添加"渐变叠加"图层样式，对相关选项进行设置，如图18-22所示。继续添加"投影"图层样式，对相关选项进行设置，如图18-23所示。

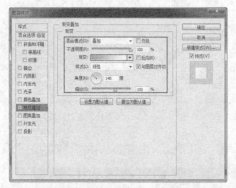 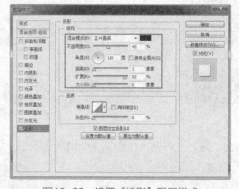

图18-22 设置"渐变叠加"图层样式　　　　图18-23 设置"投影"图层样式

**12** 单击"确定"按钮，设置该图层的"填充"为0%，效果如图18-24所示。使用相同的制作方法，即可完成该网站水晶质感按钮的制作，最终效果如图18-25所示。执行"文件>存储为"命令，将其保存为"光盘/源文件/第18章/实例138.psd"。

图18-24 图像效果　　　　图18-25 最终效果

**Q** Photoshop中的矢量绘图工具包括哪几种绘图模式？

**A** Photoshop CC中的钢笔和形状等矢量工具，可以创建出不同类型的对象，包括形状图层、工作路径和像素图像。在工具箱中选择矢量工具，并在"选项"栏上的"工具模式"下拉列表中选择相应的模式，即可指定一种绘图模式，然后在画布中进行绘图。在"选择工具模式"下拉列表中包括"形状""路径"和"像素"3个选项。

**Q** 什么是形状工具模式？

**A** 在工具箱中选择相应的矢量绘图工具，并在"选项"栏中的"选择工具模式"下拉菜单中选择"形状"选项，在画布中可绘制出形状图像。形状是路径，它出现在"路径"面板中。

---

**实例 139**　**设计网站下载按钮**

● **源 文 件** | 光盘/源文件/第18章/实例139.psd

● **视　　频** | 光盘/视频/第18章/实例139.swf

● **知 识 点** | 图层样式、形状工具、横排文字工具

● **学习时间** | 15分钟

---

┃ **操作步骤** ┃

**01** 新建文档，新建"图层1"，使用"矩形选框工具"绘制选区，填充白色，添加"渐变叠加"图层样式。使用相应的形状工具，在"选项"栏中进行设置，在画布中绘制形状，添加图层样式并进行相应的处理，如图18-26所示。

**02** 复制"形状1"得到"形状1拷贝"图层，进行相应的处理。使用"自定形状工具"，在"选项"栏中进行设置，在画布中绘制形状，复制该形状，添加图层样式，并设置相应的图层"不透明度"，如图18-27所示。

图18-26　绘制形状并进行处理

图18-27　绘制形状并设置"不透明度"

**03** 使用"横排文字工具"，打开"字符"面板进行设置，在画布中输入文字，并为相应的文字添加"渐变叠加"图层样式，如图18-28所示。

**04** 新建图层，使用"钢笔工具"在画布中绘制路径，转换为选区，填充黑白渐变色，并设置其"混合模式"和"不透明度"，从而完成网站下载按钮的制作，如图18-29所示。

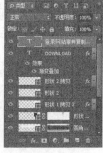

图18-28　输入文字并进行设置

图18-29　页面效果

**Q** 什么是路径工具模式?

**A** 在"选择工具模式"下拉菜单中选择"路径"选项,可以在画布中绘制路径。我们可以将路径转换为选区、创建矢量蒙版,也可以为其做"填充"和"描边"操作,从而得到栅格化的图形。

**Q** 什么是像素工具模式?

**A** 在"选择工具模式"下拉菜单中选择"像素"选项,在画布中能够绘制出栅格化的图像。其中,图像所填充的颜色为前景色,由于它不能创建矢量图像,因此在"路径"面板中不会显示路径。需要注意的是,"钢笔工具"没有像素工具模式选项。

## 实例 140 设计网站精美图标

网站图标是页面中必不可少的一个元素,制作出精美、实用的网站图标,可以增强页面的观赏性,使页面显得更加丰富多彩,给浏览者留下深刻的印象。

- **源 文 件** | 光盘/源文件/第18章/实例140.psd
- **视 频** | 光盘/视频/第18章/实例140.swf
- **知 识 点** | 多边形工具、定义图案、图层样式
- **学习时间** | 10分钟

### 实例分析

本实例制作的是一种徽章形状的图标,它是由文字、图形、字母、数字组合构成的。图标可以把说明和要求用简洁的图形表示,让人们一见便知,如图18-30所示。

图18-30 页面效果

### 知识点链接

使用"多边形工具"可以绘制三角形、六边形等形状。单击工具箱中的"多边形工具"按钮,在画布中单击并拖动鼠标即可按照预设的选项绘制多边形和星形。在使用"多边形工具"时,可以在"选项"栏中对相关的选项进行设置,如图18-31所示。

图18-31 "多边形工具"的"选项"栏

### 操作步骤

**01** 执行"文件>新建"命令,弹出"新建"对话框,设置如图18-32所示,单击"确定"按钮,新建一个空白文档。使用"多边形工具",设置"前景色"为RGB(161、1、29),在"选项"栏中进行设置,在画布中绘制形状,如图18-33所示。

图18-32　"新建"对话框

图18-33　绘制多边形

**02** 设置"前景色"为RGB（255、45、80），使用"椭圆工具"，按住Shift键在画布中绘制圆形，如图18-34所示。使用相同的制作方法，完成相似内容的制作，效果如图18-35所示。

图18-34　绘制圆形　　　　图18-35　图像效果

**03** 新建一个大小为10像素×10像素、背景为"透明"的空白文档。使用"矩形选框工具"在文档中进行绘制，填充颜色，并将其定义为"图案1"，效果如图18-36所示。返回到设计文档中，为"椭圆2"图层添加"渐变叠加"图层样式，在弹出的"图层样式"对话框中进行设置，如图18-37所示。

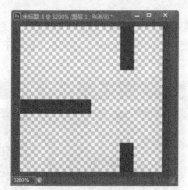

图18-36　文档效果　　　　图18-37　"图层样式"对话框

**04** 继续添加"图案叠加"图层样式，对相关选项进行设置，如图18-38所示。单击"确定"按钮，完成"图层样式"对话框的设置，可以看到图像效果，如图18-39所示。

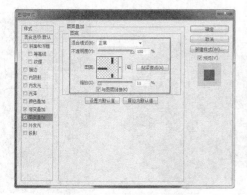

图18-38　"图层样式"对话框　　　　图18-39　图像效果

**05** 使用"椭圆工具"，在"选项"栏中进行设置，在画布中绘制正圆形，效果如图18-40所示。使用"横排文字工具"，在"字符"面板中进行设置，在画布中输入文字，效果如图18-41所示。

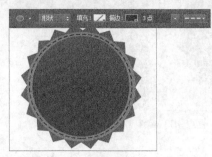
图18-40　图像效果

图18-41　输入文字

**06** 选中输入的文字，单击"选项"栏中的"创建文字变形"按钮，在弹出的"变形文字"对话框中进行设置，如图18-42所示。单击"确定"按钮，即可看到文字变形的效果，如图18-43所示。

图18-42　"变形文字"对话框

图18-43　文字效果

**07** 使用相同方法，输入其他文字，并为部分文字添加相应的图层样式，效果如图18-44所示。使用"自定形状工具"，设置"前景色"为RGB（255、167、167），在"选项"栏中进行设置，在画布中绘制五角星形，效果如图18-45所示。

图18-44　文字效果　　　　　　　　　图18-45　图像效果

**08** 完成网站精美图标的制作，最终效果如图18-46所示，"图层"面板如图18-47所示。执行"文件>存储为"命令，将其保存为"光盘/源文件/第18章/实例140.psd"。

图18-46　最终效果　　　　　　图18-47　"图层"面板

**Q** 怎样才能使用"多边形工具"绘制出不同边数的多边形?

**A** 使用"多边形工具"时,在该工具的"选项"栏中有一个"边"的设置选项,在该选项的文本框中可输入3~100的任意整数,即可设置所绘制多边形或星形的边数。

**Q** 怎样才能使用"多边形工具"绘制出星形?

**A** 在使用"多边形工具"绘制多边形或星形时,只有在"多边形选项"对话框中选中"星形"复选框后,才可以对"缩进边依据"和"平滑缩进"选项进行设置。在默认情况下,"星形"复选框没有被选中。

## 实例 141　设计网站实用图标

- **源 文 件** | 光盘/源文件/第18章/实例141.psd
- **视　　频** | 光盘/视频/第18章/实例141.swf
- **知 识 点** | 椭圆工具、图层样式、自定形状工具
- **学习时间** | 10分钟

### ▌操作步骤▐

**01** 新建文档,使用"渐变工具"为背景填充渐变色。新建组,重命名为"图标1"。新建图层,使用"椭圆选框工具"绘制选区,填充颜色,并进行"高斯模糊"处理。使用"椭圆工具",在画布中绘制形状,并添加相应的图层样式,如图18-48所示。

**02** 使用"自定形状工具",选择相应的形状在画布中进行绘制,并添加相应的图层样式,如图18-49所示。

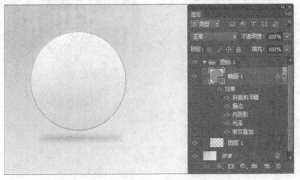

图18-48　绘制形状并添加图层样式

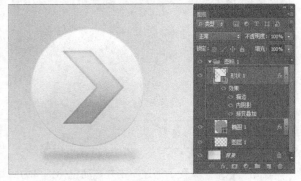

图18-49　绘制自定形状并添加图层样式

**03** 新建"图层2"使用"椭圆工具"在画布中绘制选区,填充颜色,并添加相应的图层样式,如图18-50所示。

**04** 使用相同的方法,完成其他图标的制作,如图18-51所示。

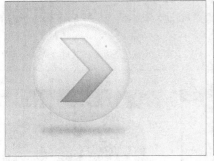

图18-50　填充颜色

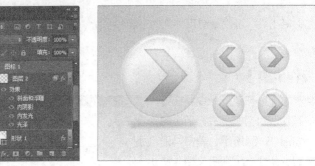

图18-51　最终效果

**Q** 在Photoshop中包含了哪些形状工具?

**A** Photoshop CC形状工具组提供了6种形状工具,右键单击"矩形工具"按钮■,弹出形状工具组,在该工具

组中包括"矩形工具" ▭、"圆角矩形工具" ▭、"椭圆工具" ◯、"多边形工具" ⬡、"直线工具" ╱和"自定形状工具" ▨。

**Q** 如何使用"椭圆工具"绘制圆形?

**A** 使用"椭圆工具"在画布中绘制椭圆形时,如果拖动鼠标的同时按住Shift键,则可绘制圆形;如果按住Alt键,则将以单击点为中心向四周绘制椭圆形;如果按住Alt+Shift组合键,则将以单击点为中心向四周绘制圆形。

## 实 例 142 设计食品网站Logo

Logo是一种传播信息的视觉识别符号,是一种常见的有力宣传工具。Logo可以由图像、图形和文字组成,色彩明丽,造型易识别,可以传递给浏览者相关的信息,常给人留下深刻印象。现在Logo主要有识别、说明、凝聚、区分和装饰5种功能。

● **源 文 件** | 光盘/源文件/第18章/实例142.psd
● **视 频** | 光盘/视频/第18章/实例142.swf
● **知 识 点** | 钢笔工具、横排文字蒙版工具、调整图层、图层样式
● **学习时间** | 10分钟

### ▌实例分析▐

本实例中制作的是一个食品网站的Logo,它是由文字、字母和图形构成的,如图18-52所示。这个Logo不仅起到了宣传产品和企业的作用,而且是企业的无形资产。

图18-52 页面效果

### ▌知识点链接▐

使用"钢笔工具",通过单击并拖动鼠标,可为照片添加直线、曲线等形状效果,单击工具箱中的"钢笔工具"按扭 ✎,"选项"栏中出现相应的选项,如图18-53所示。

图18-53 "钢笔工具"的"选项"栏

"钢笔工具"可以绘制出精确的直线和平滑、流畅的曲线,所以它能精确地勾勒出图像的轮廓,选择所需的图像。

### ▌操作步骤▐

**01** 执行"文件>新建"命令,在弹出的"新建"对话框中进行相应的设置,如图18-54所示,单击"确定"按钮,新建一个空白文档。使用"钢笔工具",在"选项"栏上设置,在画布中绘制形状,如图18-55所示。

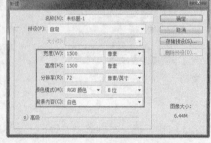

图18-54 "新建"对话框

图18-55 绘制图形

**02** 为该图层添加"渐变叠加"图层样式,在弹出的"图层样式"对话框中进行设置,如图18-56所示。设置完成后,单击"确定"按钮,效果如图18-57所示。

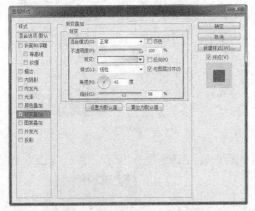

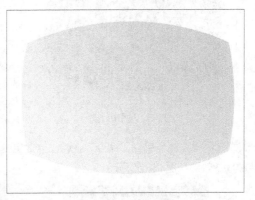

图18-56 设置"渐变叠加"图层样式　　　　图18-57 图像效果

**03** 复制"形状1"图层得到"形状1拷贝"图层,双击"渐变叠加"图层样式,修改选项设置,如图18-58所示。单击"确定"按钮,并按Ctrl+T组合键,将该图形等比例缩小,如图18-59所示。

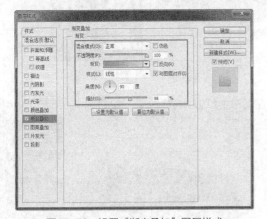

图18-58 设置"渐变叠加"图层样式　　　　图18-59 图像效果

**04** 复制"形状1拷贝"图层,得到"形状1拷贝2"图层,为该图层添加"描边"图层样式,对相关选项进行设置,如图18-60所示。继续添加"渐变叠加"选项,对相关选项进行设置,如图18-61所示。

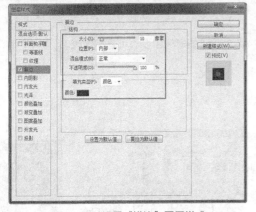

图18-60 设置"描边"图层样式　　　　图18-61 设置"渐变叠加"图层样式

**05** 设置完成后,单击"确定"按钮,将该图形等比例缩小,效果如图18-62所示。在画布中绘制椭圆形,为该椭圆形添加"渐变叠加"图层样式,效果如图18-63所示。

图18-62 图像效果　　　　　　　　　　图18-63 图像效果

**06** 执行"滤镜>模糊>高斯模糊"命令，在弹出的对话框中进行设置，如图18-64所示。单击"确定"按钮，调整图层叠放顺序，效果如图18-65所示。

图18-64 "高斯模糊"对话框　　　　　　　图18-65 图像效果

**07** 使用"横排文字工具"，在"字符"面板进行设置，在画布中单击并输入文字，如图18-66所示。使用相同的制作方法，为文字图层添加相应的图层样式，效果如图18-67所示。

图18-66 输入文字　　　　　　　　　　图18-67 文字效果

**08** 新建名称为"彩带"的图层组，使用相同的制作方法，完成相似图形的绘制，如图18-68所示。使用"横排文字工具"，在画布中单击并输入文字，如图18-69所示。

图18-68 图像效果　　　　　　　　　　图18-69 输入文字

**09** 执行"类型>文字变形"命令，在弹出的对话框中进行设置，如图18-70所示。单击"确定"按钮，按Ctrl+T组合键，对文字进行旋转操作，效果如图18-71所示。

图18-70　"变形文字"对话框　　　　　　　图18-71　文字效果

**10** 新建图层，为画布填充黑色，执行"滤镜>渲染>镜头光晕"命令，在弹出的对话框中进行设置，如图18-72所示。单击"确定"按钮，设置该图层的"混合模式"为"滤镜"，并调整该图像到合适的大小和位置，效果如图18-73所示。

图18-72　"镜头光晕"对话框　　　　　　　图18-73　图像效果

**11** 使用"椭圆选框工具"，在画布中绘制椭圆选区，如图18-74所示。执行"选择>修改>羽化"命令，在弹出的对话框中进行设置，如图18-75所示。

**12** 新建图层，为选区填充白色，取消选区，效果如图18-76所示。按Ctrl+T组合键，对其进行自由变换操作，效果如图18-77所示。

图18-74　绘制选区　　　图18-75　"羽化选区"面板　　　图18-76　图像效果　　　图18-77　图像效果

**13** 为该图层添加图层蒙版，使用"渐变工具"，在"选项"栏上设置，在蒙版中填充渐变，如图18-78所示。设置该图层的"填充"为80%，效果如图18-79所示。

图18-78　图像效果　　　　　　　　　图18-79　图像效果

14 使用相同的制作方法，完成该食品网站Logo的制作，最终效果如图18-80所示。

图18-80 图像效果

**Q** "钢笔工具"的主要作用是什么？

**A** "钢笔工具"是Photoshop中最为强大的绘图工具之一，它主要有两种用途：一是绘制矢量图形，二是用于选取对象。在作为选取工具使用时，"钢笔工具"绘制的轮廓光滑、准确，只要将路径转换为选区，就可以准确地选择对象。

**Q** 如何实现"钢笔工具"与"直接选择工具"和"转换点工具"之间的转换？

**A** 在使用"钢笔工具"绘制路径时，如果按住Ctrl键，可以将正在使用的"钢笔工具"临时转换为"直接选择工具"；如果按住Alt键，可以将正在使用的"钢笔工具"临时转换为"转换点工具"。

## 实例 143 设计旅行网站Logo

- **源 文 件** | 光盘/源文件/第18章/实例143.psd
- **视 频** | 光盘/视频/第18章/实例143.swf
- **知 识 点** | 图层样式、横排文字工具
- **学习时间** | 10分钟

### 操作步骤

01 新建文档，拖出相应的参考线，使用"钢笔工具"在"选项"栏中进行设置，在画布中绘制形状，并添加"描边"图层样式，如图18-81所示。

02 复制"形状1"，得到"形状1拷贝"图层，并设置其填充颜色，将其调整至合适的位置和大小，如图18-82所示。

图18-81 绘制形状并添加图层样式

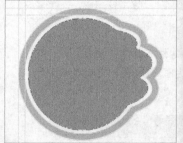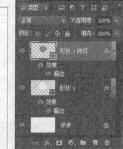

图18-82 填充颜色

03 使用相同方法，用"钢笔工具"在画布的相应位置进行绘制，完成相似内容的制作，如图18-83所示。

04 使用"横排文字工具"，打开"字符"面板进行设置，在画布中输入相应的文字并添加相应的图层样式，从而完成旅行网站Logo的设计制作，如图18-84所示。

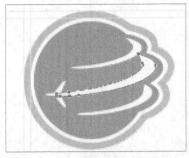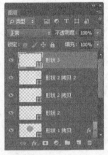

图18-83　完成相似内容的制作

图18-84　最终效果

**Q** "钢笔工具"的使用技巧有哪些?

**A** 在使用"钢笔工具"时,光标在路径和锚点上会有不同的显示状态,通过对光标的观察,可以判断钢笔工具此时的功能,从而更加灵活地使用钢笔工具。

当光标在画布中显示为█形状时,单击可创建一个角点,单击并拖动鼠标可以创建一个平滑点。

在"选项"栏上勾选"自动添加/删除"选项后,当光标在路径上变为█形状时单击,可在路径上添加锚点。

在"选项"栏上勾选了"自动添加/删除"选项后,当光标在锚点上变为█形状时,单击可删除该锚点。

在画布上绘制路径的过程中,将光标移至路径起始的锚点上,光标会变为█形状,此时单击可闭合路径。

选择一个开放式路径,将光标移至该路径的一个端点上,当光标变为█状时单击,然后可以继续绘制该路径;如果在绘制路径的过程中,将光标移至另外一条开放路径的端点上,光标变为█状时单击,可以将这两段开放式路径连接成一条路径。

---

## 实例 144　设计游戏网站导航

网站导航就是通过一定的技术手段,为网页的访问者提供一定的途径,使其可以方便地访问到需要的内容。网站导航表现为网页的栏目菜单设置、辅助菜单、在线帮助等形式。

- **源 文 件**┃光盘/源文件/第18章/实例144.psd
- **视　　频**┃光盘/视频/第18章/实例144.swf
- **知 识 点**┃路径、图层样式
- **学习时间**┃20分钟

### ▌实例分析 ▌

本实例制作的是一个游戏网站导航,如图18-85所示。本网页的导航是由6个按钮和文字、图像组成的,既简约,使用起来又很方便。

图18-85　页面效果

### ▌知识点链接 ▌

Photoshop CC提供了创建与编辑路径的工具,使用这些工具可以自由地绘制各种图形效果,其中创建路径的工具主要有"钢笔工具"和6种形状工具。路径是指可以转换为选区,或使用颜色填充和描边的一种轮廓。它包括有起点和终点的开放式路径以及没有起点和终点的闭合式路径两种。另外,路径也可以由多个相互独立的路径组件组成,这些路径组件称为子路径。

**操作步骤**

**01** 执行"文件>打开"命令，在弹出的"打开"对话框中选择相应的素材图像，如图18-86所示。单击"打开"按钮，可以看到图像效果，如图18-87所示。

图18-86 选择相应的素材图像　　　　　　　　图18-87 图像效果

**02** 按Ctrl+R组合键，显示文档标尺，拖出相应的参考线来定位导航位置，如图18-88所示。新建"图层1"，使用"圆角矩形工具"，在"选项"栏中设置"半径"值为10像素，在画布中绘制一个圆角矩形路径，按Ctrl+Enter组合键，将路径转换为选区，如图18-89所示。

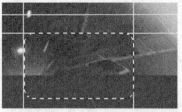

图18-88 拖出参考线　　　　　　　　图18-89 圆角矩形选区

**03** 使用"渐变工具"，在"渐变编辑器"对话框中进行设置，如图18-90所示。单击"确定"按钮，在选区中拖动鼠标填充线性渐变，填充效果如图18-91所示。

RGB（167、177、188）

RGB（255、255、255）

图18-90 "渐变编辑器"对话框　　　　　　　　图18-91 填充效果

**04** 新建"图层2"，设置"前景色"为RGB（152、159、178），使用"矩形选框工具"，在画布中绘制一个矩形选区，按Alt+Delete组合键，为选区填充前景色，如图18-92所示。为"图层2"添加图层蒙版，设置"前景色"为黑色，使用"画笔工具"在蒙版中进行绘制，图像效果如图18-93所示。

图18-92 填充颜色　　　　　　　　图18-93 图像效果

**05** 新建"图层3"，使用"矩形选框工具"，在画布中绘制出一个矩形选区。使用"渐变工具"，打开"渐变编辑器"对话框，从左向右分别设置渐变色标颜色值为RGB（113、126、143）、RGB（168、178、192），在选区中拖动鼠标填充线性渐变，如图18-94所示。设置"图层3"的"不透明度"值为50%、"混合模式"为"亮光"，效果如图18-95所示。

图18-94　填充效果　　　　　　　　　图18-95　图像效果

**06** 打开并拖入素材图像"光盘/源文件/第18章/素材/14402.png"，移至合适的位置，生成"图层4"，如图18-96所示。使用"横排文字工具"，在"字符"面板中进行设置，在画布中输入文字，效果如图18-97所示。

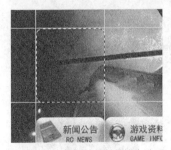

图18-96　拖入素材图像　　　　　　　　　　　　　图18-97　文字效果

**07** 使用相同方法，完成其他导航按钮的制作，效果如图18-98所示。

图18-98　图像效果

**08** 新建"图层25"，使用"圆角矩形工具"，在画布中绘制路径，并转换为选区，如图18-99所示。设置"前景色"为RGB（223、222、227），按Alt+Delete组合键，为选区填充前景色，效果如图18-100所示。

**09** 执行"选择>修改>收缩"命令，在弹出的"收缩选区"对话框中进行设置，单击"确定"按钮，设置"前景色"为RGB（174、179、181），使用"渐变工具"，打开"渐变编辑器"，选择"前景到透明"渐变效果，在选区中拖动鼠标填充线性渐变，如图18-101所示。新建"图层26"，使用"圆角矩形工具"，在"选项"栏中设置"半径"值为2像素，在画布中绘制路径，如图18-102所示。

图18-99　绘制路径并转换为选区　　　图18-100　填充颜色　　　　图18-101　填充效果　　　　图18-102　绘制路径

**10** 按Ctrl+Enter组合键，将路径转换为选区，设置"前景色"为RGB（17、65、137），并为选区填充前景色。将选区收缩2像素，使用"渐变工具"，打开"渐变编辑器"，从左向右分别设置颜色值为RGB（148、168、201）、RGB（50、89、146），为选区填充渐变颜色，如图18-103所示。为该图层添加"描边"图层样式，在弹出的"图层样式"对话框中设置"宽度"值为2像素、"颜色"值为RGB（10、46、98），效果如图18-104所示。

**11** 拖入相应的素材并输入文字，效果如图18-105所示。使用相同的制作方法，可以完成其他图形效果的绘制，效果如图18-106所示。

图18-103 填充效果　　图18-104 描边效果　　图18-105 图像效果　　图18-106 图像效果

**12** 完成游戏网站导航的制作，执行"文件>存储为"命令，将文档存储为"光盘/源文件/第18章/实例144.psd"，最终效果如图18-107所示。

图18-107 最终效果图

**Q** 路径上的锚点是什么？

**A** 路径是由直线路径段或曲线路径段组成的，它们是通过锚点连接的。锚点包括两种，即平滑点与角点。由平滑点连接可以形成平滑的曲线，而由角点连接可以形成直线，或者转角曲线。曲线路径段上的锚点有方向线，方向线的终点有方向点，它可以用于调整曲线的形状。

**Q** 怎样将路径转换为选区？

**A** 将路径转换为选区可以有两种方法，一种是按Ctrl+Enter组合键，另一种是打开"路径"面板，单击"将路径作为选区载入"按钮，即可将当前工作路径转换为选区。

---

**实例 145**　**设计网站快速导航**

- **源 文 件** | 光盘/源文件/第18章/实例145.psd
- **视　　频** | 光盘/视频/第18章/实例145.swf
- **知 识 点** | 图层组、图层样式、形状图层
- **学习时间** | 15分钟

**┃操作步骤┃**

**01** 新建文档，为"背景"图层填充颜色。新建图层组，将其重命名为"导航"，如图18-108所示。

**02** 新建"图层1"，使用"矩形选框工具"在画布上绘制选区，填充颜色并添加"渐变叠加"图层样式，如图18-109所示。

图18-108 为背景填充颜色　　　　图18-109 绘制选区填充颜色并添加图层样式

**03** 新建图层组，使用相应的工具在画布中进行绘制，并进行处理，完成该图层组的制作，如图18-110所示。

**04** 新建图层组，并重命名为"文字"，使用"横排文字工具"输入文字，并添加相应的图层样式，从而完成该企业网站导航的制作，如图18-111所示。

图18-110　完成图层组的制作　　　　　　　　　　　　　图18-111　最终效果

**Q** 图层组的作用是什么？

**A** 无论合并图层与盖印图层都会对文档中的原图层产生影响，使用图层组可以将不同的图层分类放置，这样既便于管理，又不会对原图层产生影响。执行"图层>新建>组"命令或单击"图层"面板中的"创建新组"按钮，即可在"图层"面板中创建新组。

**Q** 如何将图层移入或移出图层组？

**A** 选择需要拖入到图层组中的图层，将图层拖拽到图层组名称或图标上，即可将图层移入图层组。选择需要移出图层组的图层，单击并向图层组外侧拖动图层即可将图层移出。

如果需要移入或移出图层组的图层在图层组的边缘位置，最简单的方法就是按Ctrl+]组合键或Ctrl+ [ 组合键向上方或下方移动图层即可将图层移入或移出图层组。

## 实例 146　设计网站产品广告图片

网站产品广告图片就是在图片上植入广告，也就是将广告以图片的形式发出去，使信息更具吸引力。将产品通过这种特别的方式展示出来，给浏览者带来视觉享受的同时，又能很好地展示所宣传的产品。

- **源 文 件｜** 光盘/源文件/第18章/实例146.psd
- **视　　频｜** 光盘/视频/第18章/实例146.swf
- **知 识 点｜** 置入矢量素材、高斯模糊、图层混合模式
- **学习时间｜** 15分钟

### 实例分析

本实例通过使用绚丽的文字和图像制作出这个网站产品的广告图片，使广告更加醒目，增加广告商品的传播效果。而产品名字的制作更具有较强的针对性，适应广告对象的理解力，能产生深入的宣传效果，如图18-112所示。

图18-112　页面效果

### 知识点链接

"置入"命令和"导入"命令功能相似，可以通过该命令将外部文件合并在一起。"置入"命令可以将照片、图片或者EPS、AI、PDF等矢量格式的文件作为智能对象置入Photoshop文档中。

### 操作步骤

**01** 执行"文件>新建"命令，在弹出的"新建"对话框中进行设置，如图18-113所示，单击"确定"按钮，新建一个空白文档。新建"图层1"，使用"渐变工具"，打开"渐变编辑器"对话框，设置渐变颜色，如图18-114所示。

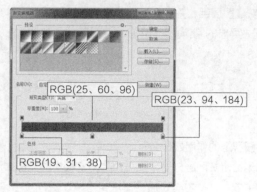

图18-113 "新建"对话框　　　　图18-114 "渐变编辑器"对话框

**02** 单击"确定"按钮，在画布中单击并拖动鼠标填充径向渐变，效果如图18-115所示。新建"图层2"，使用"椭圆选框工具"在画布中绘制选区，并填充径向渐变，取消选区，效果如图18-116所示。

图18-115　填充效果　　　　　　　图18-116　填充效果

**03** 为"图层2"添加图层蒙版，使用"画笔工具"，设置相应的笔触大小和画笔不透明度，在蒙版中进行涂抹，并设置该图层的"不透明度"为80%，如图18-117所示。新建一个大小为2像素×2像素、背景为"透明"的空白文档，使用"矩形选框工具"在文档中进行绘制选区，填充颜色，并将其定义成"图案1"，如图18-118所示。

图18-117　图像效果　　　　　　　图18-118　文档效果

**04** 返回到设计文档中，将"图层1"和"图层2"合并，为合并后的图层添加"图案叠加"图层样式，在弹出的"图层样式"对话框中进行设置，如图18-119所示。单击"确定"按钮，完成"图层样式"对话框的设置，效果如图18-120所示。

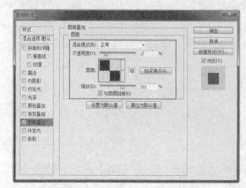
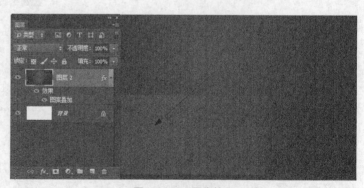

图18-119 "图层样式"对话框　　　　图18-120　图像效果

**05** 打开并拖入素材图像"光盘/源文件/第18章/素材/14601.png"，调整至合适的位置，自动生成"图层3"，设置其"混合模式"为"叠加"，效果如图18-121所示。复制"图层3"得到"图层3拷贝"图层，为其添加图层蒙版，并进行相应的处理，效果如图18-122所示。

图18-121　图像效果

图18-122　图像效果

**06** 执行"文件>置入"命令，在弹出的对话框中选择矢量素材"光盘/源文件/第18章/素材/14602.ai"，如图18-123所示。单击"置入"按钮，弹出"置入 PDF"对话框，如图18-124所示。

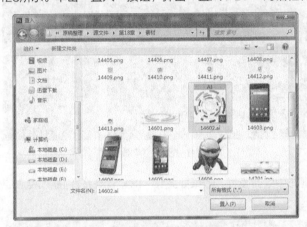

图18-123　"置入"对话框

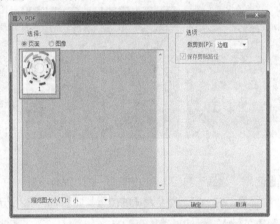

图18-124　"置入 PDF"对话框

**07** 单击"确定"按钮，即可将素材置入设计文档中，如图18-125所示。单击"选项"栏中的"提交变换"按钮，即可完成矢量素材的置入操作，调整至合适的位置和大小，并设置其"混合模式"为"叠加"，效果如图18-126所示。

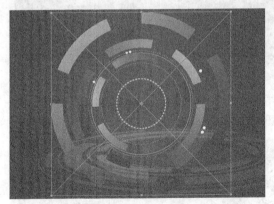

图18-125　置入效果

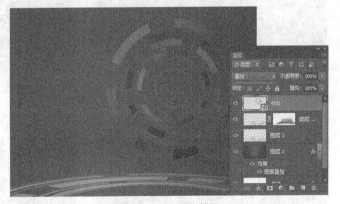

图18-126　图像效果

**08** 使用"横排文字工具"，打开"字符"面板进行设置，在画布中输入文字，如图18-127所示。为文字添加"投影"图层样式，在弹出的"图层样式"对话框中进行设置，如图18-128所示。

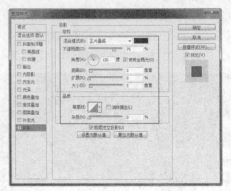

图18-127 输入文字 　　　　　　　　　　　　图18-128 设置"投影"图层样式

**09** 单击"确定"按钮,可以看到文字效果,如图18-129所示。使用相同方法,在画布中输入其他文字,并添加相应的图层样式,效果如图18-130所示。

图18-129 文字效果 　　　　　　　　　　　　图18-130 文字效果

**10** 使用"直线工具",在"选项"栏中进行设置,在画布中绘制直线,效果如图18-131所示。分别拖入相应的素材图像,并分别调整至合适的位置,如图18-132所示。

图18-131 绘制效果 　　　　　　　　　　　　图18-132 拖入素材图像

**11** 复制"图层4"得到"图层4拷贝"图层,移至合适的位置,并进行相应的变换调整,效果如图18-133所示。为复制得到图层添加图层蒙版,使用"渐变工具",在蒙版中填充黑白色的线性渐变,效果如图18-134所示。

图18-133 图像效果 　　　　　　　　　　　　图18-134 图像效果

**12** 使用相同的制作方法，完成相似图形效果的制作，如图18-35所示。新建"图层7"，使用"渐变工具"，在画布中单击并拖动鼠标填充颜色由RGB（187、212、237）到透明的线性渐变，效果如图18-136所示。

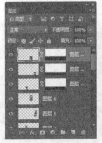  

图18-135　图像效果　　　　　　　　　　　　　　　　图18-136　填充效果

**13** 设置"图层7"的"混合模式"为"叠加"，效果如图18-137所示。新建"图层8"，设置"前景色"为RGB（103、202、221），使用"钢笔工具"，在画布中绘制路径，按Ctrl+Enter组合键将其转换为选区，并为选区填充前景色，取消选区，效果如图18-138所示。

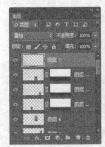  

图18-137　图像效果　　　　　　　　　　　　　　图18-138　填充效果

**14** 执行"滤镜>模糊>高斯模糊"命令，在弹出的对话框中进行设置，单击"确定"按钮，可以看到图像效果，如图18-139所示。为"图层8"添加图层蒙版，按住Ctrl键单击其缩略图，载入该图层的选区，在蒙版中填充黑色，并设置该图层的"混合模式"为"叠加"，效果如图18-140所示。

图18-139　图像效果　　　　　　　　　　　图18-140　图像效果

**15** 使用相同的制作方法，完成相似图形的绘制，效果如图18-141所示。新建图层组，将其重命名为"背景01"，将相应的图层移至该图层组中，"图层"面板如图18-142所示。

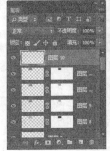  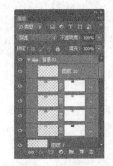

图18-141　图像效果　　　　　　　　　　　图18-142　"图层"面板

**16** 复制"背景01"图层组，得到"背景01 拷贝"，再次复制，得到"背景01 拷贝2"，并调整至合适的大小和位置，效果如图18-143所示。使用"横排文字工具"在画布中输入文字，并为相应的文字添加图层样式，效果如图18-144所示。

图18-143 图像效果

图18-144 文字效果

**17** 新建图层组，将其重命名为"五角星"，使用"直线工具"，在"选项"栏中设置其"填充"为RGB（67、181、205）、"粗细"为1像素，在画布中绘制直线，如图18-145所示。多次复制刚绘制的直线，并分别调整复制得到直接到合适的大小和位置，效果如图18-146所示。

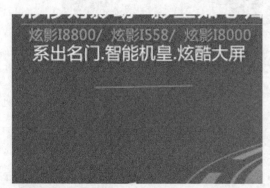

图18-145 绘制直线

图18-146 图像效果

**18** 新建图层，设置"前景色"为RGB（67、181、205），使用笔触大小为5像素、硬度为100%的画笔在画布中进行绘制，效果如图18-147所示。复制"五角星"得到"五角星拷贝"图层组，对其进行垂直翻转操作，并移至合适的位置，设置其"不透明度"为20%，效果如图18-148所示。

图18-147 图像效果

图18-148 图像效果

**19** 使用相同的制作方法，完成其他内容的制作，效果如图18-149所示。完成网站产品广告图片的制作，执行"文件>存储为"命令，将其保存为"光盘/源文件/第18章/实例146.psd"，最终效果如图18-150所示。

图18-149　图像效果　　　　　　　　　　　图18-150　最终效果图

**Q** "导入"命令与"置入"命令有什么区别？

**A** "导入"命令可以简单理解为是用于外部设备的，例如扫描仪、数码相机等。"置入"命令是针对其他软件做的文件或图片的。

**Q** 如何使用"直线工具"？

**A** 使用"直线工具"在画布中绘制直线或线段时，如果拖动鼠标的同时按住Shift键，则可以绘制水平、垂直或以45度角为增量的直线。

## 实例 147　设计化妆品网站广告

- **源 文 件** | 光盘/源文件/第18章/实例147.psd
- **视　　频** | 光盘/视频/第18章/实例147.swf
- **知 识 点** | 渐变工具、横排文字工具
- **学习时间** | 10分钟

**┃ 操作步骤 ┃**

**01** 打开素材图像"光盘/源文件/第18章/素材/14701.jpg"，依次拖入相应的素材图像，并分别调整至合适的位置，如图18-151所示。

**02** 使用"横排文字工具"，打开"字符"面板进行设置，在画布中输入相应的文字，如图18-152所示。

图18-151　拖入并调整位置　　　　　　　　图18-152　输入文字

**03** 使用"椭圆工具"和"直线工具"，在画布中绘制相应图形，如图18-153所示。

**04** 为"形状1"和"形状1拷贝"图层添加图层蒙版，使用"渐变工具"，在蒙版中填充黑白线性渐变，完成化妆品网站广告图片的制作，如图18-154所示。

图18-153 绘制相应图形

图18-154 最终效果

**Q** 为什么需要栅格化文字图层？

**A** 在Photoshop中，使用文字工具输入的文字是矢量图，其优点是无限放大后不会出现马赛克现象，而缺点是无法使用Photoshop中的滤镜和一些工具、命令，因此使用栅格化命令将文字栅格化，可以制作出更加丰富的效果。

**Q** 栅格化文字图层的方法是什么？

**A** 栅格化是将文字图层转换为正常图层，并使其内容成为不可编辑的文本。执行"图层>栅格化>文字"命令，即可将文字图层转换为普通图层。

除了执行"图层"菜单命令外，在文字图层名称处单击鼠标右键，在弹出的菜单中选择"栅格化"命令，同样可以将文字栅格化。

第

# 19

章

# 使用Photoshop
# 设计网站页面

用户在制作一个网站页面之前，首先应该使用Photoshop
将网站页面的效果图设计出来，这样才能看到网页的整体
效果，如果有不合适或者不满意的地方，还可以随时进行
调整和修改，最终得到满意的页面效果。本章通过使用
Photoshop设计出不同类型的网站页面，来讲述相应知识
点的运用方法和技巧。

## 实例 148 设计网站后台管理登录页面

一个网站，用户登录页面是必不可少的。过于烦琐和花哨的登录页面会给浏览者的视觉带来压力，不利于该网站页面的传播效果。作为网站页面的设计者，应该合理运用色彩，搭配合适的元素，制作出色彩清新、画面简约而又不失吸引力的页面。

- **源 文 件** | 光盘/源文件/第19章/实例148.psd
- **视　　频** | 光盘/视频/第19章/实例148.swf
- **知 识 点** | 图层样式、横排文字工具
- **学习时间** | 20分钟

### 实例分析

本实例制作的是一个网站后台的管理登录页面，效果如图19-1所示。该页面中的主要登录内容居中显示，给人一种平衡而大气的感觉，选用清新的色调，让原本枯燥而压抑的交通运输后台管理操作系统充满了另一种活力，给人以轻松感。

图19-1　页面效果

### 知识点链接

在制作该页面的过程中，主要是使用"矩形选框工具"绘制相应的选区，然后通过为选区填充颜色和添加相应的图层样式，拖入相应的素材设置"混合模式"，并添加蒙版进行相应的处理，最后使用"横排文字工具"输入相应的文字，从而完成该页面的制作。

### 操作步骤

**01** 执行"文件>新建"命令，在弹出的"新建"对话框中进行相应的设置，如图19-2所示，单击"确定"按钮，即可新建一个空白文档。执行"视图>标尺"命令，在文档中显示标尺，拖出相应的参考线，如图19-3所示。

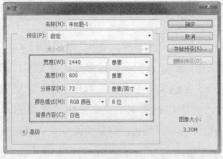

图19-2　"新建"对话框

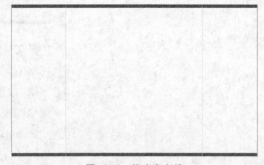

图19-3　拖出参考线

**02** 打开素材图像"光盘/源文件/第19章/素材/14801.jpg"，拖入至设计文档中，自动生成"图层1"，如图19-4所示。新建"图层2"，设置"前景色"为RGB（9、138、220），使用"矩形选框工具"在画布中进行绘制选区，按Alt+Delete组合键为选区填充前景色，效果如图19-5所示。

图19-4 拖入素材图像　　　　　　　　图19-5 图像效果

**03** 按Ctrl+D组合键取消选区，为该图层添加"内发光"图层样式，对相关选项进行设置，如图19-6所示。继续添加"投影"图层样式，对相关选项进行设置，如图19-7所示。

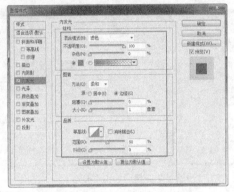

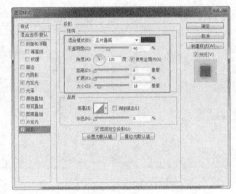

图19-6 设置"内发光"相关选项　　　　　　图19-7 设置"投影"相关选项

**04** 单击"确定"按钮，完成"图层样式"对话框的设置，效果如图19-8所示。打开并拖入素材图像"光盘/源文件/第19章/素材/14802.jpg"，自动生成"图层3"，如图19-9所示。

图19-8 图像效果　　　　　　　　　　图19-9 拖入素材图像

**05** 设置"图层3"的"混合模式"为"划分"，为其添加图层蒙版，在蒙版中填充黑白径向渐变，并设置其"不透明度"为20%，效果如图19-10所示。使用相同的制作方法，拖入素材图像"14803.png"，调整至合适的位置，如图19-11所示。

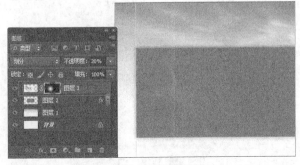

图19-10 图像效果　　　　　　　　　　图19-11 拖入素材图像

**06** 使用"横排文字工具",在"字符"面板中进行设置,如图19-12所示。在画布的合适位置单击并输入文字,效果如图19-13所示。

图19-12 "字符"面板　　　　　　　　图19-13 文字效果

**07** 为文字添加"描边"图层样式,对相关选项进行设置,如图19-14所示。继续添加"渐变叠加"和"投影"图层样式,并分别对相关选项进行设置,如图19-15所示。

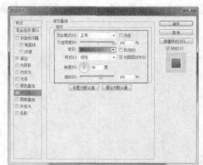

图19-14 设置"描边"相关选项　　　　图19-15 设置"渐变叠加"和"投影"相关选项

**08** 单击"确定"按钮,完成"图层样式"对话框的设置,效果如图19-16所示。使用相同的制作方法,输入相应的文字,效果如图19-17所示。

图19-16 文字效果　　　　　　　　　　图19-17 图像效果

**09** 根据前面的方法,完成相似内容的制作,效果如图19-18所示。新建"图层7",设置"前景色"为RGB(91、186、255),使用"矩形选框工具"在画布中进行绘制选区,执行"编辑>描边"命令,在弹出的对话框中进行设置,如图19-19所示。

图19-18 图像效果　　　　　　　　　　图19-19 设置"描边"对话框

**10** 取消选区，可以看到图像描边的效果，如图19-20所示。使用"横排文字工具"，在"字符"面板中进行设置，并输入相应的文字，效果如图19-21所示。

图19-20　图像效果　　　　　　　　　　　　　　　　　图19-21　文字效果

**11** 新建图层，使用"矩形选框工具"在画布中绘制矩形选区，为选区填充白色，并添加"描边"图层样式，对相关选项进行设置，如图19-22所示。单击"确定"按钮，完成"图层样式"对话框的设置，效果如图19-23所示。

图19-22　设置"描边"相关选项　　　　　　　　　　　　图19-23　图像效果

**12** 复制"图层8"两次，得到"图层8拷贝"和"图层8拷贝2"，并分别进行调整，效果如图19-24所示。使用相同的制作方法，完成其他内容的制作，效果如图19-25所示。

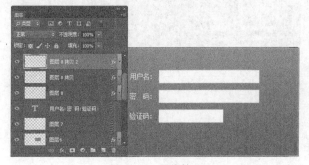

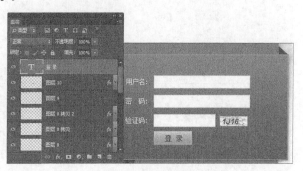

图19-24　图像效果　　　　　　　　　　　　　　　　　图19-25　图像效果

**13** 完成网站后台管理登录页面的制作，执行"文件>存储为"命令，将其保存为"光盘/源文件/第19章/实例148.psd"，最终效果如图19-26所示。

图19-26　最终效果图

**Q** 如何为图层添加图层样式?

**A** 选择需要添加图层样式的图层，执行"图层>图层样式"命令，通过"图层样式"子菜单中相应的选项可以为图层添加图层样式。或者单击"图层"面板下方的"添加图层样式"按钮 *fx*，在弹出的菜单中也可以选择相应的样式，弹出"图层样式"对话框。

应用图层样式的方法除了上述两种外，还可以在需要添加样式的图层名称外侧区域双击，也可以弹出"图层样式"对话框，弹出的对话框默认的设置界面为混合选项。

## 实例 149 设计服饰类网站页面

在制作服饰类网站页面时，首先应该考虑到页面整体的布局效果，不仅要体现出服饰高档、奢华的特点，还要能够给出有关服饰的详细信息。其次在色彩的运用上也要恰到好处，能够给浏览者带来视觉上的新奇感，给浏览者留下深刻的印象。

- **源 文 件** | 光盘/源文件/第19章/实例149.psd
- **视 频** | 光盘/视频/第19章/实例149.swf
- **知 识 点** | 渐变填充、图层样式、形状工具
- **学习时间** | 25分钟

### 实例分析

本实例制作的是服饰类网站页面，效果如图19-27所示。为了能够更好地吸引浏览者的视线，该网站页面的背景是一位气质高贵的女士，展示了产品的着装效果，这样还有利于增加浏览者对该服饰的信赖，引起浏览者的购买欲，从而达到了良好的宣传效果。

图19-27 页面效果

### 知识点链接

渐变颜色填充在Photoshop中的应用非常广泛，它不仅可以用来填充图像，还可以用来填充图层蒙版、快速蒙版和通道。使用"渐变工具"，可以在整个画布或选区中填充渐变颜色。单击工具箱中的"渐变工具"按钮 ■，在"选项"栏上将会显示渐变工具的各个选项，如图19-28所示。

图19-28 "渐变工具"的"选项"栏

### 操作步骤

**01** 执行"文件>新建"命令，在弹出的"新建"对话框中进行相应的设置，如图19-29所示，单击"确定"按钮，即可新建一个空白文档。执行"视图>标尺"命令，在文档中显示出标尺，并拖出相应的参考线，如图19-30所示。

**02** 打开并拖入素材图像"光盘/源文件/第19章/素材/14901.jpg"，自动生成"图层1"，调整至合适的位置，如图19-31所示。单击"图层"面板底部的"创建新组"按钮 ■，新建图层组并重命名为"导航部分"，如图19-32所示。

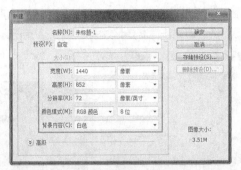

图19-29 "新建"对话框

图19-30 拖出参考线

图19-31 拖入素材图像

图19-32 "图层"面板

**03** 新建"图层2",设置"前景色"为RGB（2、14、53），使用"矩形选框工具"在画布中进行绘制选区，按Alt+Delete组合键为选区填充前景色，效果如图19-33所示。打开并拖入素材图像"光盘/源文件/第19章/素材/14902.png"，如图19-34所示。

图19-33 图像效果

图19-34 拖入素材图像

**04** 新建图层，使用"矩形选框工具"在画布中绘制选区，并为其填充白色，取消选区，效果如图19-35所示。为该图层添加"渐变叠加"图层样式，以相关选项进行设置，如图19-36所示。

图19-35 图像效果

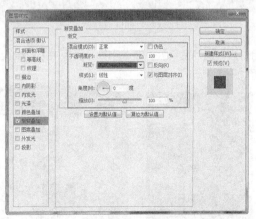

图19-36 设置"渐变叠加"相关选项

**05** 单击"确定"按钮,设置该层的"不透明度"为60%,效果如图19-37所示。新建图层,使用"矩形选框工具"在画布中绘制选区,使用"渐变工具",设置渐变颜色,为选区填充线性渐变,效果如图19-38所示。

图19-37 图像效果

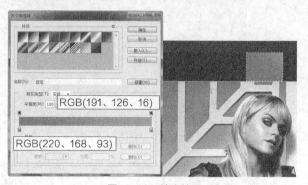

RGB(191、126、16)

RGB(220、168、93)

图19-38 填充效果

**06** 取消选区,设置该图层的"不透明度"为60%,效果如图19-39所示。使用相同的制作方法,完成相似图形的绘制,效果如图19-40所示。

图19-39 图像效果

图19-40 图像效果

**07** 打开并拖入素材图像"14903.png",自动生成"图层7",设置其"混合模式"为"柔光","不透明度"为36%,效果如图19-41所示。复制该素材,并移动至合适的位置,效果如图19-42所示。

图19-41 图像效果

图19-42 图像效果

**08** 使用"横排文字工具",在"字符"面板中进行设置,如图19-43所示。在画布的合适位置单击并输入文字,效果如图19-44所示。

图19-43 "字符"面板

图19-44 输入文字

**09** 新建图层组并重命名为"内容","图层"面板如图19-45所示。使用"横排文字工具",打开"字符"面板进行相应的设置,在画布中输入文字,效果如图19-46所示。

图19-45 "图层"面板　　　　　　　　　　图19-46 文字效果

**10** 为文字添加"渐变叠加"图层样式,在弹出的"图层样式"对话框中进行设置,如图19-47所示。单击"确定"按钮,完成"图层样式"对话框的设置,效果如图19-48所示。

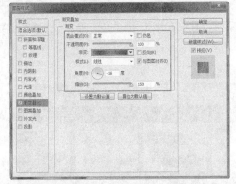  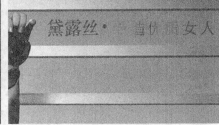

图19-47 设置"渐变叠加"相关选项　　　　　　　　　　图19-48 文字效果

**11** 新建"图层8",设置"前景色"为RGB(2、14、53),使用"矩形选框工具"在画布中绘制选区,按Alt+Delete组合键为选区填充前景色,效果如图19-49所示。打开并拖入素材图像"14904.png",设置"不透明度"为17%。新建图层,使用"矩形选框工具",在画布中绘制选区,为其填充白色,效果如图19-50所示。

图19-49 图像效果　　　　　　　　　　图19-50 图像效果

**12** 使用相同的制作方法,打开并拖入素材图像"14904.jpg",按Alt+Ctrl+G组合键,创建剪贴蒙版,效果如图19-51所示。使用"横排文字工具",打开"字符"面板进行设置,在画布中输入文字,效果如图19-52所示。

 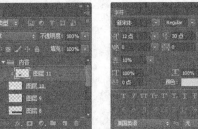 

图19-51 图像效果　　　　　　　　　　图19-52 文字效果

**13** 使用相同的制作方法，完成相似内容的制作，效果如图19-53所示，"图层"面板如图19-54所示。

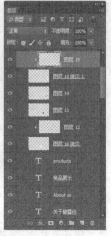

图19-53 图像效果　　　　　　　　　　　　　　　图19-54 "图层"面板

**14** 使用"自定形状工具"，在"选项"栏中选择形状，如图19-55所示。在画布中按住Shift键拖动鼠标绘制形状图形，效果如图19-56所示。

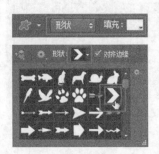

图19-55 选择形状　　　　　　　　　　　　　　图19-56 图像效果

**15** 使用相同的制作方法，完成"版底信息"内容组的制作，效果如图19-57所示，"图层"面板如图19-58所示。

图19-57 图像效果　　　　　　　　　　　　　　图19-58 "图层"面板

**16** 完成服饰类网站页面的制作，可以看到页面的最终效果，如图19-59所示。

图19-59 最终效果图

**Q** 在Photoshop中可以填充哪几种类型的渐变?

**A** 在Photoshop中可以填充5种类型的渐变。使用"渐变工具",在"选项"栏上提供了5种不同的渐变填充方式,包括"线性渐变""径向渐变""角度渐变""对称渐变"和"菱形渐变",可以根据需要来选择其中一种渐变类型,默认的渐变类型为"线性渐变"。

**Q** 图层的"不透明度"起到什么作用?

**A** 通过设置图层的"不透明度"选项,可以调整图层、图层像素与形状以及图层样式的不透明度。

## 实例 150 设计房地产网站页面

　　房地产网站页面主要是面向社会大众人群的。在社会飞速发展的今天,城市的喧嚣让人们的心感觉疲惫和压抑,因此该网站页面选择使用山水风景作为页面的背景,能够较强地吸引购买者的眼球,增强顾客的购买欲望,从而提高页面的宣传效果。

● **源 文 件** | 光盘/源文件/第19章/实例150.psd

● **视　　频** | 光盘/视频/第19章/实例150.swf

● **知 识 点** | 定义图案、图层样式、混合模式

● **学习时间** | 25分钟

### ▋ 实例分析 ▋

　　本实例制作的是一个房地产网站的页面,效果如图19-60所示。该页面主要宣传房产,采用蓝天、白云和山水环绕的图片作背景,体现出该房产环境幽雅、静谧的同时,也使得整个页面更有大自然的韵味,给浏览者留下深刻的印象。

图19-60　页面效果

### ▋ 知识点链接 ▋

　　通过"图案叠加"图层样式可以使用自定义或系统自带的图案覆盖图层中的图像。"图案叠加"与"渐变叠加"图层样式类似,都可以通过在图像中拖动鼠标以更改叠加效果。如果想要还原对图案叠加位置进行的更改,可以单击"贴紧原点"按钮,将叠加的图案与文档的左上角重新进行对齐。

### ▋ 操作步骤 ▋

**01** 执行"文件>新建"命令,在弹出的"新建"对话框中进行相应的设置,如图19-61所示。单击"确定"按钮,即可新建一个空白文档。执行"视图>标尺"命令,在文档中显示标尺,拖出相应的参考线,如图19-62所示。

图19-61　"新建"对话框

图19-62　拖出参考线

**02** 新建图层组并重命名为"背景",新建"图层1",设置"前景色"为RGB（6、35、27），使用"矩形选框工具"在画布中绘制选区,按Alt+Delete组合键为选区填充前景色,取消选区,效果如图19-63所示。使用相同的制作方法,完成相似图形的绘制,效果如图19-64所示。

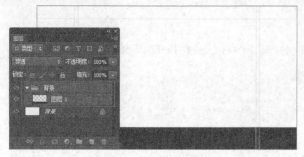

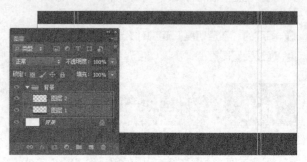

图19-63　图像效果　　　　　　　　　　　　　　　　　图19-64　图像效果

**03** 执行"文件>新建"命令,在弹出的"新建"对话框中进行相应的设置,如图19-65所示。使用"缩放工具"将文档放大至最大,效果如图19-66所示。

**04** 设置前景色为RGB（14、99、73）,使用"矩形选框工具"在画布中进行绘制,并为选区填充前景色,取消选区,效果如图19-67所示。使用相同的制作方法,完成其他图像的绘制,效果如图19-68所示。

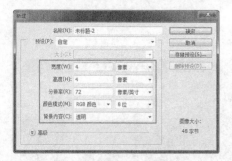

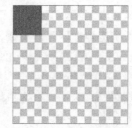

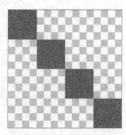

图19-65　"新建"对话框　　　图19-66　放大后的　　图19-67　图像效果　　图19-68　图像效果
　　　　　　　　　　　　　　　文档效果

**05** 执行"编辑>定义图案"命令,在弹出的"图案名称"对话框中进行设置,如图19-69所示。单击"确定"按钮,返回到设计文档中,为"图层1"添加"图案叠加"图层样式,在弹出的"图层样式"对话框中进行相应的设置,如图19-70所示。

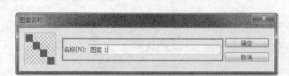

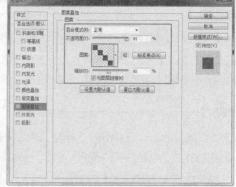

图19-69　"图案名称"对话框　　　　　　图19-70　设置"图案叠加"相关选项

**06** 单击"确定"按钮,完成"图层样式"对话框的设置,效果如图19-71所示。使用相同的制作方法,为"图层2"添加"图案叠加"图层样式,效果如图19-72所示。

**07** 新建"图层3",按住Ctrl键单击"图层1"缩略图,载入"图层1"选区,使用"渐变工具",在"渐变编辑器"对话框中设置渐变颜色,为选区填充线性渐变,效果如图19-73所示。设置该图层的"混合模式"为"正片叠底","不透明度"为90%,效果如图19-74所示。

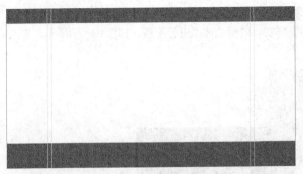

图19-71　图像效果

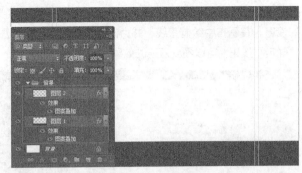

图19-72　图像效果

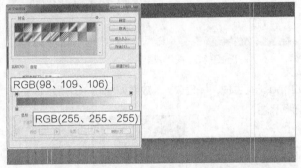

RGB(98、109、106)

RGB(255、255、255)

图19-73　图像效果

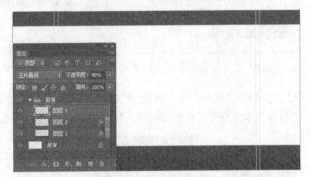

图19-74　图像效果

**08** 使用相同的制作方法，完成"图层4"中图像效果的制作，效果如图19-75所示。打开并拖入素材图像"光盘/源文件/第19章/素材/15001.jpg"，调整至合适的位置，自动生成"图层5"，效果如图19-76所示。

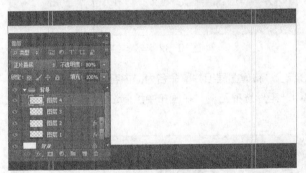

图19-75　图像效果

图19-76　图像效果

**09** 添加"色彩平衡"和"曲线"调整图层，分别在"属性"面板中进行相应的设置，如图19-77所示。完成设置后，分别为两个调整图层创建剪贴蒙版，效果如图19-78所示。

图19-77　设置"色彩平衡"和"曲线"调整图层

图19-78　图像效果

**10** 新建图层组并重命名为"内容01"。按Ctrl+;组合键隐藏参考线,使用"直线工具"在"选项"栏中进行相应的设置,在画布中绘制直线,并为该图层添加"描边"图层样式,对相关选项进行设置,如图19-79所示。单击"确定"按钮,可以看到直线的效果,如图19-80所示。

图19-79 设置"描边"相关选项

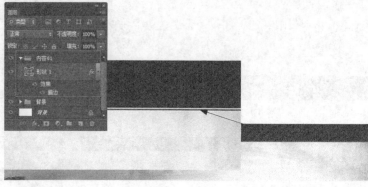

图19-80 图像效果

**11** 打开并拖入素材图像"光盘/源文件/第19章/素材/15002.jpg",生成"图层6",效果如图19-81所示。使用"横排文字工具",在画布中单击并输入文字,如图19-82所示。

图19-81 图像效果

图19-82 输入文字

**12** 使用相同的制作方法,输入其他文字,效果如图19-83所示。新建图层组并重命名为"内容02",新建"图层7",设置"前景色"为RGB(251、244、228),使用"矩形选框工具"在画布中绘制选区,为其填充前景色,取消选区,效果如图19-84所示。

图19-83 文字效果

图19-84 图像效果

**13** 新建文档,使用相同的制作方法,绘制图形,效果如图19-85所示。执行"编辑>定义图案"命令,在弹出的对话框中进行设置,如图19-86所示。

图19-85 图像效果

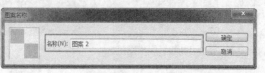

图19-86 "图案名称"对话框

**14** 单击"确定"按钮，返回到设计文档中。为"图层7"添加"图案叠加"图层样式，在弹出的"图层样式"对话框中进行设置，如图19-87所示。单击"确定"按钮，即可看到图像效果，如图19-88所示。

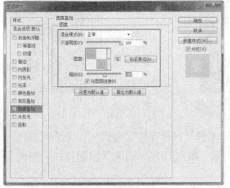
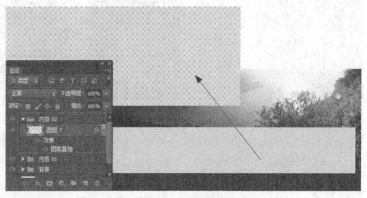

图19-87　设置"图案叠加"相关选项　　　　　　　　　　图19-88　图像效果

**15** 使用"直线工具"，在"选项"栏中进行设置，在画布中绘制直线，效果如图19-89所示。使用相同的制作方法，完成其他内容的制作，效果如图19-90所示。

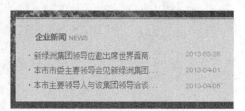

图19-89　绘制直线　　　　　　　　　　　　　　　　图19-90　图像效果

**16** 打开并拖入素材图像"光盘/源文件/第19章/素材/15003.jpg"，调整至合适的位置，生成"图层9"，效果如图19-91所示。新建图层，使用"矩形选框工具"在画布中绘制选区，并为选区填充黑色，设置该图层的"不透明度"为50%，效果如图19-92所示。

图19-91　图像效果　　　　　　　　　　　　　　图19-92　图像效果

**17** 取消选区，使用"横排文字工具"在画布中输入相应的文字，效果如图19-93所示。使用相同的制作方法，完成相似内容的制作，效果如图19-94所示。

图19-93　文字效果　　　　　　　　　　　　　　图19-94　图像效果

**18** 使用"圆角矩形工具"，在"选项"栏中进行设置，在画布中绘制圆角矩形，并为该图层添加"描边"图层样式，效果如图19-95所示。使用"直排文字工具"，打开"字符"面板进行设置，在画布中输入文字，效果如图19-96所示。

图19-95　图像效果

图19-96　文字效果

**19** 新建图层组并重命名为"导航"，新建"图层13"，使用"矩形选框工具"在画布中绘制选区，为选区填充白色，添加"渐变叠加"图层样式，对相关选项进行设置，如图19-97所示。继续添加"描边"图层样式，对相关选项进行设置，如图19-98所示。

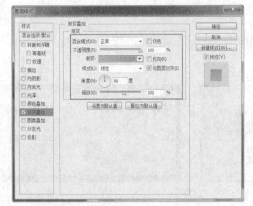

图19-97　设置"渐变叠加"相关选项

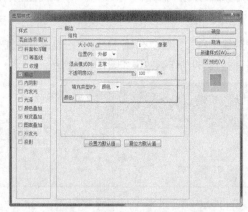

图19-98　设置"描边"相关选项

**20** 单击"确定"按钮，使用"直线工具"在画布中绘制直线，并调整相应的图层顺序，效果如图19-99所示。使用"横排文字工具"，打开"字符"面板进行设置，在画布中输入相应的文字，效果如图19-100所示。

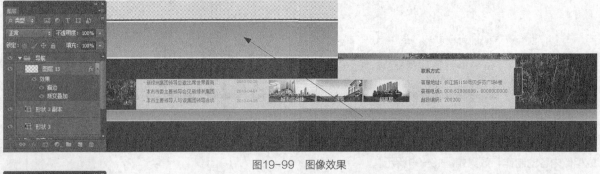

图19-99　图像效果

图19-100　文字效果

**21** 使用相同的制作方法，完成相似内容的制作，并调整相应的图层顺序，效果如图19-101所示。使用相同的制作方法，完成"版底信息"图层组中内容的制作，效果如图19-102所示。

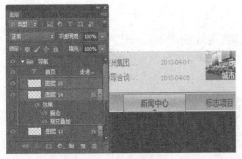

图19-101　图像效果

图19-102　图像效果

**22** 完成房地产网站页面的制作，执行"文件>存储为"命令，将其保存为"光盘/源文件/第19章/实例150. psd"，最终效果如图19-103所示。

**Q** "正片叠底"混合模式的原理是什么？

**A** 设置图层的"混合模式"为"正片叠底"，可以使当前图层中下方图层白色混合区域保持不变，其余的颜色则直接添加到下面的图像中，混合结果通常会使图像变暗。

图19-103　最终效果图

**Q** 如何修改为图层添加的图层样式？

**A** 如果需要修改为图层所添加的图层样式，可以在"图层"面板中双击一个效果的名称，弹出"图层样式"对话框，并进入该效果的设置面板，可以对效果的相关参数进行设置。

## 实例 151　设计科技公司网站页面

科技类公司的网站页面通常会使用偏冷色调的色彩，搭配些许充满活力的暖色调，不仅会给人一种值得信赖和有实力的感觉，而且也不失其内在的活力。整个页面冷、暖色调搭配，更好地表现出了该页面所宣传产品的实用性。

- **源 文 件 |** 光盘/源文件/第19章/实例151.psd
- **视　　频 |** 光盘/视频/第19章/实例151.swf
- **知 识 点 |** 画笔工具、定义图案、横排文字工具
- **学习时间 |** 30分钟

### 实例分析

本实例制作的是一个科技公司的网站页面，主要宣传的是该公司的系列高科技产品，效果如图19-104所示。本页面使用蓝色做主色，给浏览者一种值得信赖和有安全感的印象。页面布局整齐、规则，更加体现出该科技公司雄厚的实力和基础。

图19-104　页面效果

**▌知识点链接▐**

使用"画笔工具"可以绘制出比较柔和的前景色线条,类似于真实画笔绘制的线条。通过在"选项"栏中,对"画笔工具"的相关选项进行设置,可以使用画笔工具绘制出的图形与用真实画笔绘制出的图形的效果相似。

单击工具箱中的"画笔工具"按钮 ,在"选项"栏中可以对"画笔工具"的相关选项进行设置,如图19-105所示。

图19-105 "画笔工具"的"选项"栏

**▌操作步骤▐**

**01** 执行"文件>新建"命令,在弹出的"新建"对话框中进行相应的设置,如图19-106所示,单击"确定"按钮,即可新建一个空白文档。执行"视图>标尺"命令,在文档中显示标尺,拖出相应的参考线,如图19-107所示。

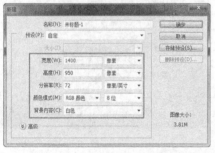

图19-106 "新建"对话框

图19-107 拖出参考线

**02** 设置"前景色"为RGB(231、243、255),按Alt+Delete组合键为画布填充前景色,效果如图19-108所示。新建图层组并重命名为"背景",新建"图层1",使用"矩形选框工具"在画布中绘制选区,使用"渐变工具",设置渐变颜色,如图19-109所示。

图19-108 填充效果

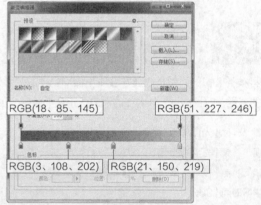

图19-109 设置渐变颜色

**03** 单击"确定"按钮,单击并拖动鼠标为选区填充径向渐变,如图19-110所示。取消选区,新建4像素×4像素的文档,根据前面的方法,在文档中进行绘制,并将其定义为图案,如图19-111所示。

图19-110 填充渐变颜色

图19-111 图像效果

**04** 返回到设计文档中,为"图层1"添加"图案叠加"图层样式,在弹出的"图层样式"对话框中进行设置,如图19-112所示。单击"确定"按钮,完成"图层样式"对话框的设置,效果如图19-113所示。

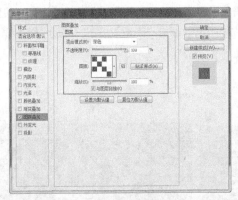

图19-112　设置"图案叠加"相关选项

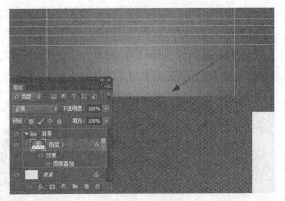

图19-113　图像效果

**05** 隐藏"图层1"，新建"图层2"，设置"前景色"为RGB（61、111、168），使用"画笔工具"，在画布中进行绘制，效果如图19-114所示。设置不同画笔颜色和画笔大小，在画布中进行绘制，并设置其"不透明度"为80%，效果如图19-115所示。

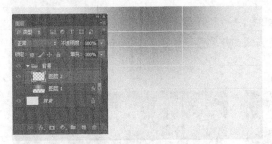

图19-114　图像效果

图19-115　图像效果

**06** 使用相同的制作方法，完成"图层3"的绘制，效果如图19-116所示。新建"图层4"，按住Ctrl键单击"图层1"缩略图，载入"图层1"选区，使用"画笔工具"，设置画笔大小为400像素、前景色为RGB（22、107、160），在选区边缘进行涂抹，效果如图19-117所示。

图19-116　图像效果

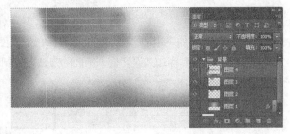

图19-117　图像效果

**07** 取消选区，显示"图层1"，设置"图层3"的"混合模式"为"正片叠底"，"不透明度"为50%，"图层4"的"混合模式"为"强光"，效果如图19-118所示。新建"图层5"，设置"前景色"为RGB（2、57、121），使用"矩形选框工具"在画布中绘制选区，并为其填充前景色，取消选区，效果如图19-119所示。

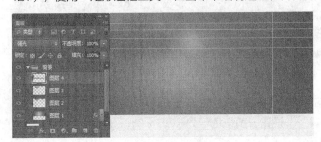

图19-118　图像效果

图19-119　图像效果

**08** 新建图层组并重命名为"导航部分"。使用"横排文字工具"，在画布中输入文字，并为文字添加"投影"图层样式，在弹出的"图层样式"对话框中进行设置，如图19-120所示。单击"确定"按钮，完成"图层样式"对话框的设置，效果如图19-121所示。

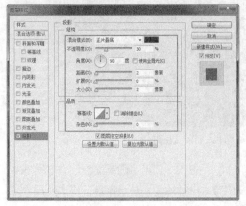

图19-120  设置"投影"相关选项 　　　　　图19-121  文字效果

**09** 使用相同的制作方法，输入其他文字并添加图层样式，效果如图19-122所示。新建"图层6"，设置"前景色"为RGB（6、18、100），使用"矩形选框"在画布中绘制选区，并填充前景色，取消选区，效果如图19-123所示。

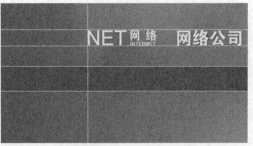

图19-122  文字效果 　　　　　　　　　　图19-123  图像效果

**10** 为"图层6"添加"描边"图层样式，在弹出的"图层样式"对话框中进行设置，如图19-124所示。单击"确定"按钮，即可看到描边效果。根据前面的方法，绘制图像并输入相应的文字，效果如图19-125所示。

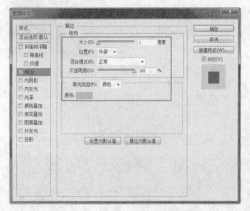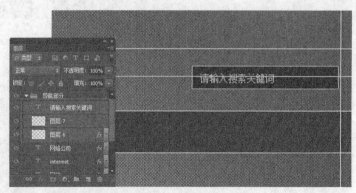

图19-124  设置"描边"图层样式 　　　　图19-125  图像效果

**11** 设置"前景色"为白色，使用"自定形状工具"，在"选项"栏的"形状"下拉列表中选择合适的形状，在画布中进行绘制，效果如图19-126所示。使用"直线工具"，设置"前景色"为RGB（0、73、156），在"选项"栏中进行设置，在画布中绘制直线，如图19-127所示。

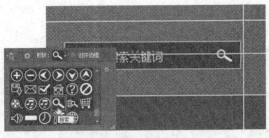

图19-126　图像效果　　　　　　　　　　　图19-127　图像效果

**12** 为该图层添加图层蒙版，使用"渐变工具"，打开"渐变编辑器"，在该对话框中设置渐变颜色，如图19-128所示。单击"确定"按钮，在蒙版中单击并拖动鼠标填充线性渐变，效果如图19-129所示。

图19-128　设置渐变颜色　　　　　　　　　　图19-129　填充效果

**13** 使用相同的制作方法，完成相似内容的制作，效果如图19-130所示。新建"图层8"，设置"前景色"为RGB（255、231、25），使用"矩形选框工具"在画布中绘制选区，并为其填充前景色，取消选区，效果如图19-131所示。

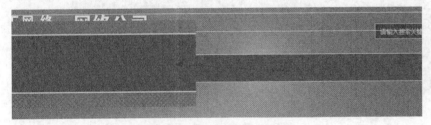

图19-130　图像效果　　　　　　　　　　　图19-131　图像效果

**14** 为"图层8"添加"渐变叠加"图层样式，在弹出的"图层样式"对话框中进行设置，如图19-132所示。单击"确定"按钮，完成"图层样式"对话框的设置，效果如图19-133所示。

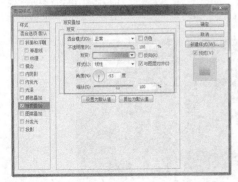
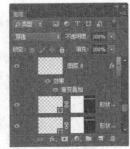

图19-132　设置"渐变叠加"相关选项　　　　　图19-133　图像效果

**15** 使用相同的制作方法，完成"图层9"内容的制作，效果如图19-134所示。使用"横排文字工具"，打开"字符"面板进行设置，在画布中输入相应的文字，效果如图19-135所示。

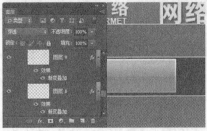

图19-134 图像效果　　　　　　　　　　　　　　　　　图19-135 文字效果

**16** 新建图层组并重命名为"内容01"。新建"图层10"，设置"前景色"为RGB（54、223、242），使用"画笔工具"，选择合适的画笔大小，在画布中进行涂抹，效果如图19-136所示。打开并拖入素材图像"光盘/源文件/第19章/素材/15101.jpg"，调整至合适的位置，自动生成"图层11"，如图19-137所示。

图19-136 图像效果　　　　　　　　　　　　　　　图19-137 拖入素材图像

**17** 为"图层11"添加图层蒙版，使用"渐变工具"在蒙版中填充黑白径向渐变，效果如图19-138所示。使用相同的制作方法，使用"画笔工具"在素材的边缘部分进行涂抹，效果如图19-139所示。

图19-138 图像效果　　　　　　　　　　　　　　　图19-139 涂抹效果

**18** 新建"图层12"，设置"前景色"为RGB（0、90、154），使用"矩形选框工具"在画布中绘制选区，并填充前景色，取消选区，效果如图19-140所示。为该图层添加图层蒙版，使用"画笔工具"在蒙版中进行涂抹，效果如图19-141所示。

图19-140 图像效果　　　　　　　　　　图19-141 图像效果

**19** 使用相同的制作方法，完成"图层13"内容的制作，效果如图19-142所示。新建图层，使用"矩形选框工具"在画布中绘制选区，使用"渐变工具"，打开"渐变编辑器"对话框，设置渐变颜色，如图19-143所示。

RGB(0、88、150)

RGB(53、188、213)

图19-142　图像效果　　　　　　　　　　　图19-143　设置渐变颜色

**20** 设置完成后，单击并拖动鼠标在选区中填充线性渐变，效果如图19-144所示。为该图层添加"描边"图层样式，在弹出的"图层样式"对话框中进行相应的设置，如图19-145所示。

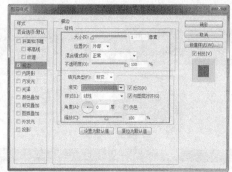

图19-144　图像效果　　　　　　　　　　　图19-145　设置"描边"相关选项

**21** 单击"确定"按钮，完成"图层样式"对话框的设置，效果如图19-146所示。使用相同的制作方法，完成其他内容的制作，效果如图19-147所示。

图19-146　图像效果　　　　　　　　　　　图19-147　图像效果

**22** 使用"横排文字工具"，在画布中输入文字，并为文字添加相应的图层样式，效果如图19-148所示。打开并拖入素材图像"光盘/源文件/第19章/素材/15101.png"，调整至合适的位置，生成"图层20"，如图19-149所示。

图19-148　文字效果　　　　　　　　　　　图19-149　拖入素材图像

**23** 完成"内容01"图层组的制作，可以看到图像效果，如图19-150所示。为"内容01"图层组添加黑色蒙版，使用"矩形选框工具"在画布中绘制选区，在蒙版中为选区填充白色，取消选区，可以看到图像效果，如图19-151所示。

图19-150　图像效果

图19-151　图像效果

**24** 使用相同的制作方法，完成"内容02"和"版底信息"图层组内容的制作，效果如图19-152所示，"图层"面板如图19-153所示。

图19-152　图像效果

图19-153　"图层"面板

**25** 完成科技公司网站页面的制作，执行"文件>存储为"命令，将其保存为"光盘/源文件/第19章/实例151.psd"，最终效果如图19-154所示。

图19-154　最终效果图

**Q** 在使用"画笔工具"时，如何快速地对画笔笔触进行调整？

**A** 使用"画笔工具"时，按键盘上的[键或]键可以减小或增加画笔的直径，按Shift+[组合键或Shift+]组合键可以减少或增加具有柔边、实边的圆或书画笔的硬度，按主键盘区域和小键盘区域的数字键可以调整画笔工具的不透明度，按住Shift+主键盘区域的数字键可以调整画笔工具流量。

**Q** "强光"混合模式的原理是什么？

**A** "强光"模式的衡量标准是以50%灰色为准，比该灰色暗的像素则会使图像变暗。该模式产生的效果与耀眼的聚光灯照在图像上相似，混合后图像色调变化相对比较强烈，颜色基本为上面的图像颜色。

第 **20** 章

# 制作企业类网站

企业网站主要是为了让外界了解企业，树立企业良好的形象，并适当地提供一定的服务。因为行业的特性不同，所以每一个企业网站都需要根据自身行业的特点来选择适当的网页表现形式。网站需要贴近企业文化，有鲜明的特色，具有历史的连续性、个体性、创新性。本章详细介绍企业网站的设计制作。

**实 例 152** 设计企业网站页面

本章主要讲解企业网站的设计制作。企业网站需要在贴进企业特点、形象的基础上向外界展示企业自身的文化和信息，树立良好的企业形象。

- **源 文 件** | 光盘/最终文件/ 第20章/实例152.psd
- **视 频** | 光盘/视频/第20章/实例152.swf
- **知 识 点** | 选区、钢笔工具、图层样式
- **学习时间** | 20分钟

## 实例分析

在商业网站设计中通常需要展示出企业的产品特色和文化特色，因此对网站整体色调的搭配和页面的布局就会有比较高的要求。例如，企业网站一般都以蓝色为主色调，制作出的网站一般都会显得比较大气和厚重，效果如图20-1所示。

图20-1 页面效果

## 知识点链接

如果想要对图像的局部进行操作，又不想操作影响其他区域，那么就需要在照片中创建选区。在Photoshop CC中，对图像创建选区的工具共有3组，即选框工具组、套索工具组和魔棒工具组，如图20-2所示。

图20-2 创建选区的工具

## 操作步骤

**01** 启动Photoshop CC软件，执行"文件>新建"命令，弹出"新建"对话框，设置如图20-3所示。打开并拖入素材图像"光盘/源文件/第20章/素材/15201.jpg"，如图20-4所示。

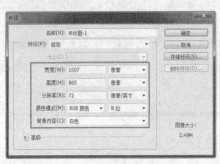

图20-3 "新建"对话框

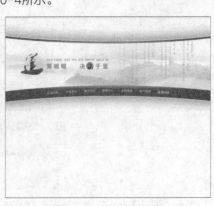

图20-4 拖入素材图像

**02** 将素材图像"15202.png"拖入画布中，如图20-5所示。单击"矩形工具"按钮，在"选项"栏上对其相关参数进行设置，如图20-6所示。

图20-5 拖入素材图像

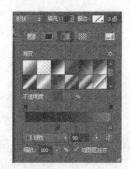

图20-6 对"选项"栏进行设置

**03** 在画布中拖动鼠标绘制矩形，如图20-7所示。单击"图层"面板下方的"添加图层样式"按钮 fx，在弹出的菜单中选择"描边"选项，弹出"图层样式"对话框，设置如图20-8所示。

图20-7 绘制矩形

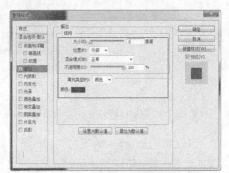

图20-8 "图层样式"对话框

**04** 单击"确定"按钮，完成"图层样式"对话框的设置，图像效果如图20-9所示。使用"横排文字工具"，打开"字符"面板，在画布中单击并输入相应的文字，如图20-10所示。

图20-9 图像效果

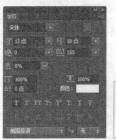

图20-10 输入相应的文字

**05** 使用"矩形工具"在画布中绘制矩形，如图20-11所示。选择"矩形2"图层，单击鼠标右键，在弹出的菜单中选择"栅格化图层"选项，将图形栅格化，使用"矩形选框工具"在画布中绘制矩形选区，如图20-12所示。按Delete键删除选区中的图像，如图20-13所示。

图20-11 绘制矩形　　　图20-12 绘制矩形选区　　　图20-13 删除选区内容

**06** 按Ctrl+D组合键取消选区，新建"图层2"，使用"钢笔工具"在画布中绘制路径，如图20-14所示。选择"画布工具"，在"画笔预设选取器"中对相关参数进行设置，如图20-15所示。

图20-14　绘制路径　　　　　图20-15　设置画笔笔触

**07** 设置"前景色"为RGB（127、169、252），在"路径"面板中单击"用画笔描边路径"按钮，描边路径，效果如图20-16所示。使用"椭圆工具"，在画布中绘制正圆形，如图20-17所示。使用"横排文字工具"，在画布中输入文字，如图20-18所示。

图20-16　路径描边效果　　图20-17　绘制圆形　　图20-18　图像效果

**08** 使用相同的方法，可以绘制出页面中的下拉列表效果，如图20-19所示。使用相同的制作方法，可以完成页面中相似部分图形效果的绘制，如图20-20所示。

图20-19　图像效果　　　　　　　　　　　图20-20　图像效果

**09** 新建"图层5"，使用"钢笔工具"在画布中绘制路径，按Ctrl+Enter组合键，将路径转换为选区，为选区填充颜色为RGB（237、237、237），如图20-21所示。

图20-21　图像效果

**10** 新建"图层6"，使用"钢笔工具"在画布中绘制路径，按Ctrl+Enter组合键，将路径转换为选区，如图20-22所示。使用"渐变工具"，打开"渐变编辑器"对话框，设置渐变颜色，如图20-23所示。

图20-22 创建选区  图20-23 "渐变编辑器"对话框

**11** 单击"确定"按钮，在选区中拖动鼠标填充对称渐变，效果如图20-24所示。为"图层6"添加"内发光"图层样式，在弹出的对话框中进行设置，如图20-25所示。

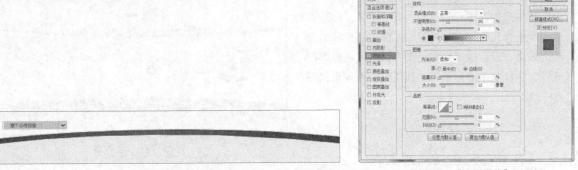

图20-24 填充对称渐变  图20-25 "图层样式"对话框

**12** 单击"确定"按钮，完成"图层样式"对话框的设置，效果如图20-26所示。使用相同的制作方法，完成其他相似图形的绘制，效果如图20-27所示。

图20-26 图像效果

图20-27 图像效果

**13** 完成该企业网站页面的设计，执行"文件>存储为"命令，将该文件保存为"光盘/源文件/第20章/实例152.psd"，页面最终效果如图20-28所示。

图20-28 最终效果图

**实 例**
**153**

# 制作网站Flash动画

企业网站中的Flash大多是用来表现企业的宗旨以及企业的理念等信息的，所以大多设计得比较大气，而且采用较为震撼的制作手法，因为这样会给人留下深刻的印象；而且这类Flash在用色上会比较保守，以传达给用户较为可靠的感觉。

- **源 文 件** | 光盘/源文件/第20章/实例153.fla
- **视 频** | 光盘/视频/第20章/实例153.swf
- **知 识 点** | 新建元件、传统补间动画、"库"面板
- **学习时间** | 20分钟

## 实例分析

本实例制作的是网页顶部的Flash动画。首先新建相应的图形元件，导入素材图像，然后新建影片剪辑元件，在影片剪辑元件中制作各部分动画效果，最后返回到主场景中，拖入制作好的元件，完成整个动画效果的制作，页面效果如图20-29所示。

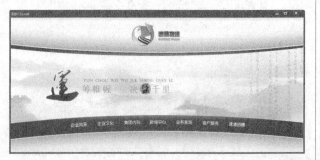

图20-29 页面效果

## 知识点链接

创建元件需要选择元件的类型。元件的类型不同，它所能接受的动画元素也会有所不同。用户可以通过场景上选定的对象来创建元件，也可以创建一个空元件，然后在元件编辑模式下制作或导入内容。通过使用包含动画的元件，用户可以在很小的文件中创建包含大量动作的Flash应用程序。

创建元件的方法很简单，执行"插入>新建元件"命令，如图20-30所示，或者单击"库"面板右上角的三角图标，在弹出的菜单中选择"新建元件"命令，如图20-31所示，即可弹出"创建新元件"对话框。

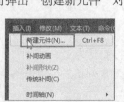

图20-30 "新建元件"命令

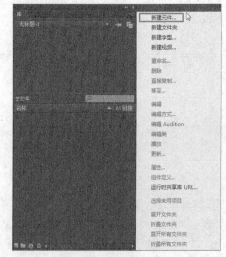

图20-31 弹出菜单

## 操作步骤

**01** 打开Flash CC软件，执行"文件>新建"命令，弹出"新建文档"对话框，设置如图20-32所示。单击"确定"按钮，完成"新建文档"对话框的设置，如图20-33所示。

**02** 执行"插入>新建元件"命令，弹出"创建新元件"对话框，设置如图20-34所示。执行"文件>导入>导入到舞台"命令，将素材图像"光盘/源文件/第20章/素材/15303.jpg"导入到舞台中，如图20-35所示。

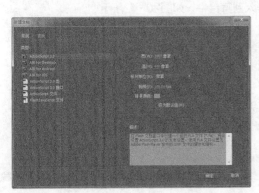

图20-32 "新建文档"对话框

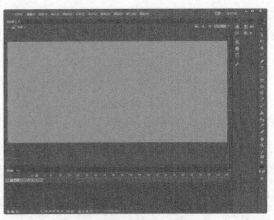

图20-33 新建的文档

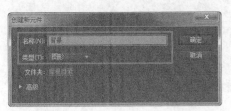

图20-34 "创建新元件"对话框

图20-35 导入素材图像

**03** 执行"插入>新建元件"命令，弹出"创建新元件"对话框，设置如图20-36所示。使用"文本工具"，在舞台中输入文字，选中文字执行"修改>分离"命令两次，如图20-37所示，将文字分离为图形。

图20-36 "创建新元件"对话框

图20-37 执行"分离"命令

**04** 选中分离后的图形，执行"编辑>复制"命令，并修改其颜色。新建"图层2"，执行"编辑>粘贴到当前位置"命令，将粘贴得到的图形向左上方做适当调整，如图20-38所示。

图20-38 图形效果

**05** 按Ctrl+F8组合键，弹出"创建新元件"对话框，设置如图20-39所示。在"点击"帧位置按F6键插入关键帧，使用"矩形工具"，在舞台中绘制矩形，如图20-40所示。

图20-39 "创建新元件"对话框

图20-40 绘制矩形

**06** 按Ctrl+F8组合键，弹出"创建新元件"对话框，设置如图20-41所示。执行"文件>导入>导入到舞台"命令，将素材图像"光盘/源文件/第20章/素材/15304.png"导入到舞台中，如图20-42所示。

图20-41 "创建新元件"对话框

图20-42 拖入素材图像

**07** 按Ctrl+F8组合键，弹出"创建新元件"对话框，设置如图20-43所示。将"导航背景1"元件拖入到舞台中，如图20-44所示。

图20-43 "创建新元件"对话框

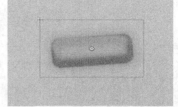

图20-44 拖入元件

**08** 分别在第10帧和第25帧处依次按F6键插入关键帧，选择第1帧上的元件，将该帧上元素等比例缩小，如图20-45所示。设置其Alpha值为0%，如图20-46所示。选择第25帧上的元件，同样将该帧上的元件等比例缩小，并设置其Alpha值为0%。

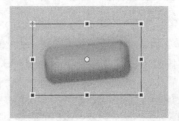

图20-45 调整元件大小

图20-46 设置Alpha值

**09** 分别在第1帧和第10帧上创建传统补间动画，"时间轴"面板如图20-47所示。新建"图层2"，将"反应区"元件拖入到舞台中，并调整元件的大小和位置，如图20-48所示。

图20-47 "时间轴"面板

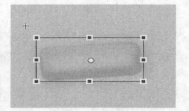

图20-48 拖入元件

**10** 定义刚拖入的"反应区"元件的"实例名称"为btn1，新建"图层3"，选中第1帧，打开"动作"面板，输入相应的脚本代码，如图20-49所示。在第10帧按F6键插入关键帧，在"动作"面板中输入脚本代码stop();，"时间轴"面板如图20-50所示。

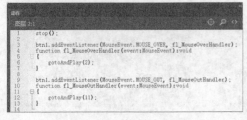

图20-49 输入脚本代码

图20-50 "时间轴"面板

**11** 使用相同方法完成其他导航元件的制作，如图20-51所示。

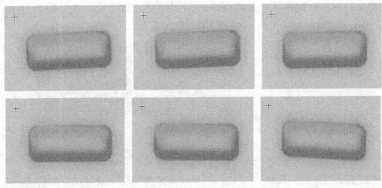

图20-51　制作其他元件

**12** 按Ctrl+F8组合键，弹出"创建新元件"对话框，设置如图20-52所示。执行"文件>导入>导入到舞台"命令，将素材图像"光盘/源文件/第20章/素材/15311.png"导入到舞台中，如图20-53所示。

图20-52　"创建新元件"对话框

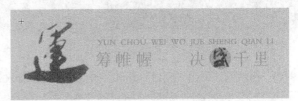

图20-53　导入素材图像

**13** 按Ctrl+F8组合键，弹出"创建新元件"对话框，设置如图20-54所示。将"文字效果"元件拖入到舞台中，如图20-55所示。

图20-54　"创建新元件"对话框

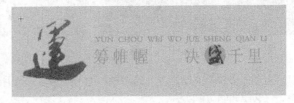

图20-55　拖入元件

**14** 分别在第20帧、第40帧和第280帧处依次按F6键插入关键帧，"时间轴"面板如图20-56所示。选择第20帧上的元件，在"属性"面板中对"高级"选项进行设置，如图20-57所示。

图20-56　"时间轴"面板

图20-57　设置"高级"选项

**15** 元件效果如图20-58所示。分别在第1帧和第20帧上创建传统补间动画，"时间轴"面板如图20-59所示。

图20-58　元件效果

图20-59　"时间轴"面板

**16** 按Ctrl+F8组合键，弹出"创建新元件"对话框，设置如图20-60所示。执行"文件
>导入>导入到舞台"命令，将素材图像"光盘/源文件/第20章/素材/15312.png"导入
到舞台中，如图20-61所示。

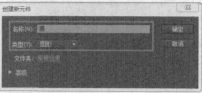

图20-60 "创建新元件"对话框　　　　　　　　　图20-61 导入素材图像

**17** 按Ctrl+F8组合键，弹出"创建新元件"对话框，设置如图20-62所示。执行"文件>导入>导入到舞台"命
令，将素材图像"光盘/源文件/第20章/素材/15313.png"导入到舞台中，如图20-63所示。

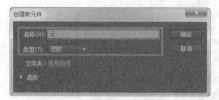

图20-62 "创建新元件"对话框　　　　　　　　　图20-63 导入素材图像

**18** 按Ctrl+F8组合键，弹出"创建新元件"对话框，设置如图20-64所示。将"云"元件拖入到舞台中，如图
20-65所示。在第350帧处按F6键插入关键帧，将该帧上的元件水平向右移动。

图20-64 "创建新元件"对话框　　　　　　　　　图20-65 拖入元件

**19** 在第1帧上创建传统补间动画，"时间轴"面板如图20-66所示。返回"场景1"编辑状态，将"背景"元件拖
入到舞台中，效果如图20-67所示。

图20-66 "时间轴"面板　　　　　　　　　图20-67 拖入元件

**20** 在第600帧处按F6键插入关键帧，将该帧上的元件水平向左移动，在第1帧上创建传统补间动画，"时间轴"
面板如图20-68所示。新建"图层2"，将"云动画"元件拖入到舞台中，并调整元件的大小和位置，如图20-69
所示。

图20-68 "时间轴"面板　　　　　　　　　图20-69 拖入元件

**21** 新建"图层3",在第130帧处按F6键插入关键帧,将"云动画"元件拖入到舞台中,并调整至合适的大小和位置,如图20-70所示。新建"图层4",将素材图像"光盘/源文件/第20章/素材/15302.png"导入到舞台中,复制该图像,将复制得到的图像垂直翻转并调整到合适的位置,如图20-71所示。

图20-70 拖入元件并调整

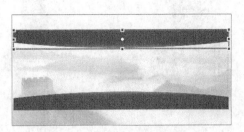

图20-71 导入素材图像并垂直翻转

**22** 新建"图层5",将素材图像"光盘/源文件/第20章素材/15301.png"导入到舞台中,如图20-72所示。新建"图层6",依次将"导航动画1"至"导航动画7"元件拖入到舞台中,如图20-73所示。

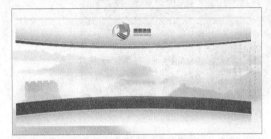

图20-72 导入素材图像

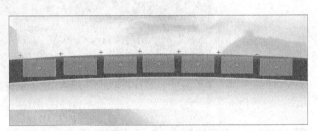

图20-73 拖入元件

**23** 新建"图层7",将"文字"元件拖入到舞台中,效果如图20-74所示。新建"图层8",将"文字动画"元件拖入到舞台中,效果如图20-75所示。

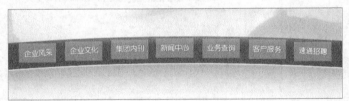

图20-74 图像效果

图20-75 图像效果

**24** 在"图层8"第50帧处按F6键插入关键帧,并将该帧上的元件水平向右移动,如图20-76所示。选择第1帧上的元件,设置其Alpha值为0%,效果如图20-77所示,在第1帧上创建传统补间动画。

图20-76 调整元件位置

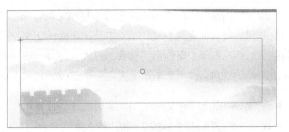

图20-77 元件效果

**25** 新建"图层9",将"鹰"元件拖入到舞台中,如图20-78所示。在第30帧处按F6键插入关键帧,调整该帧上元件的位置和大小,如图20-79所示,并设置第30帧上元件的Alpha值为0%,效果如图20-80所示。在第1帧上创建传统补间动画。

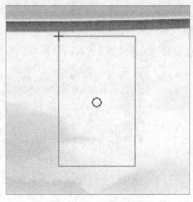

图20-78 拖入元件　　　图20-79 调整元件位置和大小　　　　图20-80 元件效果

**26** 新建"图层10"，在第600帧处按F6键插入关键帧，打开"动作"面板，输入脚本代码stop();，"时间轴"面板如图20-81所示。

图20-81 "时间轴"面板

**27** 完成Flash动画的制作，执行"文件>保存"命令，将文件保存为"光盘/源文件/第20章/实例153.fla"，按Ctrl+Enter组合键，测试动画效果，如图20-82所示。

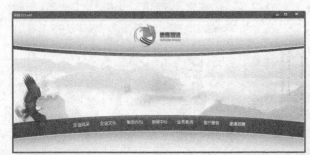

图20-82 测试动画效果

## 实例 154 制作企业网络页面

　　本实例采用基本的页面构成形式，将网站的导航菜单与企业文化宣传的banner条融合在一起，制作成Flash动画的效果，使页面更具有现代感。中间是页面的正文部分，正文部分采用普通的左、中、右三栏排法，最下面为页面的版底信息。整个页面采用弧线的形式，打破页面平整的布局风格，使页面与众不同，并且在页面的头部和底部做出弧线的对应，使页面看起来又是一个整体，自然、大方。

- **源　文　件** | 光盘/最终文件/第20章/实例154.html
- **视　　　频** | 光盘/视频/第20章/实例154.swf
- **知　识　点** | 使用Div+CSS布局制作页面
- **学习时间** | 30分钟

## 实例分析

本实例将在Dreamweaver中使用Div+CSS布局方式制作企业网站页面，效果如图20-83所示。在页面的制作过程中，读者需要仔细体会网站页面的制作方法和技巧，掌握使用CSS样式对页面元素进行控制的设置方法。

图20-83 页面效果

## 知识点链接

如果需要在网页中插入Div，可以像插入其他的HTML元素一样，只需在代码中应用<div></div>这样的标签形式，将内容放置其中，便可以应用Div标签。

还可以通过Dreamweaver CC的设计视图，在网页中插入Div。单击"插入"面板上"常用"选项卡中的Div按钮，如图20-84所示，弹出"插入 Div"对话框，如图20-85所示。

图20-84 单击Div按钮

图20-85 "插入 Div"对话框

在"插入"下拉列表中选择"在插入点"选项，在ID下拉列表框中输入需要插入的Div的ID名称，单击"确定"按钮，即可在网页中插入一个Div。

## 操作步骤

**01** 执行"文件>新建"命令，弹出"新建文档"对话框，新建HTML页面，如图20-86所示。将该页面保存为"光盘/源文件/第20章/实例154.html"。使用相同方法，新建一个外部CSS样式文件，如图20-87所示，将该文件保存为"光盘/源文件/第20章/style/154.css"。

图20-86 "新建文档"对话框

图20-87 "新建文档"对话框

**02** 返回HTML页面中，打开"CSS 设计器"面板，单击"源"选项区中的"添加CSS源"按钮，在弹出菜单中选择"附加现有的CSS文件"选项，弹出"使用现有的CSS文件"对话框，链接刚创建的外部CSS样式表文件，如图20-88所示。单击"确定"按钮，切换到外部CSS样式文件中，创建名为*的通配符CSS样式和body标签的CSS样式，如图20-89所示。

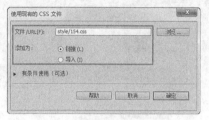

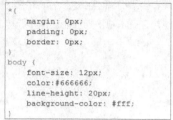

图20-88 "使用现有的CSS文件"对话框　　　　图20-89　CSS样式代码

**03** 返回设计页面中，在页面中插入名为box的Div，切换到外部CSS样式文件中，创建名为#box的CSS样式，如图20-90所示。返回设计页面中，将光标移至名为box的Div中，将多余文字删除，插入Flash动画"光盘/源文件/第20章/images/top.swf"，如图20-91所示。

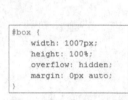

图20-90　CSS样式代码　　　　　　　　　图20-91　插入Flash动画

**04** 在刚插入的Flash动画之后插入名为content的Div，切换到外部CSS样式文件中，创建名为#content的CSS样式，如图20-92所示。返回设计页面中，效果如图20-93所示。

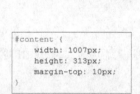

图20-92　CSS样式代码　　　　　　　　　图20-93　页面效果

**05** 将光标移至名为content的Div中，将多余文字删除，在该Div中插入名为left的Div，切换到外部CSS样式文件中，创建名为#left的CSS样式，如图20-94所示。返回设计页面中，效果如图20-95所示。

图20-94　CSS样式代码　　　　　　　　　图20-95　页面效果

**06** 将光标移至名为left的Div中，将多余文字删除，在该Div中插入名为left01的Div，切换到外部CSS样式文件中，创建名为#left01的CSS样式，如图20-96所示。返回设计页面中，将光标移至名为left01的Div中，将多余文字删除并输入相应的文字，如图20-97所示。

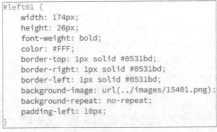

```
#left01 {
    width: 174px;
    height: 26px;
    font-weight: bold;
    color: #FFF;
    border-top: 1px solid #0531bd;
    border-right: 1px solid #0531bd;
    border-left: 1px solid #0531bd;
    background-image: url(../images/15401.png);
    background-repeat: no-repeat;
    padding-left: 10px;
}
```

图20-96　CSS样式代码　　　　　　图20-97　输入文字

**07** 在名为left01的Div之后插入名为left02的Div，切换到外部CSS样式文件中，创建名为#left02的CSS样式，如图20-98所示。返回设计页面中，将光标移至名为left02的Div中，将多余文字删除，效果如图20-99所示。

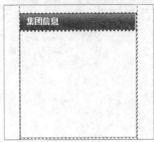

```
#left02 {
    width: 184px;
    height: 165px;
    border-right: 1px solid #7fa9fc;
    border-bottom: 1px solid #7fa9fc;
    border-left: 1px solid #7fa9fc;
}
```

图20-98　CSS样式代码　　　　　　图20-99　页面效果

**08** 在名为left02的Div中插入名为left02-text的Div，切换到外部CSS样式文件中，创建名为#left02-text的CSS样式，如图20-100所示。返回设计页面中，将光标移至名为left02-text的Div中，将多余的文字删除，输入相应的段落文字，如图20-101所示。

```
#left02-text {
    width: 161px;
    height: 150px;
    color: #ff0000;
    padding-left: 13px;
    line-height: 24px;
    border-top: 5px solid #eeeeee;
    border-right: 5px solid #eeeeee;
    border-bottom: 10px solid #eeeeee;
    border-left: 5px solid #eeeeee;
}
```

图20-100　CSS样式代码　　　　　　图20-101　输入文字

**09** 选中输入的段落文字，单击"属性"面板上的"项目列表"按钮，将段落文字创建为项目列表，如图20-102所示。切换到外部CSS样式文件中，创建名为#left02-text li的CSS样式，如图20-103所示。返回设计页面中，效果如图20-104所示。

```
#left02-text li {
    list-style-position: inside;
}
```

图20-102　创建项目列表　　　　图20-103　CSS样式代码　　　　图20-104　页面效果

**10** 在名为left02的Div之后插入名为left03的Div，切换到外部CSS样式文件中，创建名为#left03的CSS样式，如图20-105所示。返回设计页面，将光标移至名为left03的Div中，将多余的文字删除，单击"插入"面板上"表单"选项卡中的"表单"按钮，插入表单域，如图20-106所示。

图20-105　CSS样式代码　　　　　　图20-106　插入表单域

**11** 将光标移至表单域中，单击"插入"面板中"表单"选项卡的"选择"按钮，插入选择域，选中刚插入的选择器，单击"行为"面板中"添加行为"按钮，在弹出菜单中选择"跳转菜单"选项，在弹出对话框中进行设置，如图20-107所示。单击"确定"按钮，应用"跳转菜单"行为，切换到外部CSS样式文件中，创建名为#select的CSS样式，如图20-108所示。

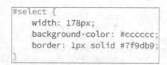

图20-107　设置"跳转菜单"对话框　　　　图20-108　CSS样式代码

**12** 返回设计页面中，效果如图20-109所示。在名为left的Div之后插入名为mid的Div，切换到外部CSS样式文件中，创建名为#mid的CSS样式，如图20-110所示。

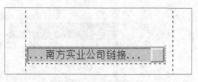
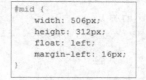

图20-109　页面效果　　　　　　图20-110　CSS样式代码

**13** 返回设计页面中，效果如图20-111所示。将光标移至名为mid的Div中，将多余文字删除，在该Div中插入名为industry-title的Div，切换到外部CSS样式文件中，创建名为#industry-title的CSS样式，如图20-112所示。

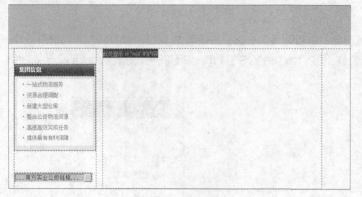

图20-111　页面效果　　　　　　图20-112　CSS样式代码

**14** 返回设计页面，将光标移至名为industry-title的Div中，删除多余文字，输入相应的文字，如图20-113所示。切换到外部CSS样式文件中，创建名为.font01的CSS样式，如图20-114所示。

**15** 选中"行业快讯"文字，在"属性"面板上的"类"下拉列表中选择刚定义的类CSS样式font01应用，如图20-115所示，文字效果如图20-116所示。

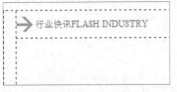

图20-113 输入文字　　　　图20-114 CSS样式代码　　　图20-115 应用类　　　图20-116 文字效果
　　　　　　　　　　　　　　　　　　　　　　　　　　　　　　　CSS样式

**16** 将光标移至文字后插入相应的素材图像，如图20-117所示。切换到外部CSS样式文件中，创建名为.pic01的CSS样式，如图20-118所示。

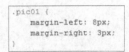

图20-117 插入素材图像　　　　　　　　　图20-118 CSS样式代码

**17** 选中相应的图像，为其应用类CSS样式pic01，效果如图20-119所示。在名为industry-title的Div后插入名为industry-text的Div，切换到外部CSS样式文件中，创建名为#industry-text的CSS样式，如图20-120所示。

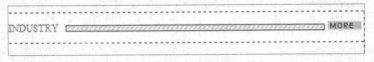

图20-119 图像效果　　　　　　　　　　　图20-120 CSS样式代码

**18** 返回设计页面，将光标移至名为industry-text的Div中，删除多余的文字，在该Div中插入素材图像并输入相应的文字，选中所输入的文字，创建项目列表，如图20-121所示。切换到外部CSS样式文件中，创建名为#industry-text img和#industry-text li的CSS样式，如图20-122所示。

图20-121 插入图片并输入文字　　　　　　图20-122 CSS样式代码

**19** 返回设计页面中，页面效果如图20-123所示。切换到代码视图，如图20-124所示。

图20-123 页面效果　　　　　　　　　　图20-124 "代码"视图

**20** 对相应的代码进行修改，如图20-125所示。返回设计页面中，页面效果如图20-126所示。

```
<div id="industry-text"><img src="images/15405.jpg"
width="78" height="78"  alt=""/>
    <ul>
        <li>通用欲在中国寻求新伙伴给竞争对手丰田施压</li>
        <li>南北方地区强降雨冰雹来袭 多地受灾严重</li>
        <li>物流业整合大潮将席卷中国</li>
        <li>大洋物业宣布27.5亿元人民币收购华美物流</li>
    </ul>
</div>
```

图20-125　修改相应的代码　　　　　　　　　　　　　　　　　　图20-126　页面效果

**21** 使用相同方法，完成其他页面内容的制作，效果如图20-127所示。执行"文件>保存"命令，将文件保存为"光盘/源文件/第20章/实例154.html"，在浏览器中预览页面，效果如图20-128所示。

图20-127　页面效果

图20-128　在浏览器中预览页面效果

第 **21** 章

# 制作酒店类网站

酒店类网站一般都展现出高档和亲切的一面，为了表现优雅和高格调，一般都运用洗练的配色、高质量的照片与丰富的留白来构成页面。本章向读者介绍酒店类网站页面的设计制作。

## 实例 155 设计酒店类网站页面

酒店类网站页面常使用高质量的图片，以给浏览者带来舒适感。同时，在设计酒店类网站页面时，还需要考虑到网站操作的便捷性。本实例所设计的酒店类网站页面，页面精致、简单、大方，给浏览者一种高贵感和舒适感。

● **源 文 件** | 光盘/源文件/第21章/实例155.psd
● **视　　频** | 光盘/视频/第21章/实例155.swf
● **知 识 点** | 圆角矩形、渐变填充、图层样式
● **学习时间** | 30分钟

### 实例分析

在该网站页面的设计中，多使用留白的形式，使整个页面简洁、大方；页面采用上、中、下的结构形式，一目了然；金黄色的色彩搭配，让人感觉到高贵、典雅，效果如图21-1所示。

图21-1　页面效果

### 知识点链接

图层样式是图层中最重要的功能之一，通过图层样式可以为图层添加描边、阴影、外发光、浮雕等效果，甚至可以改变原图层中图像的整体显示效果。

选择需要添加图层样式的图层，执行"图层>图层样式"命令，通过"图层样式"子菜单中相应的选项可以为图层添加图层样式。单击"图层"面板下方的"添加图层样式"按钮，在弹出的菜单中也可以选择相应的样式，弹出"图层样式"对话框。

应用图层样式的方法除了上述两种外，还可以在需要添加样式的图层名称外侧区域双击，也可以弹出"图层样式"对话框，弹出对话框默认的设置界面为混合选项。

### 操作步骤

**01** 执行"文件>新建"命令，弹出"新建"对话框，设置如图21-2所示。单击"确定"按钮，创建一个空白的文档。执行"视图>标尺"命令，在文档中显示出标尺，并拖出相应的参考线，如图21-3所示。

图21-2　"新建"对话框

图21-3　显示标尺和参考线

**02** 打开并拖入素材图像"光盘/源文件/第21章/素材/15501.png",调整至合适的大小和位置,效果如图21-4所示。新建"图层2",使用"矩形选框工具"在画布中绘制选区,如图21-5所示。

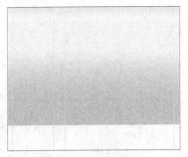

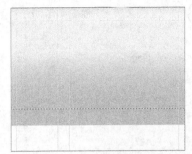

图21-4 拖入素材图像　　　　　图21-5 绘制矩形选区

**03** 使用"渐变工具",打开"渐变编辑器"对话框,设置如图21-6所示。单击"确定"按钮,在选区中拖动鼠标,为选区填充线性渐变,如图21-7所示。

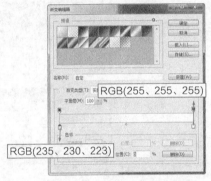

图21-6 "渐变编辑器"对话框　　　　　图21-7 填充线性渐变

**04** 在"图层2"上新建"组1"并将其重命名为one,打开并拖入素材图像"光盘/源文件/第21章/素材/logo.png",调整至合适的大小和位置,效果如图21-8所示。使用"文字工具",在"字符"面板中进行设置,如图21-9所示。

图21-8 拖入素材图像　　　　　图21-9 "字符"面板

**05** 在画布中输入文本,如图21-10所示。双击该图层,弹出"图层样式"对话框,选择"描边"选项,设置如图21-11所示。

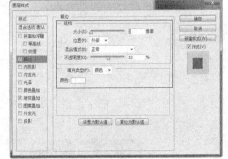

图21-10 输入文字　　　　　图21-11 "图层样式"对话框

**06** 选择"渐变叠加"选项，设置如图21-12所示。单击"确定"按钮，完成"图层样式"对话框的设置，文字效果如图21-13所示。

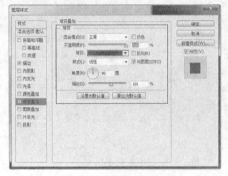

图21-12 "图层样式"对话框          图21-13 文字效果

**07** 使用相同的方法，完成其他文字的制作，效果如图21-14所示。使用"圆角矩形工具"，在"选项"栏设置"工具模式"为"路径"，"圆角半径"为20像素，在画布中绘制路径，按Ctrl+Enter组合键，将路径转换为选区，使用"渐变工具"，打开"渐变编辑器"对话框，进行设置，如图21-15所示。

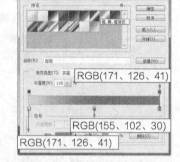

RGB(171、126、41)

RGB(155、102、30)

RGB(171、126、41)

图21-14 图像效果          图21-15 "渐变编辑器"对话框

**08** 单击"确定"按钮，在选区中拖动鼠标，为选区填充线性渐变，如图21-16所示。新建图层，使用"圆角矩形工具"，设置"工作模式"为"像素"，"前景色"为RGB（155、102、31），"半径"为15像素，在画布中绘制圆角矩形，如图21-17所示。

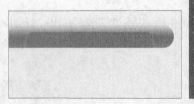

图21-16 填充渐变          图21-17 绘制圆角矩形

**09** 执行"编辑>描边"命令，弹出"描边"对话框，设置如图21-18所示，使用"矩形选框工具"选择圆角矩形不需要的部分并将其删除，设置该图层的"填充"为77%，如图21-19所示。

图21-18 "描边"对话框          图21-19 图像效果

**10** 使用"钢笔工具"，在"选项"栏中设置，如图21-20所示。在画布中绘制形状图形，如图21-21所示。

图21-20 "选项"栏设置          图21-21 绘制形状

**11** 使用相同的方法，绘制其他形状，如图21-22所示。使用"钢笔工具"，在"选项"栏上设置"填充"为RGB（140、58、13），"描边"为无，在画布中绘制形状图形，如图21-23所示。

图21-22　图像效果

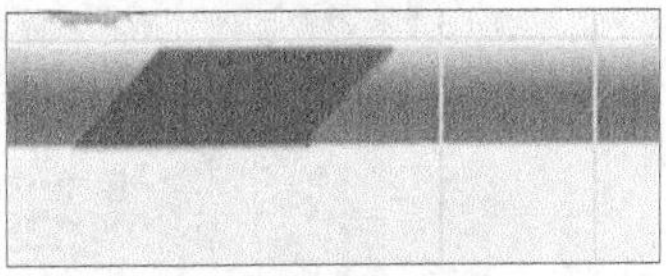

图21-23　绘制形状

**12** 新建图层，使用"圆角矩形工具"，设置"工具模式"为"像素"，"填充"为RGB（156、85、49），"半径"为20像素，在画布中绘制圆角矩形，如图21-24所示。使用"矩形选框工具"选择圆角矩形不需要的部分并将其删除，如图21-25所示。

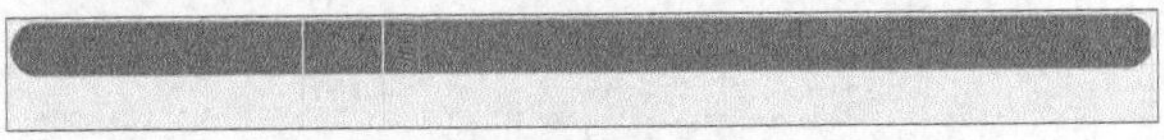

图21-24　绘制圆角矩形

图21-25　图像效果

**13** 双击该图层，弹出"图层样式"对话框，选择"渐变叠加"选项，设置如图21-26所示。单击"确定"按钮，设置该图层的"填充"为0%。效果如图21-27所示。

图21-26　"图层样式"对话框

图21-27　图像效果

**14** 使用"文字工具"，在"字符"面板中设置，如图21-28所示，在画布中输入文字。使用相同的方法输入其他文字，如图21-29所示。

图21-28　"字符"面板

图21-29　图像效果

**15** 在one图层组上方新建名称为two的图层组，新建图层，设置"前景色"为RGB（146、114、37），使用"圆角矩形工具"，在"选项"栏进行设置，在画布中绘制圆角矩形，如图21-30所示。双击该图层，弹出"图层样式"对话框，选择"渐变叠加"选项，设置如图21-31所示。

图21-30　绘制圆角矩形

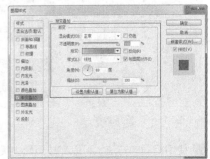

图21-31　"图层样式"对话框

**16** 选择"投影"选项，设置如图21-32所示。单击"确定"按钮，图像效果如图21-33所示。

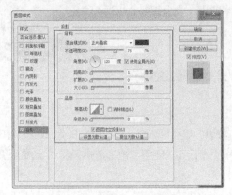 

图21-32 "图层样式"对话框　　　　　　　图21-33 图像效果

**17** 使用相同的制作方法，可以完成相似部分图像效果的制作，如图21-34所示。使用"横排文字工具"，在"字符"面板中设置，在画布中输入文字，如图21-35所示。

　　图21-34 图像效果　　　　　　图21-35 "字符"面板及输入文字

**18** 根据上述方法，完成two图层组中其他矩形和文字的制作，效果如图21-36所示。打开并拖入素材图像"光盘/源文件/第21章/素材/15504.png"，效果如图21-37所示。

图21-36 图像效果　　　　　图21-37 拖入素材图像

**19** 执行"图层>创建剪贴蒙版"命令，图像效果如图21-38所示。使用相同的方法完成two组的其他内容，效果如图21-39所示。

　图21-38 图像效果　　　　　　　　　图21-39 图像效果

**20** 使用相同的方法，可以完成页面中其他部分图像效果的设计，如图21-40所示。完成该页面的设计，将该文件保存为"光盘/源文件/第21章/实例155.psd"，最终效果如图21-41所示。

图21-40 图像效果及"图层"面板

图21-41 最终效果图

## 实例 156 制作网站Flash动画

本实例制作的是网站页面中的Flash导航。通过使用Flash动画来展现网站导航，可以使网站页面交互性更强，导航效果更加出色。

● **源 文 件** | 光盘/源文件/第21章/实例156.fla
● **视　　频** | 光盘/视频/第21章/实例156.swf
● **知 识 点** | 元件样式、传统补间动画、实例名称
● **学习时间** | 20分钟

### 实例分析

在该Flash导航菜单的制作过程中，首先导入Flash中所需要的素材图像，并制作出相应的图形元件，然后制作出动画中所需要的影片剪辑元件，最后将制作好的元件拖入到舞台中，制作主场景动画，效果如图21-42所示。注意为元件设置实例名称，并通过添加相应的脚本代码来触发导航菜单动画。

图21-42 页面效果

### 知识点链接

创建元件实例后，可以更换新元件实例的样式。用户可以通过"属性"面板，为新元件实例设置不同的颜色样式，在"属性"面板"色彩效果"选项区的"样式"下拉列表中，Flash为用户提供了5种样式，分别为"亮度""色调""高级""Alpha"和"无"。

### 操作步骤

**01** 打开Flash CC软件，执行"文件>新建"命令，弹出"新建文档"对话框，如图21-43所示。单击"确定"按钮，完成"新建文档"对话框的设置，如图21-44所示。

**02** 执行"文件>导入>导入到库"命令，将需要的素材导入到"库"面板中，如图21-45所示。按Ctrl+F8组合键，弹出"创建新元件"对话框，设置如图21-46所示。

**03** 单击"确定"按钮，将素材图像"15605.png"从"库"面板拖入到舞台中，如图21-47所示。按Ctrl+F8组合键，新建"名称"为"菜单1"的图形元件，将素材图像"15604.png"从"库"面板拖入到舞台中，如图21-48所示。

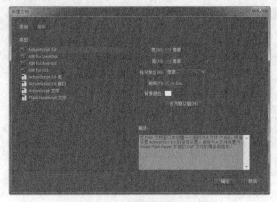

图21-43 "新建文档"对话框

图21-44 新建的文档

图21-45 "库"面板

图21-46 "创建新元件"对话框

图21-47 拖入素材图像

图21-48 拖入素材图像

**04** 按Ctrl+F8组合键，新建"名称"为logo的图形元件，将素材图像"15601.png"从"库"面板拖入到舞台中，如图21-49所示。按Ctrl+F8组合键，新建"名称"为"电话"的图形元件，将素材图像"15602.png"从"库"面板拖入到舞台中，如图21-50所示。

图21-49 拖入素材图像

图21-50 拖入素材图像

**05** 按Ctrl+F8组合键，新建"名称"为"菜单动画"的影片剪辑元件，将"菜单"元件拖入到舞台中，如图21-51所示。在"属性"面板中设置该元件的Alpha值为0%，如图21-52所示，元件效果如图21-53所示。

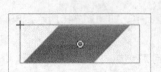

图21-51 拖入元件

图21-52 "属性"面板

图21-53 元件效果

**06** 在第10帧和第20帧处分别按F6键插入关键帧，选择第10帧上的元件，在"属性"面板中设置其"样式"为无，如图21-54所示，元件效果如图21-55所示。分别在第1帧和第10帧上创建传统补间动画，"时间轴"面板如图21-56所示。

图21-54 "属性"面板

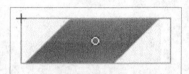

图21-55 元件效果

图21-56 "时间轴"面板

**07** 新建"图层2"，打开"动作"面板，输入脚本代码，如图21-57所示。在第10帧处按F6键插入关键帧，并在"动作"面板中输入脚本代码stop();，"时间轴"面板如图21-58所示。

图21-57 输入脚本代码

图21-58 "时间轴"面板

**08** 按Ctrl+F8组合键，新建"名称"为"电话动画"的影片剪辑元件，将"电话"元件拖入到舞台中，在第100帧处按F5键插入帧，如图21-59所示。分别在第20帧和第40帧处按F6键插入关键帧，选择第20帧上的元件，在"属性"面板中对相关参数进行设置，如图21-60所示。

图21-59 拖入元件

图21-60 设置"属性"面板

**09** 元件效果如图21-61所示。在第1帧和第20帧上分别创建传统补间动画，"时间轴"面板如图21-62所示。

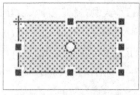

图21-61 元件效果

图21-62 "时间轴"面板

**10** 按Ctrl+F8组合键，新建"名称"为"反应区"的按钮元件，在"点击"帧处按F6键插入关键帧，使用"矩形工具"在舞台中绘制矩形，如图21-63所示，"时间轴"面板如图21-64所示。

图21-63 绘制矩形

图21-64 "时间轴"面板

**11** 按Ctrl+F8组合键，新建"名称"为"按钮1"的按钮元件，在"属性"面板中对舞台背景色进行设置，如图21-65所示。使用"文本工具"，在"属性"面板中对相关参数进行设置，如图21-66所示。

**12** 在舞台中输入相应的文字，如图21-67所示。在"指针经过"帧处按F6键插入关键帧，在"属性"面板中设置字体颜色为#F2C642，效果如图21-68所示。

图21-65 设置舞台背景色

图21-66 "属性"面板

图21-67 输入文字

图21-68 文字效果

**13** 在"点击"帧处按F7键插入空白关键帧，使用"矩形工具"在舞台中绘制矩形，如图21-69所示。使用相同方法，完成"按钮2"和"按钮3"元件的制作，"库"面板如图21-70所示。

**14** 返回"场景1"编辑状态，将logo元件拖入到舞台中，如图21-71所示。新建"图层2"，将"电话动画"元件拖入到舞台中，如图21-72所示。

图21-69 绘制矩形　　　　图21-70 "库"面板　　　　图21-71 拖入元件　　　　图21-72 拖入元件

**15** 新建"图层3"，将素材图像"15603.png"从"库"面板拖入到舞台中，如图21-73所示。新建"图层4"，将"菜单动画"和"菜单动画1"元件分别拖入到舞台中，如图21-74所示。

图21-73 拖入素材图像

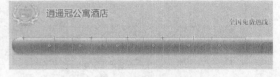
图21-74 拖入元件

**16** 在"属性"面板中分别设置元件的"实例名称"为over1至over6，如图21-75所示。新建"图层5"，将素材图像"15606.png"从"库"面板拖入到舞台中，如图21-76所示。

**17** 新建"图层6"，将"按钮1""按钮2"和"按钮3"元件分别拖入到舞台中，如图21-77所示。新建"图层7"，将"反应区"元件拖入到舞台中，如图21-78所示。

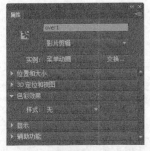

图21-75　"属性"面板

图21-76　拖入素材图像

图21-77　拖入元件

图21-78　拖入元件

**18** 在"属性"面板中分别设置元件的"实例名称"为btn1至btn6，如图21-79所示。新建"图层8"，打开"动作"面板，输入相应的脚本代码，如图21-80所示。

图21-79　"属性"面板

图21-80　输入脚本代码

**19** 完成Flash动画的制作，执行"文件>保存"命令，将文件保存为"光盘/源文件/第21章/实例156.fla"，按Ctrl+Enter组合键，测试动画效果，如图21-81所示。

图21-81　测试动画效果

## 实例 157　制作网站页面

完成了网页的设计和网页中Flash动画的制作，接下来就需要在Dreamweaver中制作HTML格式的页面。在本实例的制作过程中，使用Div+CSS的布局方式制作网站页面，在制作的过程中，读者应注意学习各部分CSS样式的设置方法。

● **源　文　件**｜光盘/源文件/第21章/实例157.html

● **视　　　频**｜光盘/视频/第21章/实例157.swf

● 知 识 点 | 使用Div+CSS布局制作页面

● 学习时间 | 35分钟

## 实例分析

该网站页面采用Div+CSS的布局方式进行制作，首先创建页面并创建外部的CSS样式表文件，将外部的CSS样式表文件链接到网页中，然后在网页中插入Div，在外部CSS样式表文件中定义相应的CSS样式并对网页中各部分内容进行定位和设置，从而最终完成整个页面的制作，效果如图21-82所示。

图21-82　页面效果

## 知识点链接

CSS样式表是控制页面布局样式的基础，是真正能够做到网页表现与内容分离的一种样式设计语言。相对传统HTML的简单样式控制而言，CSS能够对网页中对象的位置排版进行像素级的精确控制，支持几乎所有的字体、字号、样式，并且拥有对网页对象盒模型样式的控制能力，能够进行初步页面交互设计，是目前基于文本展示的最优秀的表现设计语言。归纳起来它主要有以下优势：

1. 浏览器支持完善。

2. 表现与结构分离。

3. 样式设计控制功能强大。

4. 继承性能优越。

## 操作步骤

**01** 执行"文件>新建"命令，弹出"新建文档"对话框，新建HTML页面，保存为"光盘/源文件/第21章/实例157.html"。使用相同方法，新建外部CSS样式表文件，如图21-83所示。将该文本保存为"光盘/源文件/第21章/style/157.css"。返回HTML页面中，链接刚创建的外部样式表文件，如图21-84所示。

图21-83　"新建文档"对话框

图21-84　"使用现有的CSS文件"对话框

**02** 切换到外部CSS样式表文件中，创建名为*的通配符CSS样式和body标签CSS样式，如图21-85所示。返回网页设计页面中，效果如图21-86所示。

```
* {
    margin: 0px;
    padding: 0px;
    border: 0px;
}
body {
    font-size: 12px;
    color: #654500;
    line-height: 20px;
    background-image: url(../images/15701.jpg);
    background-repeat: repeat-x;
}
```

图21-85　CSS样式代码

图21-86　页面效果

**03** 在页面中插入名为box的Div，切换到外部CSS样式表文件中，创建名为#box的CSS样式，如图21-87所示。返回网页设计页面中，效果如图21-88所示。

```
#box {
    width: 930px;
    height: 100%;
    overflow: hidden;
    margin: 0px auto;
}
```

图21-87　CSS样式代码　　　　　　　　　　图21-88　页面效果

**04** 将光标移至名为box的Div中，将多余文字删除，在该Div中插入名为top的Div，切换到外部CSS样式表文件中，创建名为#top的CSS样式，如图21-89所示。返回网页设计页面中，将光标移至名为box的Div中，将多余文字删除，插入Flash动画"光盘/源文件/第21章/images/top.swf"，选中刚插入的Flash动画，设置其Wmode属性为"透明"，如图21-90所示。

```
#top {
    width: 930px;
    height: 164px;
}
```

图21-89　CSS样式代码　　　　　　　　　图21-90　插入Flash动画

**05** 在名为top的Div之后插入名为banner-left的Div，切换到外部CSS样式表文件中，创建名为#banner-left的CSS样式，如图21-91所示。返回网页设计页面中，页面效果如图21-92所示。

**06** 将光标移至名为banner-left的Div中，将多余文字删除，在该Div中插入名为search的Div，切换到外部CSS样式表文件中，创建名为#search的CSS样式，如图21-93所示。返回网页设计页面中，效果如图21-94所示。

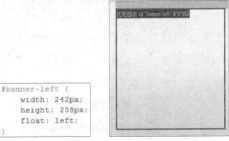

```
#banner-left {
    width: 242px;
    height: 258px;
    float: left;
}
```

图21-91　CSS
样式代码

图21-92　页面效果

```
#search {
    width: 214px;
    height: 174px;
    background-image: url(../images/15702.jpg);
    background-repeat: no-repeat;
    padding: 20px 18px 0px 18px;
}
```

图21-93　CSS样式代码

图21-94　页面效果

**07** 将光标移至名为search的Div中，将多余文字删除，单击"插入"面板上"表单"选项卡中的"表单"按钮，在该Div中插入表单域，如图21-95所示。将光标移至表单域中，单击"插入"面板上"表单"选项卡中的"文本"按钮，插入文本域，修改提示文字，并在"属性"面板中设置Name属性为cityname，如图21-96所示。

**08** 切换到外部CSS样式表文件中，创建名为#cityname的CSS样式，如图21-97所示。返回网页设计页面中，页面效果如图21-98所示。

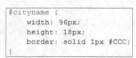

图21-95　插入表单域　　　　图21-96　属性设置　　　　图21-97　CSS样式代码　　　　图21-98　页面效果

**09** 选中刚插入的文本域，在"属性"面板上设置Value属性，如图21-99所示。将光标移至文本域之后，单击"插入"面板上"表单"选项卡中的"图像按钮"按钮，插入图像按钮"光盘/源文件/第21章/images/15703.gif"，如图21-100所示。

图21-99　设置Value选项　　　　　　　图21-100　插入图像按钮

**10** 单击"确定"按钮，插入图像按钮，如图21-101所示。在"属性"面板上设置Name属性为button，切换到外部CSS样式表文件中，创建名为#button的CSS样式，如图21-102所示。返回网页设计页面中，效果如图21-103所示。

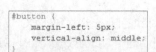

图21-101　插入图像按钮　　　　图21-102　CSS样式代码　　　　图21-103　页面效果

**11** 在ID名为form1的表单域之后插入名为city的Div，切换到外部CSS样式表文件中，创建名为#city的CSS样式，如图21-104所示。返回网页设计页面中，效果如图21-105所示。

**12** 将光标移至名为city的Div中，将多余文字删除并输入相应的文字，切换到外部CSS样式表文件中，创建名为.font01的类CSS样式，如图21-106所示。返回网页设计页面中，选中相应的文字，在"属性"面板上的"类"下拉列表中选择刚定义的类CSS样式font01应用，效果如图21-107所示。

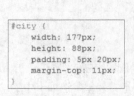

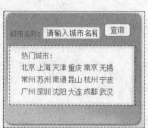

图21-104　CSS样式代码　　　　图21-105　页面效果　　　　图21-106　CSS样式代码　　　　图21-107　页面效果

**13** 在名为city的Div之后插入名为pic1的Div，切换到外部CSS样式表文件中，创建名为#pic1的CSS样式，如图21-108所示。返回网页设计页面中，将光标移至名为pic1的Div中，将多余文字删除并插入相应的图像，如图21-109所示。

**14** 在名为search的Div之后插入名为room1的Div，切换到外部CSS样式表文件中，创建名为#room1的CSS样式，如图21-110所示。返回网页设计页面中，效果如图21-111所示。

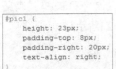

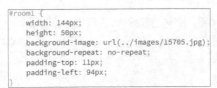

图21-108　CSS样式代码　　　图21-109　页面效果　　　图21-110　CSS样式代码　　　图21-111　页面效果

**15** 将光标移至名为room1的Div中，将多余文字删除并插入相应的图像，切换到外部CSS样式表文件中，创建名为#room1 img的CSS样式，如图21-112所示。返回网页设计页面中，效果如图21-113所示。

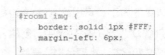

图21-112　CSS样式代码　　　图21-113　页面效果

**16** 在名为banner-left的Div之后插入名为banner的Div，切换到外部CSS样式表文件中，创建名为#banner的CSS样式，如图21-114所示。返回网页设计页面中，效果如图21-115所示。

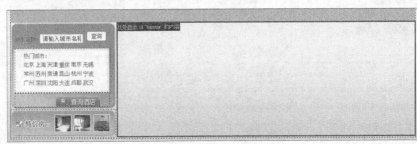

图21-114　CSS样式代码　　　　　　　图21-115　页面效果

**17** 将光标移至名为banner的Div中，将多余文字删除并在该Div中插入素材图像，切换到外部CSS样式表文件中，创建名为#banner img的CSS样式，如图21-116所示。返回网页设计页面中，效果如图21-117所示。

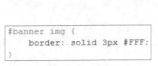

图21-116　CSS样式代码　　　　　图21-117　页面效果

**18** 在名为banner的Div之后插入名为main的Div，切换到外部CSS样式表文件中，创建名为#main的CSS样式，如图21-118所示。返回网页设计页面中，效果如图21-119所示。

```
#main {
    clear: left;
    height: 217px;
    margin-top: 5px;
    background-image: url(../images/15710.jpg);
    background-repeat: no-repeat;
    padding: 19px 16px 15px 16px;
}
```
图21-118　CSS样式代码

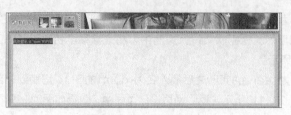
图21-119　页面效果

**19** 将光标移至名为main的Div中，将多余文字删除，在该Div中插入名为 login的Div，切换到外部CSS样式表文件中，创建名为#login的CSS样式，如图21-120所示。返回网页设计页面中，效果如图21-121所示。

```
#login {
    width: 222px;
    height: 150px;
    background-image: url(../images/15711.jpg);
    background-repeat: no-repeat;
    padding: 50px 30px 15px 25px;
    float: left;
}
```
图21-120　CSS样式代码

图21-121　页面效果

**20** 根据前面介绍的制作表单的方法，可以完成该登录表单的制作，如图21-122所示。在名为login的Div之后插入名为pic2的Div，切换到外部CSS样式表文件中，创建名为#pic2的CSS样式，如图21-123所示。返回网页设计页面中，将光标移至名为pic2的Div中，将多余文字删除，并在该Div中插入相应的素材图像，效果如图21-124所示。

图21-122　页面效果

```
#pic2 {
    width: 202px;
    height: 219px;
    float: left;
    margin-left: 8px;
}
```
图21-123　CSS样式代码

图21-124　页面效果

**21** 在名为pic2的Div之后插入名为news的Div，切换到外部CSS样式表文件中，创建名为#news的CSS样式，如图21-125所示。返回网页设计页面中，效果如图21-126所示。

```
#news {
    width: 224px;
    height: 217px;
    float: left;
    margin-left: 22px;
}
```
图21-125　CSS样式代码

图21-126　页面效果

**22** 将光标移至名为news的Div中，将多余文字删除，在该Div中插入名为news-title的Div，切换到外部CSS样式表文件中，创建名为#news-title的CSS样式，如图21-127所示。返回网页设计页面中，将光标移至news-title的Div中，将多余文字删除并输入文字，如图21-128所示。

```
#news-title {
    height: 40px;
    background-image: url(../images/15717.jpg);
    background-repeat: no-repeat;
    line-height: 30px;
    font-weight: bold;
    color: #CC0000;
    padding-left: 18px;
}
```
图21-127　CSS样式代码

图21-128　页面效果

**23** 在名为news-title的Div之后插入名为news-list的Div，切换到外部CSS样式表文件中，创建名为#news-list的CSS样式，如图21-129所示。返回网页设计页面中，效果如图21-130所示。

**24** 将光标移至名为news-list的Div中，将多余文字内容删除，在该Div中输入相应的段落文字，并将段落文本创建为项目列表，如图21-131所示。转换到代码视图中，可以看到自动添加的项目列表标签，如图21-132所示。

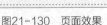

```
#news-list {
    height: 177px;
}
```

图21-129 CSS样
式代码

图21-130 页面效果

图21-131 页面效果

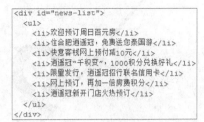

```
<div id="news-list">
    <ul>
        <li>欢迎预订周日百元房</li>
        <li>住合肥逍遥冠，免费送您泰国游</li>
        <li>快意客栈网上预付减10元</li>
        <li>逍遥冠"千积变"，1000积分兑换好礼</li>
        <li>限量发行，逍遥冠招行联名信用卡</li>
        <li>网上预订，再加一倍房费积分</li>
        <li>逍遥冠新开门店火热预订</li>
    </ul>
</div>
```

图21-132 项目列表

**25** 切换到外部CSS样式表文件中，创建名为#news-list li的CSS样式，如图21-133所示。返回网页设计页面中，效果如图21-134所示。

```
#news-list li {
    line-height: 24px;
    border-bottom: dashed 1px #CBBFA9;
    list-style-position: inside;
}
```

图21-133 CSS样式代码

图21-134 页面效果

**26** 使用相同的制作方法，可以完成页面中其他部分内容的制作，页面效果如图21-135所示。

**27** 完成该网站页面的制作，执行"文件>保存"命令，保存页面，在浏览器中预览页面，效果如图21-136所示。

图21-135 页面效果

图21-136 在浏览器中预览页面效果

# 第22章

## 制作游戏类网站

游戏给人的感觉是刺激、自由和愉快的，所以，游戏类网站的设计大部分都是明朗而富有活力的。游戏类网站都是以表现游戏的乐趣和有效提供信息为目的来制作网页的。本章主要介绍游戏类网站的设计制作。

# 实例 158 设计游戏类网站页面

在设计网页页面的时候需要根据网站的性质和内容来决定网站的整体风格，选择合适的主色调，再结合网页设计中所需元素设计出完美的网页。

- **源 文 件** | 光盘/源文件/ 第22章/实例158.psd
- **视　　　频** | 光盘/视频/第22章/实例158.swf
- **知 识 点** | 图层样式、矢量绘图工具
- **学习时间** | 20分钟

## 实例分析

在设计网页页面的时候通常都会先绘制网站顶部导航，之后导入网站的Logo和按钮等，接着绘制会员登录部分，因为本实例为游戏类网站页面设计，因此接下来会绘制游戏公告和游戏心得等部分，最后绘制页面版底信息部分，效果如图22-1所示。

图22-1 页面效果

## 知识点链接

通过图层的"不透明度"选项可以控制图层的两种不透明度，包括总体不透明度以及填充不透明度，可以对图层的样式、图层像素与形状的不透明度产生影响。

通过整体不透明度可以调整图层、图层像素与形状的不透明度，包括图层的图层样式；通过填充不透明度只会影响在图层中绘制的像素和形状的不透明度，而不会对图层样式产生影响。

## 操作步骤

**01** 启动Photoshop CC软件，执行"文件>新建"命令，弹出"新建"对话框，设置如图22-2所示。将素材图像"15801.jpg"和"15802.jpg"拖入设计文档中并将其调整到合适的位置，如图22-3所示。

图22-2 "新建"对话框

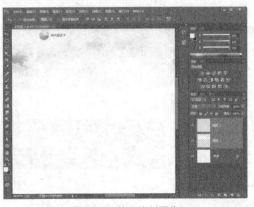

图22-3 拖入素材图像

**02** 使用"圆角矩形工具",在"选项"栏中对其参数进行设置,在画布中绘制圆角矩形,如图22-4所示。单击"图层"面板下方的"添加图层样式"按钮 ,在弹出的菜单中选择"渐变叠加"选项,弹出"图层样式"对话框,设置如图22-5所示。

图22-4  绘制圆角矩形　　　　　　　　　　图22-5  "渐变叠加"图层样式

**03** 在"图层样式"对话框左侧列表中选择"描边"选项,设置如图22-6所示。在"图层样式"对话框左侧列表中选择"投影"选项,设置如图22-7所示。

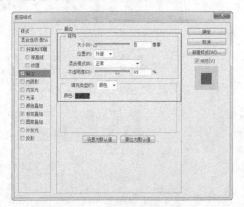
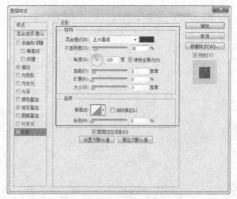

图22-6  "描边"图层样式　　　　　　　　　图22-7  "投影"图层样式

**04** 单击"确定"按钮,完成"图层样式"对话框的设置,效果如图22-8所示。新建"图层4",使用相同方法可以完成该图层中图像的绘制,如图22-9所示。

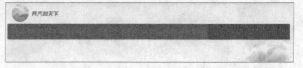

图22-8  图像效果　　　　　　　　　　　　图22-9  图像效果

**05** 新建"图层5",使用"椭圆选框工具",在"选项"栏中设置羽化值为10像素,在画布中绘制选区,如图22-10所示。使用"渐变工具",为选区中填充黑色到透明的径向渐变,按Ctrl+D组合键取消选区,设置"图层5"的"不透明度"为45%,效果如图22-11所示。

图22-10  绘制椭圆选区　　　　　　　　　　图22-11  图像效果

**06** 使用"矩形选框工具"，创建矩形选区，将不需要的部分删除，效果如图22-12所示。新建"图层6"，使用"矩形工具"，在"选项"栏中设置"工具模式"为"形状"，设置"填充颜色"为RGB（60、83、114），"描边"为无，在画布中绘制矩形，效果如图22-13所示。

**07** 使用相同方法，绘制出另外的矩形，如图22-14所示。使用相同方法，完成"图层6拷贝"到"图层6拷贝 5"的制作，效果如图22-15所示。

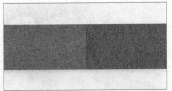

图22-12　删除多余部分

图22-13　绘制矩形

图22-14　绘制矩形

图22-15　图像效果

**08** 打开"字符"面板，对其进行相应的设置，如图22-16所示。使用"横排文字工具"，在画布中输入相应的文字，效果如图22-17所示。

图22-16　"字符"面板

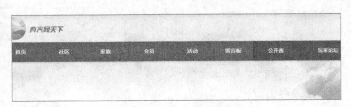

图22-17　文字效果

**09** 将素材图像"15803.jpg"拖入到设计文档中的合适位置，如图22-18所示。新建"图层8"，使用"矩形工具"，在画布中绘制矩形，如图22-19所示。

图22-18　拖入素材图像

图22-19　绘制矩形

**10** 新建"图层9"，使用"矩形工具"，在画布中绘制矩形，如图22-20所示。为该图层添加"描边"图层样式，弹出"图层样式"对话框，设置如图22-21所示。

图22-20　绘制矩形

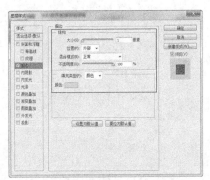

图22-21　"描边"图层样式

**11** 单击"确定"按钮，完成"描边"图层样式的设置，效果如图22-22所示。将素材图像"15804.jpg"拖入到设计文档中的合适位置，如图22-23所示。

图22-22 描边效果

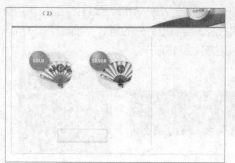

图22-23 拖入素材图像

**12** 使用"横排文字工具"在画布中输入相应的文字，效果如图22-24所示。使用相同方法，完成其他相似部分的制作，如图22-25所示。

图22-24 文字效果

图22-25 图像效果

**13** 选中"图层2"，按Ctrl+J组合键，复制得到"图层2拷贝"，将其移动到图层最上方。在画布中将复制得到的图像移动到合适的位置，如图22-26所示。使用"矩形工具"在画布中绘制矩形，并使用"横排文字工具"在画布中输入相应的文字，效果如图22-27所示。

**14** 完成该游戏网站页面的设计，执行"文件>存储为"命令，将文件保存为"光盘/源文件/ 第22章/实例158.psd"，最终效果如图22-28所示。

图22-26 复制并移动图像

图22-27 绘制图像并输入文字

图22-28 最终效果图

**实 例**
**159**

# 制作网站Flash动画

在网站中有很多按钮或者动画是通过Flash实现的，Flash动画通过代码能够轻松地实现动画中某些元素的运动，例如当鼠标移动到动画上时产生动画效果。由于Flash动画的可控性高等原因，目前在网页中所制作出的动画大多都是通过Flash实现的。

● **源 文 件**│光盘/源文件/第22章/实例159.fla
● **视 频**│光盘/视频/第22章/实例159.swf
● **知 识 点**│逐帧动画、反应区、滤镜特效
● **学习时间**│20分钟

## 实例分析

该实例是通过对文字添加滤镜特效以达到闪光的效果，并对箭头图形做出相应的运动动画，将序列图导入并生成逐帧动画，然后制作反应区，输入相应的代码，在场景中完成动画的最终制作，效果如图22-29所示。

图22-29　页面效果

## 知识点链接

在Flash CC中，只能对文本、按钮和影片剪辑对象添加滤镜效果，为所选对象应用滤镜效果后，还可以对应用过的滤镜进行删除和重置操作。

● **添加滤镜**：在"属性"面板上的"滤镜"属性中单击"添加滤镜"按钮，在弹出的菜单中单击选择相应的滤镜，即可添加该滤镜效果。

● **删除滤镜**：在已应用滤镜的列表中单击选中需要删除的滤镜，在"滤镜"属性中单击"删除滤镜"按钮，即可将该滤镜删除。

● **重置滤镜**：在已应用滤镜的列表中单击选中需要重新设置的滤镜，在"滤镜"属性中单击"重置滤镜"按钮，即可将该滤镜的参数设置恢复到系统默认的状态。

## 操作步骤

**01** 打开Flash CC软件，执行"文件>新建"命令，弹出"新建文档"对话框，如图22-30所示。单击"确定"按钮，完成"新建文档"对话框的设置，如图22-31所示。

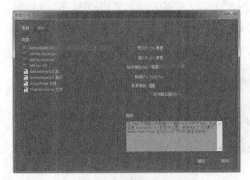

图22-30　"新建文档"对话框

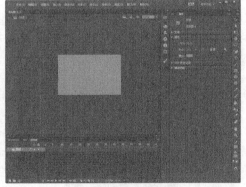

图22-31　新建的文档

**02** 执行"文件>导入>导入到库"命令，弹出"导入到库"对话框，选中需要导入到"库"面板中的素材图像，如图22-32所示。单击"打开"按钮，完成素材图像的导入，如图22-33所示。

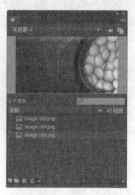

图22-32 "导入到库"对话框　　　　　　　　图22-33 "库"面板

**03** 按Ctrl+F8组合键，弹出"创建新元件"对话框，设置如图22-34所示。单击"确定"按钮，从"库"面板中将素材图像"image 163.png"拖入到舞台中，如图22-35所示。

**04** 按Ctrl+F8组合键，弹出"创建新元件"对话框，设置如图22-36所示。单击"确定"按钮，将"箭头"元件拖入到舞台中，如图22-37所示。

图22-34 "创建新元件"对话框　　图22-35 拖入素材图像　　图22-36 "创建新元件"对话框　　图22-37 拖入元件

**05** 在第25帧位置按F6键插入关键帧，选择第1帧上的元件，在"属性"面板中设置其Alpha值为0%，如图22-38所示，元件效果如图22-39所示。

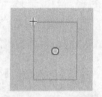

图22-38 设置"属性"面板　　图22-39 元件效果

**06** 在第1帧上创建传统补间动画，"时间轴"面板如图22-40所示。在第93帧位置按F6键插入关键帧，并设置该帧上元件的Alpha值为88%，在第111帧处按F6键插入关键帧，并设置该帧上元件的Alpha值为0%，在第98帧上创建传统补间动画，"时间轴"面板如图22-41所示。

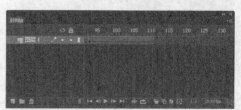

图22-40 "时间轴"面板　　　　　　　　图22-41 "时间轴"面板

**07** 在第120帧处按F5键插入帧，"时间轴"面板如图22-42所示。按Ctrl+F8组合键，创建"名称"为"文字"的影片剪辑元件，在画布中输入相应的文字，如图22-43所示。

图24-42 "时间轴"面板　　　　图22-43 输入文字

**08** 选中文字，连续按Ctrl+B组合键两次，将文字分离为图形，如图22-44所示。按Ctrl+F8组合键，新建"名称"为"阴影文字"的影片剪辑元件，将"文字"元件拖入到舞台中，在"属性"面板中为该元件添加"投影"滤镜，对其参数进行设置，如图22-45所示。

**09** 添加"投影"滤镜后，元件效果如图22-46所示。按Ctrl+F8组合键，新建"名称"为"合成文字"的影片剪辑元件，将"阴影文字"元件拖入到舞台中，如图22-47所示。

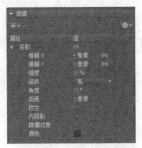

图22-44 将文字分离为图形　　图22-45 "属性"面板　　　图22-46 元件效果　　　图22-47 拖入元件

**10** 在"属性"面板中为元件添加"发光"滤镜，对其参数进行相应的设置，如图22-48所示。在第25帧位置按F6键插入关键帧，在"属性"面板中对其参数进行设置，如图22-49所示。

**11** 在第1帧上创建传统补间动画，在第50帧位置按F6键插入关键帧，在"属性"面板中进行设置，如图22-50所示，在第25帧上创建传统补间动画，在第62帧处按F5键插入帧。新建"图层2"，将"箭头动画"元件拖入到舞台中，如图22-51所示。

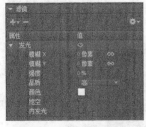

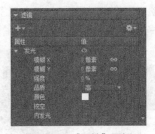

图22-48 "属性"面板　　　图22-49 "属性"面板　　　图22-50 "属性"面板　　　图22-51 拖入元件

**12** "时间轴"面板如图22-52所示。按Ctrl+F8组合键，新建"名称"为"手"的影片剪辑元件，执行"文件>导入>导入到舞台"命令，弹出"导入"对话框，如图22-53所示。

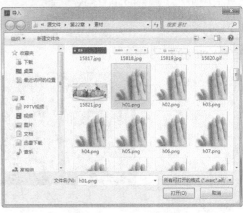

图22-52 "时间轴"面板　　　　　图22-53 "导入"对话框

**13** 选中其中一张图片，单击"打开"按钮，弹出提示对话框，如图22-54所示。单击"是"按钮，将会导入序列图并生成逐帧动画，如图22-55所示。在第92帧位置按F5键插入帧。

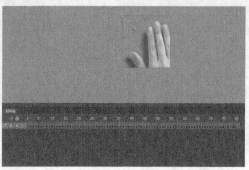

图22-54 提示对话框

图22-55 导入序列图

**14** 按Ctrl+F8组合键，新建"名称"为"手动画"的影片剪辑元件，将"手"元件拖入到舞台中，如图22-56所示。在第35帧位置按F6键插入关键帧，在第28帧位置按F6键插入关键帧，将该帧上的元件垂直向下移动4像素，如图22-57所示。

**15** 选择第1帧上的元件，使用"任意变形工具"，对元件进行旋转并调整到合适的位置，如图22-58所示。新建"图层2"，使用"矩形工具"在画布中绘制任意颜色的矩形，如图22-59所示。

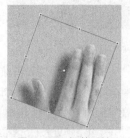

图22-56 拖入元件　图22-57 移动元件位置　图22-58 调整元件　图22-59 绘制矩形

**16** 将"图层2"创建为遮罩层，新建"图层3"，在第35帧位置按F6键插入关键帧，打开"动作"面板，输入相应的代码，如图22-60所示，"时间轴"面板如图22-61所示。

图22-60 "动作"面板　　　　图22-61 "时间轴"面板

**17** 新建"名称"为"按钮"的按钮元件，在"点击"帧位置按F6键插入关键帧，如图22-62所示。在画布中绘制矩形，如图22-63所示。

图22-62 插入关键帧　　　　图22-63 绘制矩形

**18** 返回"场景1"的编辑状态，将素材图像"image164.png"拖入到舞台中，如图22-64所示。在第2帧位置按F5键插入帧，新建"图层2"，将素材图像"image165.png"拖入到舞台中，如图22-65所示。

图22-64　拖入素材图像

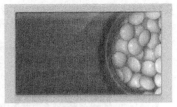

图22-65　拖入素材图像

**19** 新建"图层3"，将"合成文字"元件拖入到舞台中，如图22-66所示。新建"图层4"，在第2帧位置按F6键插入关键帧，将"手动画"元件拖入到舞台中，如图22-67所示。在"属性"面板中设置该元件的"实例名称"为mc_over。

图22-66　拖入元件

图22-67　拖入元件

**20** 新建"图层5"，将"按钮"元件拖入到画布中，如图22-68所示。在"属性"面板中设置该元件的"实例名称"为bt_baduk。执行"文件>新建"命令，弹出"新建文档"对话框，选择"ActionScript 3.0类"选项，如图22-69所示。

图22-68　拖入元件

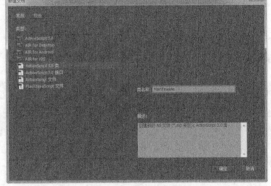

图22-69　"新建文档"对话框

**21** 单击"确定"按钮，新建ActionScript 3.0类文档，在文档中输入相应的代码，如图22-70所示。执行"文件>保存"命令，将文档保存为"光盘/源文件/第22章/MainTimeline.as"。返回Flash动画文档中，在"属性"面板中对其"类"进行设置，如图22-71所示。

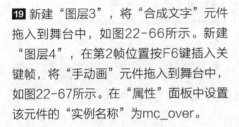

图22-70　输入代码

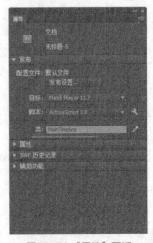

图22-71　"属性"面板

**22** 完成该Flash动画的制作，执行"文件>保存"命令，将文件保存为"光盘/源文件/第22章/实例159.swf"，按Ctrl+Enter组合键，测试动画，效果如图22-72所示。

图22-72　测试动画效果

## 实例 160 制作游戏网站页面

游戏应该给浏览者带来乐趣和欢乐，所以游戏类网站应该带给人一种快乐、舒适的感觉。本实例以蓝天、白云作为网页的背景图像，并在网页背景中大量使用留白，给人一种舒适、简洁、愉快的感受。

- **源 文 件** | 光盘/源文件/第22章/实例160.html
- **视　　频** | 光盘/视频/第22章/实例160.swf
- **知 识 点** | 使用Div+CSS布局制作页面
- **学习时间** | 35分钟

### 实例分析

本实例使用Div+CSS布局方式制作网站页面，效果如图22-73所示。首先通过对\<body>标签CSS样式的设置，实现网页的背景效果以及对网页整体属性的控制，然后通过一个大的Div固定页面内容的宽度并使页面内容居中显示，在该Div中制作页面的主体内容。

图22-73　页面效果

### 知识点链接

在CSS中，所有的页面元素都包含在一个矩形框内，这个矩形框就是盒模型。盒模型描述了元素及其属性在页面布局中所占的空间大小，因此盒模型可以影响其他元素的位置及大小。一般来说这些被占据的空间往往都比单纯的内容要大。换句话说，可以通过整个盒子的边框和距离等参数，来调节盒子的位置。

盒模型是由margin（边界）、border（边框）、padding（填充）和content（内容）4个部分组成的，此外，在盒模型中，还具备高度和宽度两个辅助属性，盒模型如图22-74所示。

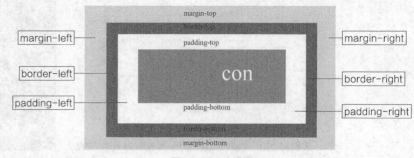

图22-74　盒模型

从图中可以看出，盒模型包含4个部分的内容。

● margin：边界或称为外边距，用来设置内容与内容之间的距离。

● border：边框，内容边框线，可以设置边框的粗细、颜色和样式等。

● padding：填充或称为内边距，用来设置内容与边框之间的距离。

● content：内容，是盒模型中必须的一部分，可以放置文字、图像等内容。

一个盒子的实际高度或宽度是由content+padding+border+margin组成的。在CSS中，可以通过设置width或height属性来控制content部分的大小，并且对于任何一个盒子，都可以分别设置4边的border、margin和padding。

## ▌操作步骤 ▌

**01** 打开Dreamweaver CC软件，执行"文件>新建"命令，弹出"新建文档"对话框，新建一个HTML页面，如图22-75所示。将该页面保存为"光盘/源文件/第22章/实例160.html"。执行"文件>新建"命令，弹出"新建文档"对话框，新建一个外部CSS样式文件，如图22-76所示。将该文件保存为"光盘/源文件/第22章/style/160.css"。

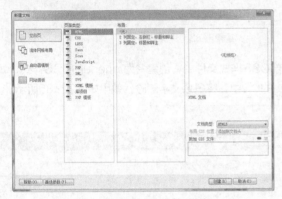
图22-75 "新建文档"对话框

图22-76 "新建文档"对话框

**02** 返回HTML页面中，打开"CSS 设计器"面板，单击"附加现有的CSS文件"按钮，弹出"使用现有的CSS文件"对话框，链接刚创建的外部CSS样式表文件，如图22-77所示。切换到外部CSS样式文件中，创建名为*的通配符CSS样式和body标签的CSS样式，如图22-78所示。

图22-77 "使用现有的CSS文件"对话框

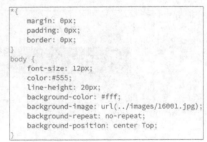
图22-78 CSS样式代码

**03** 返回网页设计页面中可以看到页面的背景效果，如图22-79所示。

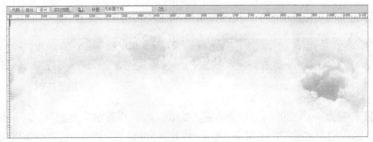
图22-79 页面背景效果

**04** 在页面中插入名为box的Div，切换到外部CSS样式文件中，创建名为#box的CSS样式，如图22-80所示。返回网页设计页面中，页面效果如图22-81所示。

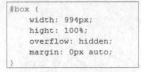

```
#box {
    width: 994px;
    hight: 100%;
    overflow: hidden;
    margin: 0px auto;
}
```

图22-80 CSS样式代码

图22-81 页面效果

**05** 将光标移至名为box的Div中，将多余文字删除，在该Div中插入名为top的Div，切换到外部CSS样式文件中，创建名为#top的CSS样式，如图22-82所示。返回网页设计页面中，将光标移至名为top的Div中，将多余文字删除，插入素材图像"光盘/源文件/第22章/images/16002.jpg"，效果如图22-83所示。

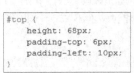

```
#top {
    height: 68px;
    padding-top: 6px;
    padding-left: 10px;
}
```

图22-82 CSS样式代码

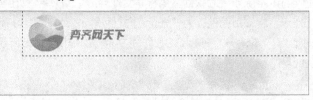

图22-83 页面效果

**06** 在名为top的Div之后插入名为menu的Div，切换到外部CSS样式文件中，创建名为#menu的CSS样式，如图22-84所示。返回网页设计页面中，将光标移至名为menu的Div中，将多余文字删除，效果如图22-85所示。

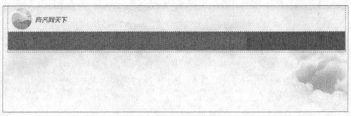

```
#menu {
    width: 994px;
    height: 58px;
    background-image: url(../images/16003.png);
    background-repeat: no-repeat;
}
```

图22-84 CSS样式代码

图22-85 页面效果

**07** 将光标移至名为menu的Div中，输入相应的段落文字，如图22-86所示。选中所输入的文字，单击"属性"面板中的"项目列表"按钮，创建项目列表，切换到外部CSS样式文件中，创建名为#menu li的CSS样式，如图22-87所示。

图22-86 输入文字

```
#menu li {
    list-style-type: none;
    font-weight: bold;
    color: #fff;
    line-height: 53px;
    float: left;
    width: 119px;
    text-align: center;
}
```

图22-87 CSS样式代码

**08** 返回网页设计页面中，页面效果如图22-88所示。

图22-88 页面效果

**09** 在名为menu的Div之后插入名为left的Div，将多余文字删除，切换到外部CSS样式文件中，创建名为#left的CSS样式，如图22-89所示。返回网页设计页面中，效果如图22-90所示。

```
#left {
    width: 682px;
    height: 100%;
    overflow: hidden;
    float: left;
}
```

图22-89　CSS样式代码

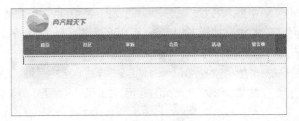

图22-90　页面效果

**10** 在名为left的Div中插入名为img01的Div，将多余文字删除，在外部CSS样式文件中创建名为#img01的CSS样式，如图22-91所示。返回网页设计页面中，在名为img01的Div中插入相应的图像，如图22-92所示。

```
#img01 {
    border-bottom-width: 3px ;
    border-bottom-style: solid;
    border-bottom-color: #5685d4;
}
```

图22-91　CSS样式代码

图22-92　页面效果

**11** 在名为img01的Div之后插入名为left01的Div，将该Div中多余的文字删除，在外部CSS样式文件中创建名为#left01的CSS样式，如图22-93所示。返回网页设计页面中，页面效果如图22-94所示。

```
#left01 {
    height: 265px;
    width: 660px;
    border: 1px solid #d8dce2;
    padding: 15px 10px;
}
```

图22-93　CSS样式代码

图22-94　页面效果

**12** 在名为left01的Div中插入名为event的Div，将该Div中多余的文字删除，在外部CSS样式文件中创建名为#event的CSS样式，如图22-95所示。返回网页设计页面中，页面效果如图22-96所示。

```
#event {
    height: 265px;
    width: 330px;
    border-right: 1px solid #E6E6E6;
    float: left;
}
```

图22-95　CSS样式代码

图22-96　页面效果

**13** 在名为event的Div中插入名为event-title的Div，将该Div中多余的文字删除，在外部CSS样式文件中创建名为#event-title的CSS样式，如图22-97所示。返回网页设计页面，在名为event-title的Div中输入相应的文字，如图22-98所示。

**14** 在外部CSS样式文件中创建名为.font01的CSS样式，选中"地区争霸赛"文字，在"属性"面板中对"类"下拉列表中选择刚定义的类CSS样式font01应用，如图22-99所示，文字效果如图22-100所示。

```
#event-title {
    height: 40px;
    color: #b2b2b2;
    line-height: 30px;
}
```

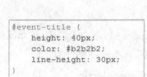

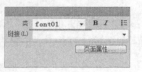

图22-97 CSS样式代码　　　　图22-98 输入文字　　　　图22-99 "属性"面板　　　　图22-100 文字效果

**15** 在名为event-title的Div之后插入名为event1的Div，在外部CSS样式文件中创建名为 #event1的CSS样式，如图22-101所示。返回网页设计页面，将该Div中多余文字删除，插入相应的素材图片并输入相应的文字，并创建相应的类CSS样式，为文字应用相应的类CSS样式，如图22-102所示。

**16** 使用相同的制作方法，完成相似内容的制作，效果如图22-103所示。在名为event2的Div之后插入名为event-pic的Div，在外部CSS样式文件中创建名为#event-pic的CSS样式，如图22-104所示。

```
#event1 {
    width: 150px;
    height: 180px;
    float: left;
    margin-left: 10px;
    margin-right: 5px;
    text-align: center;
    color: #3B4E6D;
}
```

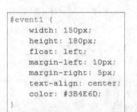

```
#event-pic {
    clear: left;
    text-align: center;
}
```

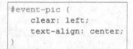

图22-101 CSS样式代码　　　图22-102 页面效果　　　　图22-103 页面效果　　　　图22-104 CSS样式代码

**17** 返回网页设计页面，将该Div中多余文字删除，并插入相应的素材图片，如图22-105所示。使用相同的制作方法，可以制作出页面中相似部分内容，效果如图22-106所示。

图22-105 页面效果　　　　　　　　　　图22-106 页面效果

**18** 在名为live01的Div之后插入名为live02的Div，将多余文字删除并输入相应的文字，如图22-107所示。转换到代码视图中，为刚输入的文字添加相应的定义列表标签，如图22-108所示。

图22-107 输入文字

```
<div id="live02">
<dl>
<dt>[新闻]围棋将有望成为奥运项目？</dt>
<dd>2013-04-13</dd>
<dt>[比赛现场]在男子组8强赛中被看好的毛利意外落马</dt>
<dd>2013-04-13</dd>
<dt>[战术技法]今日将会有国内著名围棋大师严宇为大家展示...</dt>
<dd>2013-04-13</dd>
</dl>
</div>
```

图22-108 添加列表标签

**19** 在外部CSS样式文件中创建名为#live 02 dt和#live 02 dd的CSS样式，如图22-109所示。返回网页设计页面，页面效果如图22-110所示。

```
#live02 dt {
    float: left;
    line-height: 25px;
    border-bottom: solid 1px #EFEFEF;
    width:390px;
}
#live02 dd {
    float: left;
    line-height: 25px;
    border-bottom: solid 1px #EFEFEF;
    width: 70px;
}
```

图22-109 CSS样式代码

图22-110 页面效果

**20** 使用相同的制作方法，完成页面中相似部分内容的制作，效果如图22-111所示。在名为left的Div之后插入名为right的Div，将该Div中多余的文字删除，在外部CSS样式文件中创建名为#right的CSS样式，如图22-112所示。

图22-111 页面效果

```
#right {
    width: 307px;
    float: left;
    height: 100%;
    padding-top: 39px;
    padding-left: 5px;
}
```

图22-112 CSS样式代码

**21** 返回网页设计视图，页面效果如图22-113所示。在名为right的Div中插入名为fla的Div，将该Div中多余的文字删除，在该Div中插入Flash动画"光盘/源文件/第22章/images/16027.swf"，设置该Flash动画的Wmode属性为"透明"，如图22-114所示。

图22-113 页面效果

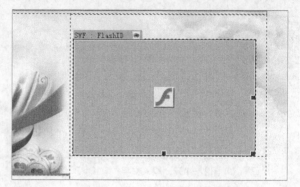

图22-114 插入Flash动画

**22** 使用相同的制作方法，可以完成页面中其他部分内容的制作，效果如图22-115所示。完成该游戏网站页面的制作，执行"文件>保存"命令，保存页面，在浏览器中预览该页面，效果如图22-116所示。

图22-115 页面效果

图22-116 在浏览器中预览页面效果